普通高等教育土建学科专业"十二五"规划教材
全国高职高专教育土建类专业教学指导委员会规划推荐教材

建筑工程技术专业实训手册

本教材编审委员会组织编写

危道军　主编

中国建筑工业出版社

图书在版编目（CIP）数据

建筑工程技术专业实训手册/危道军主编. —北京：
中国建筑工业出版社，2014.7
普通高等教育土建学科专业"十二五"规划教材.
全国高职高专教育土建类专业教学指导委员会规划推
荐教材
ISBN 978-7-112-16980-1

Ⅰ. ①建… Ⅱ. ①危… Ⅲ. ①建筑工程-工程技
术-高等职业教育-教学参考资料 Ⅳ.①TU

中国版本图书馆 CIP 数据核字（2014）第 127656 号

责任编辑：朱首明 刘平平
责任设计：陈 旭
责任校对：张 颖 陈晶晶

普通高等教育土建学科专业"十二五"规划教材
全国高职高专教育土建类专业教学指导委员会规划推荐教材
建筑工程技术专业实训手册
本教材编审委员会组织编写
危道军 主编
*
中国建筑工业出版社出版、发行（北京西郊百万庄）
各地新华书店、建筑书店经销
霸州市顺浩图文科技发展有限公司制版
北京君升印刷有限公司印刷
*
开本：787×1092 毫米 1/16 印张：22 字数：507 千字
2014 年 8 月第一版 2014 年 8 月第一次印刷
定价：**40.00** 元
ISBN 978-7-112-16980-1
（25751）

前 ● 言

全国高职高专教育土建类专业教学指导委员会是受教育部委托并接受其指导，由住建部聘任和管理的专家机构。其主要任务是开展研究、指导、咨询、服务等工作。实践性教学体系的构建和校内外实训基地建设是其主要的工作内容之一，2010年，在住建部的主导下，土建类专业教学指导委员会对全国校内实训基地进行了广泛调研，在此基础上，由土建施工分委员会牵头起草了第一个实训基地建设导则《建筑工程技术专业校内实训基地建设导则》，并于2012年颁布实施。

湖北城市建设职业技术学院于2006年在全国率先完整的建成了建筑技术校内实训基地。土建施工分委员会于2009年在武汉召开了全国建筑工程技术专业校内实训基地建设现场会，建筑类专业校内实训基地建设进入到全面建设时期。《导则》正式颁布设施后，如何规范建设校内实训基地建设，如何开展实践教学是一个亟待解决的问题。

由土建施工分委员会主导，湖北城市建设职业技术学院危道军教授牵头，全国十多所建设类高职院校参加的住建部教改项目"建筑工程技术专业校内实训基地建设方案与实践教学研究"课题获准立项。经过两年多的研究，课题顺利通过结题评审。作为项目研究的一项标致性成果就是建筑工程技术专业实训手册。

本书是建筑工程技术专业的系列实训教材，按照《建筑工程技术专业校内实训基地建设导则》的实训内容要求，将实训分为课程训练、专项训练和综合训练三部分。其中课程训练包括建筑材料、土工、建筑工程测量、力学性能和建筑识图与构造等5项，专项训练包括基础工程、混合结构工程、混凝土结构工程、钢结构工程、屋面及防水工程、装饰工程、建筑节能工程、木结构工程与古建筑等8项，综合训练包括成本控制和施工现场项目管理2项。每个专项中又分成几个实训项目，每个实训项目包含多个实训任务。在每个实训项目中明确了项目实训目标、场地环境要求、实训任务设计等，每个实训任务则按照实训目标、实训成果、实训内容与指导、实训小结、实训考评、职业训练等展开。为建筑工程技术专业及相关专业学生系统全面开展实训提供了全方位的指导。它将填补本专业系统实训教学教科书的一项空白。

本书作为"建筑工程技术专业教学基本要求"的配套教材，在编写过程中，坚持了理论与实践相结合、目前与将来相结合的原则，融建筑新技术、新工艺、新规范、新成果于一体，具有案例丰富、结构新颖、语言精练、内容翔实、图文并茂、可操作性强、适用面广等特点。力求为准备从事施工员、质量员、安全员、资料员等工作的广大学生引好路，为他们找到一条捷径。同时满足企业实际用人需要。

本书可作为大中专院校建筑工程技术、工程管理专业系列实训教材，同时亦可作为建筑企业有关人员的自学用书，尤其是刚刚走上工作岗位的大中专学生参考用书。

全书危道军主编，赵研、胡兴福、胡永骁、沙玲、宋岩丽副主编。参加编写人员主要有湖北城市建设职业技术学院危道军、程红艳、胡永骁、张细权；黑龙江建筑职业技术学院 赵研、周仲景、张琨、李楠；黄河水利职业技术学院王付全；浙江建设职业技术学院沙玲、林滨滨、沈毅、干学宏；河南建筑职业技术学院白丽红、王琛、李静；四川建筑职业技术学院胡兴福、陈文元、万健、韩超；内蒙古建筑职业技术学院李婕、唐丽萍；邢台职业技术学院张广峻、王丽；广西建筑职业技术学院陈刚、黄柯、朱俊飞；江苏建筑职业技术学院孙武、毛燕红、陈年和；甘肃建设职业技术学院李君宏、张晓敏、何丽琴、李贵文；山西建筑职业技术学院宋岩丽、陈立东。

本书在编写过程中，集中了13所全国最强的建设类高职院校的教师力量，得到了全国高职高专教育土建类专业教学指导委员会的大力支持和许多知名建筑企业的鼎力帮助，得到了中国建筑工业出版社的大力支持和协助，参考了有关专家、学者的论著，吸取了一些最新科研成果。在此一并表示诚恳的感谢。

由于编写时间及编者水平有限，错误之处在所难免，恳请读者批评指正。

目 ● 录

第 2 部分　专项实训

第 3 部分　综合实训

第1部分

课程实训

1　建筑材料课程实训

实训项目 1　建筑材料基础实验

任务 1　水泥质量试验

1. 水泥细度试验

（1）试验目的

通过筛析法测定水泥的细度，为判定水泥质量提供依据。

（2）试验仪器

负压筛、电子天平（感量 0.01g）

（3）实验步骤

1）筛析试验前，应把负压筛放在筛座上，盖上筛盖，接通电源，检查控制系统，调节负压到（4000～6000）Pa 范围内；

2）称取试样，80μm 筛析称取试样 25g，45μm 筛析试验称取试样 10g，置于洁净的负压筛中，盖上筛盖，放在筛座上，开动筛析仪连续筛析 2min，在此期间如有试样附着在筛盖上，可轻轻敲击，使试样落下；

3）筛毕，用天平称取筛余物的质量；当工作负压小于 4000Pa 时，应清理吸尘器内水泥，使负压恢复正常。

（4）试验结果

1）水泥试样筛余百分数按下式计算（结果精确至 0.1%）

$$F = R_t / W \times 100\%$$

式中　F——水泥试样的筛余百分数；

　　　R_t——水泥筛余物的质量，g；

　　　W——水泥试样的质量，g。

2）筛余结果修正，为使试验结果可比，应采用试验筛修正系数方法修正上述计算结果，修正系数的确定按《水泥细度检验方法》GB/T 1345—2005 中附录 A 进行。

2. 水泥标准稠度用水量试验

（1）试验目的

通过试验测定水泥的标准稠度用水量，拌制标准稠度的水泥净浆，为测定水泥的凝结时间和安定性提供依据。

（2）试验仪器

水泥净浆搅拌机、标准法维卡仪、试模、量筒（最小刻度 0.1mL，精度 1%）、天平（最大称量不小于 1000g，分度值不大于 1g）。

（3）实验步骤

1）试验前必须做到维卡仪的金属棒能自由滑动，调整至试杆接触玻璃板时指针应对准零点，净浆搅拌机能正常运行。

2）用净浆搅拌机搅拌水泥净浆。搅拌锅和搅拌叶片先用湿布擦过，将拌合水倒入搅拌锅内，然后在5～10s内小心将称好的500g水泥加入水中，防止水泥和水溅出；拌合时，先将锅放在搅拌机的锅座上，升至搅拌位置，启动搅拌机，低速搅拌120s，停15s，同时将叶片和锅壁上的水泥浆刮入锅中间，接着高速搅拌120s后停机。

3）拌合结束后，立即将拌制好的水泥净浆装入已置于玻璃底板上的试模中，用小刀插捣，轻轻振动数次，刮去多余的水泥净浆；抹平后迅速将试模和底板移到维卡仪上，并将其中心定在试杆下，降低试杆直至与水泥净浆表面接触，拧紧螺丝1～2s后，突然放松，使试杆垂直自由地沉入水泥净浆中；在试杆停止沉入或释放试杆30s时记录试杆距底板之间的距离，升起试杆后，立即擦净；整个操作应在搅拌后1.5min内完成。

（4）试验结果

以试杆沉入净浆距底板（6±1）mm的水泥净浆为标准稠度净浆，其拌合水量为该水泥的标准稠度用水量，按水泥重量的百分比计。如测试结果不能达到标准稠度，应增减用水量，并重复以上步骤，直至达到标准稠度为止。

3. 水泥凝结时间试验

（1）试验目的

通过试验测定水泥的凝结时间，评定水泥的质量，确定其能否用于工程中。

（2）试验仪器

水泥净浆搅拌机、标准法维卡仪、试模、量筒（最小刻度0.1mL，精度1%）、天平（最大称量不小于1000g，分度值不大于1g）。

（3）实验步骤

以标准稠度用水量加水，按标准稠度测定方法制成标准稠度的水泥净浆，一次装满试模，振动数次刮平，立即放入湿气养护箱中。记录水泥全部加入水中的时间作为凝结时间的起始时间。

1）调整凝结时间 测定仪的试针接触玻璃板时，指针对准零点。

2）初凝时间测定 试模在湿气养护箱中养护至加水后30min时进行第一次测定。测定时，从湿气养护箱中取出试模放到试针下，降低试针使之与水泥净浆表面接触。拧紧螺丝1～2s后，突然放松，试针垂直自由地沉入水泥净浆。观察试针停止下沉或释放试针30s时指针的读数。当试针沉至距底板（4±1）mm时，为水泥达到初凝状态；由水泥全部加入水中至初凝状态的时间为水泥的初凝时间，用"min"表示。

3）终凝时间的测定 为了准确观测试针沉入的状况，在试针上安装了一个环形附件。在完成初凝时间测定后，立即将试模连同浆体以平移的方式从玻璃板取下，翻转180°，直径大端向上，小端向下放在玻璃板上，再放入湿气养护箱中继续养护，临近终凝时间时，每隔15min测定一次，当试针沉入试体0.5mm时，即环形附件开始不能在试体上留下痕迹时，为水泥达到终凝状态，由水泥全部加入水中至终凝状态的时间为水泥的终凝时间，用"min"表示。

（4）试验结果

在最初测定的操作时应轻轻扶持金属柱，使其徐徐下降，以防试针撞弯，但结果以自由下落为准；在整个测试过程中试针沉入的位置至少要距试模内壁 10mm。临近初凝时，每隔 5min 测定一次，临近终凝时，每隔 15min 测定一次，到达初凝或终凝时应立即重复测一次，当两次结论相同时才能定为到达初凝或终凝状态。每次测定不能让试针落入原针孔，每次测试完毕须将试针擦净并将试模放回湿气养护箱内，整个测试过程要防止试模受振。

4. 水泥安定性试验

（1）试验目的

通过试验测定水泥的体积安定性，评定水泥的质量，确定其能否用于工程中。

（2）试验仪器

水泥净浆搅拌机、沸煮箱、雷氏夹 、雷氏夹膨胀值测定仪、量筒（最小刻度为 0.1mL，精度 1%）、天平（感量 1g）、湿气养护箱（20±1℃，相对湿度不低于 90%）等。

（3）实验步骤

1）水泥标准稠度净浆的制备　以标准稠度用水量加水，按标准稠度测定方法制成标准稠度的水泥净浆。

2）试饼的成型　将制好的水泥净浆取出一部分分成两等份，使之呈球形，放在预先准备好的玻璃板上，轻轻振动玻璃板并用湿布擦过的小刀由边缘向中央抹动，做成直径（70～80)mm、中心厚约 10mm、边缘渐薄、表面光滑的试饼，接着将试饼放入湿气养护箱内养护（24±2)h。

3）雷氏夹试件成型　将预先准备好的雷氏夹放在已经擦油的玻璃板上，并立即将已制好的标准稠度净浆一次装满雷氏夹，装浆时一只手轻轻扶住试模，另一只手用宽约 10mm 的小刀插捣数次，然后抹平，盖上稍涂油的玻璃板，接着立刻将试件移至湿气养护箱内养护（24±2)h。

4）安定性的测定 可以采用饼法和雷氏法，雷氏法为标准法，饼法为代用法。雷氏法是测定水泥净浆在雷氏夹中沸煮后的膨胀值。饼法是观察水泥净浆试件沸煮后的外形变化来检验水泥的体积安定性。当两种方法发生争议时，以雷氏法测定结果为准。

5）调整好沸煮箱内水位 使水能保证在整个沸煮过程中都超过试件，不需中途添补试验用水，同时又能保证在（30±5)min 内升至沸腾。

6）当用雷氏法测量时，先测量试件指针尖端间的距离 A，精确至 0.5mm。接着将试件放入水中算板上，指针朝上，试件之间互不交叉，然后在（30±5)min 内加热至沸，并恒沸（180±5)min。

7）当采用试饼法时，应先检查试饼是否完整，如已开裂翘曲，要检查原因，确证无外因时，该试饼已属不合格不必沸煮。在试饼无缺陷的情况下，将试饼放在沸煮箱的水中算板上，然后在（30±5)min 内加热至沸，并恒沸（180±5)min。

（4）试验结果

沸煮结束，即放掉箱中的热水，打开箱盖，等箱体冷却至室温，取出试件进行判定。

1）饼法　目测试饼未发现裂缝，用钢直尺检查也没有弯曲（使钢直尺和试饼底部紧靠，以两者间不透光为不弯曲），则为安定性合格，反之为不合格。当两个试饼的判定结果有矛盾时，该水泥的安定性为不合格。

2）雷氏夹法　测量试件针尖端之间的距离 C，记录至小数点后一位，准确至 0.5mm。当两个试件煮后增加距离（$C-A$）的平均值不大于 5.0mm 时，即认为该水泥的体积安定性合格；当两个试件的（$C-A$）值相差超过 4.0mm 时，应用同一样品立即重做一次试验。再如此，则认为该水泥为安定性不合格。

5. 水泥强度试验

（1）试验目的

通过试验测定水泥的胶砂强度，评定水泥的强度等级或判定水泥的质量。

（2）试验仪器

抗压强度试验机、试验机用夹具、抗折强度试验机、振实台、三联试模、胶砂搅拌机等。

（3）实验步骤

材料准备

1）中国 ISO 标准砂　应完全符合表 12-2 规定的颗粒分布和湿含量。可以单级分包装，也可以各级预混合以（1350±5）g 量的塑料袋混合包装，但所用塑料袋材料不得影响试验结果。

2）水泥　从取样至试验要保持 24h 以上时，应贮存在基本装满和气密的容器内，容器不得与水泥起反应。

3）水　仲裁检验或其他重要检验用蒸馏水，其他试验可用饮用水。

胶砂的制备

1）配合比

胶砂的重量配合比应为一份水泥、三份标准砂和半份水（水灰比为 0.50）。一锅胶砂成型三条试体，每锅材料水泥（450±2）g、标准砂（1350±5）g、水（225±1）g。

2）配料

水泥、标准砂、水和试验仪器及用具的温度应与试验室温度相同，应保持在（20±2）℃，相对湿度应不低于 50%。称量用天平的精度应为 ±1g。当用自动滴管加 225mL 水时，滴管精度应达到 ±1mL。

3）搅拌

每锅胶砂采用胶砂搅拌机进行机械搅拌。先将搅拌机处于待工作状态，然后按以下的程序进行操作：把水加入锅里，再加入水泥，把锅放在固定架上，上升至固定位置，然后立即开动机器，低速搅拌 30s 后，在第二个 30s 开始的同时均匀地将砂子加入。当各级砂是分装时，从最粗粒级开始，依次将所需的每级砂量加完。把机器转至高速再拌

30s，停拌 90s。在第一个 15s 内用一胶皮刮具将叶片和锅壁上的胶砂刮入锅中间，在高速下继续搅拌 60s。各个搅拌阶段，时间误差应在 ±1s 以内。

试件制作

1）用振实台成型

胶砂制备后立即成型。将空试模和模套固定在振实台上，用一个适当勺子直接从搅拌锅里将胶砂分两层装入试模，装第一层时，每个槽里约放 300g 胶砂，用大播料器垂直架在模套顶部沿每个模槽来回一次将料层播平，接着振实 60 次。再装入第二层胶砂，用小播料器播平，再振实 60 次。移走模套，从振实台上取下试模，用一金属直尺以近似 90°的角度架在试模模顶的一端，然后沿试模长度方向以横向锯割动作慢慢向另一端移动，一次将试模部分的胶砂刮去，并用同一直尺以近似水平的情况下将试体表面抹平。在试模上作标记中加字标明试件编号和试件相对于振实台的位置。

2）用振动台成型

使用代用振动台时，在搅拌胶砂的同时将试模和下料斗卡紧在振动台的中心。将搅拌好的胶砂均匀地装入下料斗中，开动振动台，胶砂通过漏斗流入试模。振动（120±5）s 停车。振动完毕，取下试模，用刮尺以规定的刮平手法刮去高出试模的胶砂并抹平。接着在试模上作标记或用字条标明试件编号。

试件养护

1）脱模前的处理和养护

去掉留在试模四周的胶砂。立即将作好标记的试模放入雾室或湿气养护箱的水平架子上养护，湿空气应能与试模各边接触，雾室或湿气养护箱温度应控制在（20±1）℃，相对湿度不低于 90%。养护时不应将试模放在其他试模上。一直养护到规定的脱模时间取出脱模。脱模前，用防水墨汁或颜料笔对试体进行编号和做其他标记。两个龄期以上的试体，在编号时应将同一试模中的三条试体分在两个以上的龄期内。

2）脱模

脱模时可用塑料锤或橡皮榔头或专门的脱模器。对于 24h 龄期的，应在破型试验前 20min 脱模。对于 24h 以上龄期的，应在成型后 20～24h 之间脱模。已确定作为 24h 龄期试验（或其他不下水直接做试验）的已脱模试体，应用湿布覆盖至做试验时为止。

3）水中养护

将做好标记的试件立即水平或竖直放在（20±1）℃水中养护，水平放置时刮平面应朝上。试件放在不易腐烂的算子上，并彼此间保持一定间距，以让水与试件的六个面接触。养护期间试件之间间隔或试体上表面的水深不得小于 5mm。每个养护池只养护同类型的水泥试件，不允许在养护期间全部换水。除 24h 龄期或延迟至 48h 脱模的试体外，任何到龄期的试体应在试验（破型）前 15min 从水中取出。揩去试体表面沉积物，并用湿布覆盖至试验为止。

4）强度试验试体的龄期

试体龄期从水泥加水开始算起。不同龄期强度试验在下列时间里进行：24h±15min；48h±30min；72h±45min；>28d±8h。

5) 抗折强度测定

将试体一个侧面放在试验机支撑圆柱上，试体长轴垂直于支撑圆柱，通过加荷圆柱以（50±10）N/s 的速率均匀地将荷载垂直地加在棱柱体相对侧面上，直至折断，分别记下三个试件的抗折破坏荷载 F。保持两个半截棱柱体处于潮湿状态直至抗压试验。

6) 抗压强度测定

抗压强度在试件的侧面进行。半截棱柱体试件中心与压力机压板受压中心差应在 ±0.5mm 内，棱柱体露在压板外的部分约有 10mm。在整个加荷过程中以（2400±200）N/s 的速率均匀地加荷 直到破坏，分别记下抗压破坏荷载 F。

（4）试验结果

抗折强度：

1) 每个试件的抗折强度 R_f 按下式计算（精确至 0.1MPa）

$$R_f = \frac{3F_f L}{2b^3}$$

式中　F_f——折断时施加于棱柱体中部的荷载，N；

　　　L——支撑圆柱体之间的距离，mm；

　　　b——棱柱体截面正方形的边长，mm。

2) 以一组三个棱柱体抗折结果的平均值作为试验结果。当三个强度值中有一个超出平均值 ±10% 时，应剔除后再取平均值作为抗折强度试验结果。

抗压强度：

1) 每个试件的抗压强度 R_C 按下式计算（MPa，精确至 0.1MPa）

$$R_C = \frac{F_C}{A}$$

式中　F_C——试件最大破坏荷载，N；

　　　A——受压部分面积，mm²（40mm×40mm＝1600mm²）。

2) 以一组三个棱柱体上得到的六个抗压强度测定值的算术平均值作为试验结果。如六个测定值中有一个超出六个平均值的 ±10% 的，就应剔除这个结果，而以剩下五个的平均数为结果。如果五个测定值中再有超过它们的平均数 ±10% 的，则此组结果作废。试验结果精确至 0.1MPa。

任务 2　混凝土质量试验

1. 混凝土坍落度试验

（1）试验目的：

检验所设计的混凝土配合比是否符合施工和易性要求，以作为调整混凝土配合比的依据。

（2）试验仪器：

坍落度筒、捣棒、底板、钢尺、小铲等。

（3）实验步骤：

1) 湿润坍落度筒及底板，在坍落度筒内壁和底板上应无明水。底板应放置在坚实的水平面上，并把筒放在底板中心。用脚踩住两边的脚踏板，使坍落度筒在装料时保持固定的位置。

2）把按要求取得或制备的混凝土试样用小铲分三层均匀地装入筒内，使捣实后每层高度为筒高的1/3左右。每层用捣棒插捣25次，插捣应沿螺旋方向由外向中心进行，各次插捣应在截面上均匀分布。插捣筒边混凝土时，捣棒可以稍稍倾斜。插捣底层时，捣棒应贯穿整个深度，插捣第二层和顶层时，捣棒应插透本层至下一层的表面；浇灌顶层时，混凝土应灌到高出筒口。插捣过程中，如混凝土沉落到低于筒口，则应随时添加。顶层插捣完后，刮去多余的混凝土，并用抹刀抹平。

3）清除筒边底板上的混凝土后，垂直平稳地提起坍落度筒。坍落度筒的提离过程应在5~10s内完成。

从开始装料到提坍落度筒的整个过程应不间断地进行，并应在150s内完成。

4）提起坍落度筒后，测量筒高与坍落后混凝土试体最高点之间的高度差，即为该混凝土拌合物的坍落度值。

坍落度筒提离后，如混凝土发生崩坍或一边剪坏现象，则应重新取样另行测定。如第二次试验仍出现上述现象，则表示该混凝土和易性不好，应予记录备查。

5）当混凝土拌合物的坍落度大于220mm时，用钢尺测量混凝土扩展后最终的最大直径和最小直径，在这两个直径之差小于50mm的条件下，用其算术平均值作为坍落扩展度值；否则，此次试验无效。

（4）试验结果

1）坍落度小于等于220mm时，混凝土拌合物和易性的评定。

稠度：以坍落度值表示，测量精确至1mm，结果表达修约至5mm。

黏聚性：测定坍落度值后，用捣棒在已坍落的混凝土锥体侧面轻轻敲打，如锥体逐渐下沉，表示黏聚性良好；如锥体倒塌、部分崩裂或出现离析现象，则表示黏聚性不好。

保水性：提起坍落度筒后如底部有较多稀浆析出，锥体部分的混凝土也因失浆而骨料外露，表明保水性不好；如无稀浆或仅有少量稀浆自底部析出，则表明保水性良好。

2）坍落度大于220mm时，混凝土拌合物和易性的评定。

稠度：以坍落扩展度值表示，测量精确至1mm，结果表达修约至5mm。

抗离析性：提起坍落度筒后，如果混凝土拌合物在扩展的过程中，始终保持其匀质性，不论是扩展的中心还是边缘，粗骨料的分布都是均匀的，也无浆体从边缘析出，表明混凝土拌合物抗离析性良好；如果发现粗骨料在中央集堆或边缘有水泥浆析出，则表明混凝土拌合物抗离析性不好。

（注：当混凝土为干硬性混凝土即坍落度值$S<10$mm时，采用维勃稠度法）

2. 混凝土表观密度

（1）试验目的

测定混凝土拌合物捣实后的表观密度，作为调整混凝土配合比的依据。

（2）试验仪器

容量筒、振动台、捣棒、台秤（称量 50kg，感量 50g）等。

（3）实验步骤

1）用湿布把容量筒内外擦干净，称出筒的重量 m_1，精确至 50g。

2）混凝土拌合物的装料及捣实方法应根据拌合物的稠度而定。坍落度不大于 70mm 的混凝土，用振动台振实为宜；坍落度大于 70mm 的混凝土用捣棒捣实为宜。

采用振动台振实时，应一次将混凝土拌合物灌到高出容量筒口。装料时可用捣棒稍加插捣，振动过程中如混凝土沉落到低于筒口，则应随时添加混凝土，振动直至表面出浆为止。

采用捣棒捣实时，应根据容量筒的大小决定分层与插捣次数。用 5L 容量筒时，混凝土拌合物应分两层装入，每层插捣 25 次。用大于 5L 的容量筒时，每层混凝土的高度不应大于 100mm，每层插捣次数应按每 10000mm² 截面不小于 12 次计算。各次插捣应由边缘向中心均匀地插捣，插捣底层时捣棒应贯穿整个深度，以后插捣每层时，捣棒应插透本层至下一层的表面。每一层插捣完后用橡皮锤轻轻沿容器外壁敲打 5～10 次，进行振实，直至拌合物表面插捣孔消失并不见大气泡为止。

3）用刮尺将筒口多余的混凝土拌合物刮去，表面如有凹陷应予填平。将容量筒外壁擦净，称出混凝土试样与容量筒总重量 m_2，精确至 50g。

（4）试验结果

混凝土拌合物表观密度 ρ_{0h} 按下式计算，精确至 10kg/m³：

$$\rho_{0h}=\frac{m_2-m_1}{V_0}\times 1000$$

式中　m_1——容量筒重量（kg）；

　　　m_2——容量筒及试样总重量（kg）；

　　　V_0——容量筒容积（L）。

3. 混凝土立方体抗压强度试验

（1）试验目的

测定混凝土立方体抗压强度，作为评定混凝土质量的主要依据。

（2）试验仪器

压力试验机、振动台、捣棒、小铁铲、金属直尺、镘刀、试模等。

（3）实验步骤

1）成型前，应检查试模尺寸；试模内表面应涂一薄层矿物油或其他不与混凝土发生反应的脱模剂。

2）取样或试验室拌制的混凝土应在拌制后尽短的时间内成型，一般不宜超过 15min。成型前，应将混凝土拌合物至少用铁锹再来回拌合三次。

3）试件成型方法根据混凝土拌合物的稠度而定。坍落度不大于 70mm 的混凝土宜采用振动台振实成型；坍落度大于 70mm 的混凝土宜采用捣棒人工捣实成型。

4）采用振动台成型时，将混凝土拌合物一次装入试模，装料时应用抹刀沿各试模壁插捣，并使混凝土拌合物高出试模口；振动时试模不得有任何跳动，振动应持续到混凝土表面出浆为止，不得过振。

人工插捣成型时，将混凝土拌合物分两层装入试模，每层插捣次数在每 10000mm² 截面积内不得少于 12 次；插捣应按螺旋方向从边缘向中心均匀进行。在插捣底层混凝土时，捣棒应达到试模底部；插捣上层时，捣棒应贯穿上层后插入下层 20~30mm；插捣时捣棒应保持垂直，不得倾斜。然后应用抹刀沿试模内壁插拔数次。插捣后应用橡皮锤轻轻敲击试模四周，直至插捣棒留下的空洞消失为止。

刮除试模上口多余的混凝土，待混凝土临近初凝时，用抹刀抹平。

5）试件成型后应立即用不透水的薄膜覆盖表面，以防止水分蒸发。

6）根据试验目的不同，试件可采用标准养护或与构件同条件养护。确定混凝土特征值、强度等级或进行材料性能研究时应采用标准养护；检验现浇混凝土工程或预制构件中混凝土强度时应采用同条件养护。

7）采用标准养护的试件，应在温度为（20±5）℃的环境中静置一昼夜至二昼夜，然后编号、拆模。拆模后应立即放入温度为（20±2）℃，相对湿度为 95% 以上的标准养护室中养护，或在温度为（20±2）℃的不流动的 Ca(OH)₂ 饱和溶液中养护。标准养护室内的试件应放在支架上，彼此间隔 10~20mm，试件表面应保持潮湿，并不得被水直接冲淋。

8）同条件养护试件的拆模时间可与实际构件的拆模时间相同，拆模后，试件仍需保持同条件养护。

9）标准养护龄期为 28d（从搅拌加水开始计时）。

10）试件自养护地点取出后应及时进行试验，以免试件内部的温度发生显著变化。将试件擦拭干净，检查其外观。

11）将试件安放在试验机的下压板或钢垫板上，试件的承压面应与成型时的顶面垂直。试件的中心应与试验机下压板中心对准。开动试验机，当上压板与试件或钢垫板接近时，调整球座，使接触均衡。

12）加荷应连续而均匀，加荷速度为：混凝土强度等级 ＜C30 时，取 0.3~0.5MPa/s；混凝土强度等级 ≥C30 且 ＜C60 时，取 0.5~0.8MPa/s；混凝土强度等级 ≥C60 时，取 0.8~1.0MPa/s。当试件接近破坏而开始迅速变形时，应停止调整试验机油门，直至试件破坏。然后记录破坏荷载 F（N）。

（4）试验结果

1）混凝土立方体抗压强度 f_{cu} 按下式计算，精确至 0.1MPa：

$$f_{cu} = \frac{F}{A}$$

式中　F——试件破坏荷载（N）；

A——试件承压面积（mm²）。

2）以三个试件抗压强度测定值的算术平均值作为该组试件的抗压强度值。三个测定值中的最大值或最小值中如有一个与中间值的差值超过中间值的 15% 时，则取中间值作为该组试件的抗压强度值；如最大值和最小值与中间值的差值均超过中间值的

15％，则该组试件的试验结果无效。

3）混凝土抗压强度以 150mm×150mm×150mm 立方体试件的抗压强度为标准值。混凝土强度等级<C60 时，用非标准试件测得的强度值均应乘以尺寸换算系数，其值为：对 200mm×200mm×200mm 试件为 1.05；对 100mm×100mm×100mm 试件为 0.95。当混凝土强度等级≥C60 时，宜采用标准试件；采用非标准试件时，尺寸换算系数应由试验确定。

任务 3　砂浆质量试验

1. 砂浆稠度试验

（1）试验目的

确定砂浆配合比或施工过程中控制砂浆的稠度以达到控制用水量为目的。

（2）试验仪器

砂浆稠度测定仪、捣棒、拌铲、抹刀、秒表、拌合铁板、量筒、台秤（称量 10kg，感量 5g）、磅秤（称量 50kg，感量 50g）等。

（3）实验步骤

1）将称量好的砂子倒在拌合板上，然后加入水泥，用拌铲拌合至混合物颜色均匀为止。

2）将混合物堆成堆，在中间作一凹坑，将称好的石灰膏倒入凹坑（若为水泥砂浆，将称量好的水的一半倒入坑中），再倒入适量的水将石灰膏等调稀，然后与水泥、砂共同拌合，逐次加水，仔细拌合均匀。每翻拌一次，需用铁铲将全部砂浆压切一次。一般需拌合 3～5min（从加水完毕时算起），直至拌合物颜色均匀。

3）将圆锥筒和试锥表面用湿布擦干净，并用少量润滑油轻擦滑杆，然后将滑杆上多余的油用吸油纸擦净，使滑杆能自由滑动。

4）将砂浆拌合物一次装入圆锥筒，使砂浆表面低于容器口约 10mm 左右，用捣棒自容器中心向边缘插捣 25 次，然后轻轻地将容器摇动或敲击 5～6 下，使砂浆表面平整，随后将圆锥筒置于稠度测定仪的底座上。

5）拧开试锥滑杆的制动螺丝，向下移动滑杆，当试锥尖端与砂浆表面刚接触时，拧紧制动螺丝，使齿条测杆下端刚接触滑杆上端，并将指针对准零点上。

6）拧开制动螺丝，同时计时间，待 10s 立即固定螺丝，将齿条测杆下端接触滑杆上端，从刻度盘上读出下沉深度，精确至 1mm，即为砂浆的稠度值。

7）圆锥筒内的砂浆，只允许测定一次稠度，重复测定时，应重新取样测定。

（4）试验结果

1）砂浆稠度值取两次试验结果的算术平均值，计算精确至 1mm。

2）两次试验值之差如大于 20mm，则应另取砂浆搅拌后重新测定。

2. 砂浆密度试验

（1）试验目的

测定砂浆拌合物捣实后的质量密度以确定每立方米砂浆拌合物中各组成材料的实际用量

（2）试验仪器

容量筒、托盘天平（称量5kg，感量5g）、秒表、砂浆稠度仪、钢制捣棒（直径10mm，长350mm，端部磨圆）等。

（3）实验步骤

1）首先将拌好的砂浆按稠度试验方法测定稠度，当砂浆稠度大于50mm时，应采用插捣法，当砂浆稠度不大于50mm时，宜采用振动法。

2）试验前称出容量筒重，精确至5g，然后将容量筒的漏斗套上，将砂浆拌合物装满容量筒并略有富余，根据稠度选择试验方法。

采用插捣法时，将砂浆拌合物一次装满容量筒，使稍有富余，用捣棒均匀插捣25次，插捣过程中如砂浆沉落到低于筒口，则应随时添加砂浆再敲击5～6下。

采用振动法时，将砂浆拌合物一次装满容量筒连同漏斗在振动台上振10s，振动过程中如砂浆沉入到低于筒口则应随时添加砂浆。

3）捣实或振动后，将筒口多余的砂浆拌合物刮去，使表面平整，然后将容量筒外壁擦净，称出砂浆与容量筒总重，精确至5g。

（4）试验结果

1）砂浆拌合物的质量密度按下式计算：

$$\rho = \frac{m_2 - m_1}{V} \times 1000$$

式中　ρ——砂浆拌合物的质量密度（kg/m³）；

m_1——容量筒重量（kg）；

m_2——容量筒及试样重量（kg）；

V——容量筒容积（L）。

2）质量密度由二次试验结果的算术平均值确定，计算精确至10kg/m³。

3. 砂浆分层度试验

（1）试验目的

测定砂浆拌合物在运输及停放时间内各组分的稳定性。

（2）试验仪器

砂浆分层度筒、捣棒、拌铲、抹刀、木锤、砂浆稠度测定仪等。

（3）实验步骤

1）将砂浆拌合物按稠度试验方法测定稠度。

2）将砂浆拌合物一次装入分层度筒内，待装满后，用木锤在容器周围距离大致相等的四个不同地方轻轻敲击1～2下，如砂浆沉落到低于筒口，则应随时添加，然后刮去多余的砂浆并用抹刀抹平。

3）静置30min后，去掉上节200mm砂浆，剩余的100mm砂浆倒出放在拌合锅内拌2min，再按稠度试验方法测其稠度。前后测得的稠度之差即为该砂浆的分层度值。

（4）试验结果

1）取两次试验结果的算术平均值作为该砂浆的分层度值，单位mm。

2）两次试验分层度值之差如大于 20mm，应重做试验。

4. 砂浆立方体抗压强度试验

（1）试验目的

测定砂浆的强度，确定砂浆是否达到设计要求的强度等级。

（2）试验仪器

试模、捣棒、刮刀、压力试验机等。

（3）实验步骤

1）制作砌筑砂浆试件时，将无底试模放在预先铺上吸水性较好的纸的普通黏土砖上，试模内壁事先涂刷薄层机油或脱模剂。放于砖上的湿纸，应为湿的新闻纸（或其他未粘过胶凝材料的纸），纸的大小要以能盖过砖的四边为准，砖的使用面要求平整，凡砖四个垂直面粘过水泥或其他胶结材料后，不允许再使用。

2）向试模内一次注满砂浆，用捣棒均匀由外向里按螺旋方向插捣 25 次，为了防止低稠度砂浆插捣后，可能留下孔洞，允许用油灰刀沿模壁插数次，使砂浆高出试模顶面 6～8mm。

3）当砂浆表面开始出现麻斑状态时（约 15～30min），将高出部分的砂浆沿试模顶面削去抹平。

4）试件制作后应在 (20±5)℃环境下停置 (24±2)h，当气温较低时，可适当延长时间，但不应超过两昼夜，然后对试件进行编号并拆模。试件拆模后，应在标准条件下继续养护至 28d，然后进行试压。

5）标准养护条件是：水泥混合砂浆应为温度 (20±3)℃，相对湿度 60%～80%；水泥砂浆和微沫砂浆应为温度 (20±3)℃，相对湿度 90%以上。养护期间，试件彼此间隔不少于 10mm。

6）当无标准养护条件时，可采用自然养护。水泥混合砂浆应在正温度，相对湿度为 60%～80%的条件下（如养护箱中或不通风的室内）养护；水泥砂浆和微沫砂浆应在正温度并保持试块表面湿润的状态下（如湿砂堆中）养护。养护期间必须做好温度记录。在有争议时，以标准养护条件为准。

7）试件从养护地点取出后，应尽快进行试验。试验前先将试件擦拭干净，测量尺寸，并检查其外观。尺寸测量精确至 1mm，并据此计算试件的承压面积 A（mm^2）。如实测尺寸与公称尺寸之差不超过 1mm，可按公称尺寸进行计算。

8）将试件安放在试验机的下压板（或下垫板）上，其承压面应与成型时的顶面垂直，试件中心应与试验机下压板（或下垫板）中心对准。

9）开动试验机，当上压板与试件接近时，调整球座，使接触面均衡受压。承压试验应连续而均匀地加荷，加荷速度应为 0.5～1.5kN/s（砂浆强度 5MPa 及 5MPa 以下时，取下限为宜，砂浆强度 5MPa 以上时，取上限为宜）。

10）当试件接近破坏而开始迅速变形时，停止调整试验机油门，直至试件破坏，记录破坏荷载 N_u（N）。

（4）试验结果

1）砂浆立方体抗压强度 $f_{m,cu}$ 按下式计算，精确至 0.1MPa：

$$f_{m,cu} = \frac{N_u}{A}$$

式中 N_u——试件极限破坏荷载（N）；

A——试件受压面积（mm²）。

2）以六个试件测定值的算术平均值作为该组试件的抗压强度值，计算精确至 0.1MPa。当最大值或最小值与平均值之差超过 20% 时，以中间四个试件测定值的平均值作为抗压强度值。

任务 4 钢筋质量试验

1. 钢筋拉伸试验

（1）试验目的

测定低碳钢的屈服强度、抗拉强度与延伸率。注意观察拉力与变形之间的变化。确定应力与应变之间的关系曲线，评定钢筋的强度等级。

（2）试验仪器

1）万能材料试验机 为保证机器安全和试验准确，其吨位选择最好是使试件达到最大荷载时，指针位于指示度盘第三象限内。试验机的测力示值误差不大于 1%。

2）量爪游标卡尺（精确度为 0.1mm）。

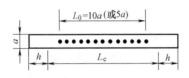

图 1-1-1 钢筋拉伸试件

a—试样原始直径；L_0—标距长度；h—夹头长度；

L_c—试样平行长度（不小于 L_0+a）

（3）实验步骤

1）试件制作和准备

抗拉试验用钢筋试件不得进行车削加工，可以用两个或一系列等分小冲点或细划线标出原始标距（标记不应影响试样断裂），测 r 量标距长度 L（精确至 0.1mm），如图 1-1-1 所示。计算钢筋强度用横截面积采用公称横截面积。

2）屈服强度和抗拉强度的测定

A. 调整试验机测力度盘的指针，使对准零点，并拨动副指针，使与主指针重叠。

B. 将试件固定在试验机夹头内。开动试验机进行拉伸，拉伸速度为：屈服前，应力加速度按表 1-1-1 规定，并保持试验机控制器固定于这一速率位置上，直至该性能测出为止；屈服后或只需测定抗拉强度时，试验机活动夹头在荷载下的移动速度不大于 $0.5L_0$/min

屈服前的加荷速率   表 1-1-1

金属材料的弹性模量	应力速率（N/mm²·s）	
（MPa）	最小	最大
<150000	2	20
≥150000	6	60

C. 拉伸中，测力度盘的指针停止转动时的恒定荷载，或第一次回转时的最小荷载，即为所求的屈服点荷载 F_s（N）。按下式计算试件的屈服强度：

$$f_y = \frac{F_s}{A}$$

式中　$f_y(\sigma_s)$——屈服强度（MPa）；

　　　F_s——屈服点荷载（N）；

　　　A——试件的公称横截面积（mm^2）。

当 $f_y > 1000$MPa 时，应计算至 10MPa；f_y 为 $200 \sim 1000$MPa 时，计算至 5MPa；$f_y \leqslant 200$MPa 时，计算至 1MPa。小数点数字按"四舍六入五单双法"处理。

D. 向试件连续施载直至拉断，由测力度盘读出最大荷载 F_b（N）。按下式计算试件的抗拉强度：

$$f_u = \frac{F_b}{A}$$

式中　$f_u(\sigma_b)$——抗拉强度（MPa）；

　　　F_b——最大荷载（N）；

　　　A——试件的公称横截面积（mm^2）；

　　　f_u——计算精度的要求同 f_y。

（4）试验结果

1）将已拉断试件的两段在断裂处对齐，尽量使其轴线位于一条直线上。如拉断处由于各种原因形成缝隙，则此缝隙应计入试件拉断后的标距部分长度内。

2）如拉断处到邻近的标距点的距离大于 $1/3$（L_0）可用卡尺直接量出已被拉长的标距长度 L_1（mm）。

3）如拉断处到邻近的标距端点的距离小于或等于 $1/3$（L_0），可按下述移位法确定 L_1：

在长段上，从拉断处 O 取基本等于短段格数，得 B 点，接着取等于长段所余格数〔偶数，图 1-1-2（a）〕之半，得 C 点；或者取所余格数〔奇数，图 1-1-2（b）〕减 1 与加 1 之半，得 C 与 C_1 点。移位后的 L_1，分别为 $AO+OB+2BC$ 或者 $AO+OB+BC+BC_1$。

如果直接量测所求得的伸长率能达到技术条件的规定值，则可不采用移位法。

4）伸长率按下式计算（精确至 1‰写）：

$$\delta_{10}（或 \delta_5）=[(L_1-L_2)/L_0] \times 100\%$$

式中　δ_{10}、δ_5——分别表示 $L_0 = 10d$ 或 $L_0 = 5d$ 时的伸长率；

　　　L_0——原标距长度 $10d$（$5d$）（mm）；

　　　L_1——试件拉断后直接量出或按移位法确定的标距部分长度（mm）（测量精确至 0.1mm）。

5）如试件在标距端点上或标距处断裂，则试验结果无效，应重做试验。

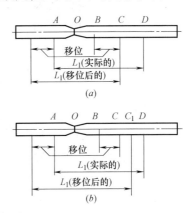

图 1-1-2　用移位法计算标距

2. 钢材冷弯试验

（1）试验目的

检验钢筋承受规定弯曲程度的变形性能，从而确定其可加工性能，并显示其缺陷。

（2）试验仪器

压力机或万能试验机，具有不同直径的弯心。

（3）实验步骤

1）钢筋冷弯试件不得进行车削加工，试样长度通常按下式确定：

$L \approx 5a + 150$（mm）（a 为试件原始直径）

2）半导向弯曲

试样一端固定，绕弯心直径进行弯曲，如图 1-1-3（a）所示。试样弯曲到规定的弯曲角度或出现裂纹、裂缝或断裂为止。

3）导向弯曲

A. 试样放置于两个支点上，将一定直径的弯心在试样两个支点中间施加压力，使试样弯曲到规定的角度，如图 1-1-3（b）所示或出现裂纹、裂缝、断裂为止。

B. 试样在两个支点上按一定弯心直径弯曲至两臂平行时，可一次完成试验，亦可先弯曲到图 1-1-3（b）所示的状态，然后放置在试验机平板之间继续施加压力，压至试样两臂平行。此时可以加与弯心直径相同尺寸的衬垫进行试验，如图 1-1-3（c）所示。

当试样需要弯曲至两臂接触时，首先将试样弯曲到图 1-1-3（c）所示的状态，然后放置在两平板间继续施加压力，直至两臂接触，如图 1-1-3（d）所示。

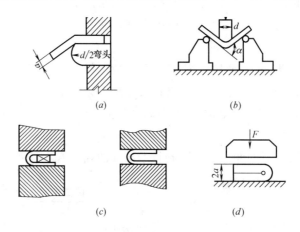

图 1-1-3 弯曲试验示意图

C. 试验应在平稳压力作用下，缓慢施加试验压力。两支辊间距离为（$d + 2.5a$）±$0.5a$，并且在试验过程中不允许有变化。

D. 试验应在 10～35℃或控制条件（23±5）℃下进行。

（4）试验结果

弯曲后，按有关标准规定检查试样弯曲外表面，进行结果评定。若无裂纹、裂缝或裂断，则评定试样合格。

任务5 砌墙材料试验 （混凝土小型砌块）

1. 混凝土小型砌块抗压强度试验

（1）试验目的

通过对混凝土小型空心砌块的抗压强度的测试，评定混凝土小型空心砌块的力学性能。

（2）试验仪器

1）材料试验机：示值误差应不大于2%，其量程选择应能使试件的预期破坏荷载在满量程的20%～80%；

2）钢板：厚度不小于10mm，平面尺寸应大于440mm×240mm。钢板的一面需平整，精度要求在长度方向范围内的平面度不大于0.1mm。

3）玻璃平板：厚度不小于6mm，平面尺寸与钢板的要求相同。

4）水平尺。

（3）实验步骤

1）试件数量为五个砌块。

2）分别处理试件的坐浆面和铺浆面，使之成为互相平行的平面。将钢板置于稳固的底座上，平整面向上，用水平尺调至水平。在钢板上先薄薄地涂一层机油，或铺一层湿纸，然后铺一层1：2.5的水泥砂浆，将试件的坐浆面湿润后平稳地压入砂浆层内，使砂浆层尽可能均匀，厚度为3～5mm。

3）静置24h后，再按以上方法处理试件的铺浆面。在温度10℃以上不通风的室内养护3d后做抗压强度试验。

4）测量每个试件的长度和宽度，每项在对应两面中心各测一次，精确至1mm，然后分别求出各方向的平均值。

5）将试件置于试验机承压板上，使试件的轴线与试验机压板的压力中心重合，以10～30kN/s的速度加荷，直至试件破坏。记录最大破坏荷载 P。

6）若试验机压板不足以覆盖试件受压面时，可在试件的上、下承压面加辅助钢压板。辅助钢压板的表面光洁度应与试验机原压板同，其厚度至少为原压板边至辅助钢压板最远角距离的1/3。

（4）试验结果

1）每个试件的抗压强度按下式计算：

$$R=\frac{P}{LB}$$

式中　R——试件的抗压强度，MPa；

　　　P——破坏荷载，N；

　L、B——试件受压面的长度和宽度，mm。

2）抗压强度的计算精确至0.1MPa。试验结果以5个试件抗压强度的算术平均值和单块最小值表示。

2. 混凝土小型砌块抗折强度试验

（1）试验目的

通过对混凝土小型空心砌块的抗折强度的测试，评定混凝土小型空心砌块的力学性能。

（2）试验仪器

1）材料试验机：技术要求同抗压强度试验；

2）钢棒：直径 35～40mm，长度 210mm，数量为三根；

3）抗折支座：由安放在底板上的两根钢棒组成，其中至少有一根是可以自由滚动的。

（3）实验步骤

试件数量及制备方法同抗压强度试件。

1）测量每个试件的高度和宽度，分别求出各个方向的平均值；

2）将抗折支座置于材料试验机承压板上，调整钢棒轴线间的距离，使其等于试件长度减一个坐浆面处的肋厚，再使抗折支座的中线与试验机压板的压力中心重合；

3）将试件的坐浆面置于抗折支座上；

4）在试件的上部 1/2 长度处放置一根钢棒。

5）以 250N/s 的速度加荷直至试件破坏，记录最大破坏荷载 P。

（4）试验结果

1）每个试件的抗折强度按下式计算，精确至 0.1MPa。

$$R_z = \frac{3PL}{2BH^2}$$

式中　R_z——试件的抗折强度（MPa）

P——破坏荷载（N）；

L——抗折支座上两钢棒轴心间距（mm）；

B——试件宽度（mm）；

H——试件高度（mm）。

2）试验结果以 5 个试件抗折强度的算术平均值和单块最小值表示，精确至 0.1MPa。

实训项目2　建筑材料实训项目

任务1　水泥进场复试

1. 实训目标

通过本项目的完成使学生能够具备施工现场相应检测岗位能力，能够完成对进场水泥的复试。

2. 实训任务设计

步骤 1　水泥现场取样

步骤 2　水泥细度检测

步骤 3　水泥标准稠度用水量检测

步骤 4　水泥凝结时间检测

步骤 5　水泥安定性检测

步骤 6　水泥强度检测

步骤 7　检测数据分析处理

步骤 8　检测报告单填写

3. 环境与设备要求

要求每个实训室可以完成 6 组共 40 人的实训，营造施工现场的工作环境，按照施工现场的要求布置检测方法图版、各项规章制度、设备操作要求，注意事项等。

4. 实训成果

检测报告单。

5. 实训内容与指导

（1）步骤 1　水泥现场取样

散装水泥

对同一水泥厂生产的同期出厂的同品种、同强度等级的袋袋水泥，以一次进场的同一出厂编号的水泥为一批，且总量不超过 500t，随机从不少于 3 个罐车中采取等量水泥，经混拌均匀后称取不少于 12kg。

袋装水泥

对同一水泥厂生产的同期出厂的同品种、同强度等级的散装水泥，以一次进场的同一出厂编号的水泥为一批，且总量不超过 100t。取样应有代表性，可以从 20 个不同部位的袋中取等量样品水泥，经混拌均匀后称取不少于 12kg。

检测前，把上述方法取得的水泥样品，按标准规定将其分成两等份。一份用于标准检测，另一份密封保管三个月，以备有疑问时同时复验。

对水泥质量发生疑问需作仲裁检验时，应按仲裁检验的办法进行。

（2）步骤 2～步骤 7 参照实训项目 1 完成。

（3）步骤 8　检测报告单填写

根据施工单位实际检测报告单指导学生进行填写，使学生提前熟悉工作岗位。

6. 实训小结

针对本项目完成情况中的共性问题进行总结。

7. 实训考评

强调过程考核，将每个步骤按采分点进行评价，评价方法要简单易行，不能过于复杂，浪费时间。

8. 职业训练

对学生进行分组，组长、组员岗位轮流担任，采用工作站的方法培养学生的团队精神、合作能力、沟通能力、领导能力等职业能力。

任务 2　进场混凝土检测

1. 实训目标

通过本项目的完成使学生能够具备施工现场相应检测岗位能力，能够完成对进场混凝土的检测。

2. 实训任务设计

步骤 1　混凝土现场取样

步骤 2　混凝土工作性检测

步骤 3　混凝土试体成型及抗压强度检测

步骤 4　检测数据分析处理

步骤 5　检测报告单填写

3. 环境与设备要求

要求每个实训室可以完成 6 组共 40 人的实训，营造施工现场的工作环境，按照施工现场的要求布置检测方法图版、各项规章制度、设备操作要求，注意事项等。

4. 实训成果

检测报告单。

5. 实训内容与指导

(1) 步骤 1　混凝土现场取样

预拌混凝土（商品混凝土），除应在预拌混凝土厂内按规定留置试块外，（商品）混凝土运至施工现场后，还应根据《预拌混凝土》GB/T 14902—2012 规定取样：

1) 用于交货检验的混凝土试样应在交货地点采取。交货检验的混凝土试样的采取应在混凝土运送到交货地点后按《普通混凝土拌合物性能试验方法标准》GB/T 50080—2002 规定在 20min 内完成，强度试件的制作应在 40min 内完成。

2) 交货检验的试样应随机从同一运输车中抽取，混凝土试样应在卸料量的 1/4～3/4 之间采取。

3) 每个试样量应满足混凝土质量检验项目所需用量的 1.5 倍，且不宜少于 0.02m³。

4) 用于交货检验的混凝土强度检验试样，其取样频率可按现场搅拌混凝土中 2～6 条进行。

5) 混凝土拌合物坍落度检验试样的取样频率应与混凝土强度检验的取样频率一致。

6) 对有抗渗要求的混凝土进行抗渗检验的试样，用于交货检验的取样频率应为同工程、同一配比的混凝土不得少于 1 次。留置组数可根据实际需求确定。

7) 对有抗冻要求的混凝土进行抗冻检验的试样，用于交货检验的取样频率应为同一工程、同一配合比的混凝土不得少于 1 次。留置组数可根据实际需求确定。

8) 预拌混凝土的含气量及其他项目的取样检验频率应按合同规定进行。

(2) 步骤 2～步骤 4 参照实训项目 1.2 完成。

(3) 步骤 5　检测报告单填写

根据施工单位实际检测报告单指导学生进行填写，使学生提前熟悉工作岗位。

6. 实训小结

针对本项目完成情况中的共性问题进行总结。

7. 实训考评

强调过程考核，将每个步骤按采分点进行评价，评价方法要简单易行，不能过于复杂，浪费时间。

8. 职业训练

对学生进行分组，组长、组员岗位轮流担任，采用工作站的方法培养学生的团队精神、合作能力、沟通能力、领导能力等职业能力。

2　土工课程实训

实训项目 1　试样制备

1. 试验说明与目标

试样的制备是获得正确的试验成果的前提，为保证试验成果的可靠性以及试验数据的可比性，应具备一个统一的试样制备方法和程序。

试样的制备可分为原状土的试样制备和扰动土的试样制备。对于原状土的试样制备主要包括土样的开启、描述、切取等程序；而扰动土的制备程序则主要包括风干、碾散、过筛、分样和贮存等预备程序以及击实等制备程序，这些程序步骤的正确与否，都会直接影响到试验成果的可靠性，因此，试样的制备是土工试验工作的首要质量要素。

2. 试验任务设计

对某场地待定原状土和扰动土（压实土）的进行试样制备的实训

3. 环境与设备要求

实训需要的仪器设备包括：

（1）孔径 0.5、2mm 和 5mm 的细筛；

（2）孔径 0.075mm 的洗筛；

（3）称量 10kg、最小分度值 5g 的台秤；

（4）称量 5000g、最小分度值 1g 和称量 200g、最小分度值 0.01g 的天平；

（5）不锈钢环刀（内径 61.8mm、高 20mm；内径 79.8mm、高 20mm 或内径 61.8mm、高 40mm）；

（6）击样器：包括活塞、导筒和环刀；

（7）其他：切土刀、钢丝锯、碎土工具、烘箱、保湿器、喷水设备、凡士林等。

4. 实训内容与指导

（1）原状土试样的制备

1）将土样筒按标明的上下方向放置，剥去蜡封和胶带，开启土样筒取土样；

2）检查土样结构，若土样已扰动，则不应作为制备力学性质试验的试样；

3）根据试验要求确定环刀尺寸，并在环刀内壁涂一薄层凡士林，然后刃口向下放在土样上，将环刀垂直下压，同时用切土刀沿环刀外侧切削土样，边压边削直至土样高出环刀，制样时不得扰动土样；

4）采用钢丝锯或切土刀平整环刀两端土样，然后擦净环刀外壁，称环刀和土的总质量；

5）切削试样时，应对土样的层次、气味、颜色、夹杂物、裂缝和均匀性进行描述；

6）从切削的余土中取代表性试样，供测定含水率以及颗粒分析、界限含水率等试验之用；

7）原状土同一组试样间密度的允许差值不得大于 0.03g/cm³，含水率差值不宜大于 2%。

（2）扰动土试样的制备

1）扰动土试样的备样步骤

A. 将土样从土样筒或包装袋中取出，对土样的颜色、气味、夹杂物和土类及均匀程度进行描述，并将土样切成碎块，拌合均匀，取代表性土样测定含水率。

B. 先将土样风干或烘干，然后将风干或烘干土样放在橡皮板上用木碾碾散，对不含砂和砾的土样，可用碎土器碾散，但在使用碎土器时应注意不得将土粒破碎。

C. 将分散后的土样根据试验要求过筛。对于物理性试验土样，如液限、塑限等试验，过 0.5mm 筛；对于力学性试验土样，过 2mm 筛；对于击实试验土样，过 5mm 筛。对于含细粒土的砾质土，应先用水浸泡并充分搅拌，使粗细颗粒分离后，再按不同试验项目的要求进行过筛。

2）扰动土试样的制样步骤

A. 实训内容与指导（试样制备）的数量视试验需要而定，一般应多制备 1～2 个试样以备用。

B. 将碾散的风干土样通过孔径 2mm 或 5mm 的筛，取筛下足够试验用的土样，充分拌匀，并测定风干含水率，然后装入保湿缸或塑料袋内备用。

C. 根据环刀容积及所要求的干密度，按式（1-2-1）计算实训内容与指导（试样制备）所需的风干土质量：

$$m_0 = (1 + 0.01 w_0) \rho_d V \qquad (1\text{-}2\text{-}1)$$

式中　m_0——制备试样所需的风干含水率时的土样质量（g）；

　　　w_0——风干含水率（%）；

　　　ρ_d——试样所要求的干密度（g/cm³）；

　　　V——试样体积（cm³）。

D. 根据试样所要求的含水率，按式（1-2-2）计算制备试样所需的加水量：

$$m_w = \frac{m_0}{1 + 0.01 w_1} \times 0.01(w_1 - w_0) \qquad (1\text{-}2\text{-}2)$$

式中　m_w——制备试样所需要的加水量（g）；

　　　w_1——试样所要求的含水率（%）。

E. 称取过筛的风干土样平铺于搪瓷盘内，根据式（1-2-2）计算得到的加水量，用量筒量取，并将水均匀喷洒于土样上，充分拌匀后装入盛土容器内盖紧，润湿一昼夜。

F. 测定润湿土样不同位置处的含水率，不应少于两点，一组试样的含水量与要求的含水量之差不得大于±1%。

G. 扰动土试样的制备，可采用击样法、压样法和击实法。

击样法　将根据环刀容积和要求干密度所需质量的湿土，倒入装有环刀的击样器内，击实到所需密度，然后取出环刀。

压样法　将根据环刀容积和要求干密度所需质量的湿土，倒入装有环刀的压样器内，采用静压力通过活塞将土样压紧到的所需密度，然后取出环刀。

击实法　采用击实仪，将土样击实到所需的密度，用推土器推出，然后将环刀内壁涂一薄层凡士林，刃口向下放在土样上，将环刀垂直向下压，边压边削，直至土样伸出环刀为止，削去两端余土并修平。

H. 擦净环刀外壁，称环刀和试样总质量，准确至 0.1g，同一组试样的密度与要求的密度之差不得大于 $\pm 0.01 \text{g/cm}^3$。

I. 对不需要饱和，且不立即进行试验的试样，应存放在保湿器内备用。

（3）试样饱和

土的孔隙逐渐被水填充的过程称为饱和，当土中孔隙全部被水充满时，该土则称为饱和土。

根据土样的透水性能，试样的饱和可分别采用浸水饱和法、毛细管饱和法和真空抽气饱和法三种方法。

1）对于粗粒土，可采用直接在仪器内对试样进行浸水饱和法的方法；

2）对于渗透系数大于 10^{-4}cm/s 的细粒土，可采用毛细管饱和法；

3）对于渗透系数小于、等于 10^{-4}cm/s 的细粒土，可采用真空抽气饱和法。

试样饱和步骤

1）毛细管饱和法

A. 选用框式饱和器，在装有试样的环刀上、下面分别放滤纸和透水石，装入饱和器内，并通过框架两端的螺丝将透水石、环刀夹紧（图 1-2-1）。

B. 将装好试样的饱和器放入水箱内，注入清水，水面不宜将试样淹没，以使土中气体得以排出。

C. 关上箱盖，浸水时间不得少于两昼夜，以使试样充分饱和。

D. 试样饱和后，取出饱和器，松开螺母，取出环刀擦干外壁，取下试样上下的滤纸，称环刀和试样的总质量，准确至 0.1g，并计算试样的饱和度，当饱和度低于 95％时，应继续饱和。

2）抽气饱和法

A. 选用重叠式或框式饱和器和真空饱和装置。在重叠式饱和器下夹板的正中，依次放置透水石、滤纸、带试样的环刀、滤纸、透水石，如此顺序重复，由下向上重叠到拉杆高度，将饱和器上夹板盖好后，拧紧拉杆上端的螺母，将各个环刀在上、下夹板间夹紧。

B. 将装有试样的饱和器放入真空缸内，真空缸和盖之间涂一薄层凡士林，并盖紧。

C. 将真空缸与抽气机接通，启动抽气机，当真空压力表读数接近当地一个大气压力值后，继续抽气不少于 1h，然后微开管夹，使清水由引水管徐徐注入真空缸内。在注水过程中，微调管夹，以使真空气压力表读数基本保持不变。

D. 待水淹没饱和器后，即停止抽气，开管夹使空气进入真空缸，静止一段时间，对于细粒土，为 10h 左右，借助大气压力，从而使试样充分饱和。

E. 打开真空缸，从饱和器内取出带环刀的试样，称环刀和试样总质量，并计算试样的饱和度，当饱和度低于 95% 时，应继续抽气饱和（图 1-2-2）。

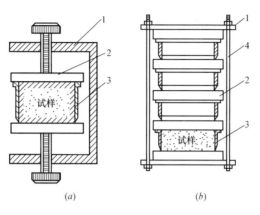

图 1-2-1　饱和器

1—夹板；2—透水板；3—环刀；4—拉杆

(a) 框式；(b) 叠式

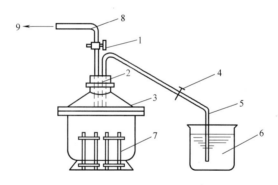

图 1-2-2　真空饱和装置

1—二通阀；2—橡皮塞；3—真空缸；4—管夹；5—引水管；

6—盛水器；7—饱和器；8—排气管；9—接抽气机

5. 实训成果

饱和度计算

试样的饱和度可按式（1-2-3）计算：

$$S_r = \frac{(\rho - \rho_d)G_s}{\rho_d e} \quad 或 \quad S_r = \frac{wG_s}{e} \tag{1-2-3}$$

式中　S_r——试样的饱和度（%）；

w——试样饱和后的含水量（%）；

ρ——试样饱和后的密度（g/cm³）；

ρ_d——试样的干密度（g/cm³）；

G_s——土粒相对密度；

e——试样的孔隙比。

6. 实训考评

（1）考评目标

通过考评可以检查学生对土工试样制备知识和技能的掌握程度，判断学生发现问题、分析问题、解决问题的能力，进而检查教学效果，改进教学工作，提高教学质量。

（2）考评原则

集中考评与日常考评相结合的原则，日常考评为主；项目考评与课程考评相结合的原则，项目考评为主；知识考评与实操考评相结合，知识技能并重、注重实绩的原则；定性与定量考评相结合，定量考评为主的原则。

（3）考评方式

从课程考评与职业技能认证两个方面进行考评，汇总得出课程整体成绩。课程考评与职业技能认证均包括理论考评和实操考评。

理论考评采用卷面、答辩等形式，卷面客观题为主，答辩着重通过客观知识的提问，考察学生主观认识客观规律性的能力。

实操考评通过模拟具体试验的某道工序或全过程，重点考察学生的应用知识、使用仪器设备，解决实际问题的能力。

1）课程考评（包括项目考评）从知识、技能、态度三方面考评。知识考评根据平时作业、项目知识点考评成绩计分；技能考评主要根据实验报告、项目技能测试情况计分；态度主要从安全、考勤、平时表现、团结协作、精神文明等方面计分。

2）职业技能认证主要从理论知识和实操能力两个方面考评，理论考评在学期末采用闭卷或考卷方式进行，实操考评在实习结束前进行（表 1-2-1）。

实训成绩表　　　　　　　　　　表 1-2-1

考评类型	成绩		权重	实训成绩	成绩权重	实训成绩
实训考评成绩	知识		30%	100	60%	
	技能		50%			
	态度		20%			
职业技能认证	理论测试		30%	100	40%	
	实操测试		70%			

实训项目 2　含水率试验

1. 试验说明与目标

土的含水率 w 是指土在温度 105～110℃下烘干至恒量时所失去的水质量与达到恒

量后干土质量的比值，以百分数表示。

含水率是土的基本物理性质指标之一，它反映了土的干、湿状态。含水率的变化将使土物理力学性质发生一系列变化，它可使土变成半固态、可塑状态或流动状态，可使土变成稍湿状态、很湿状态或饱和状态，也可造成土在压缩性和稳定性上的差异。含水率还是计算土的干密度、孔隙比、饱和度、液性指数等不可缺少的依据，也是建筑物地基、路堤、土坝等施工质量控制的重要指标。

2. 试验任务设计

对某待定的原状土和扰动土的进行含水率试验的实训

3. 环境与设备要求

测定某种待定土的含水量，即土在 105～110℃温度下烘干至恒重时所失去的水分质量与达到恒重后干土质量的比值。其值用以与其他试验配合计算土的干密度、孔隙比、饱和度以及其他物理指标，它也是土工建筑施工质量控制的依据。

试验方法及原理

含水率试验方法有烘干法、酒精燃烧法、比重法、碳化钙气压法、炒干法等，其中以烘干法为室内试验的标准方法。在此仅介绍烘干法和酒精燃烧法。

（1）烘干法环境与设备要求

1）保持温度为 105～110℃的自动控制电热恒温烘箱；

2）称量 200g、最小分度值 0.01g 的天平；

3）玻璃干燥缸；

4）恒质量的铝制称量盒 2 个。

（2）酒精燃烧法环境与设备要求

1）恒质量的铝制称量盒；

2）称量 200g、最小分度值 0.01g 的天平；

3）纯度 95％的酒精；

4）滴管、火柴和调土刀。

4. 实训内容与指导

（1）烘干法

烘干法是将试样放在温度能保持 105～110℃的烘箱中烘至恒量的方法，是室内测定含水率的标准方法。

1）操作步骤

A. 称盒加湿土质量：从土样中选取具有代表性的试样 15～30g（有机质土、砂类土和整体状构造冻土为 50g），放入称量盒内，立即盖上盒盖，称盒加湿土质量，准确至 0.01g。

B. 烘干土样：打开盒盖，将试样和盒一起放入烘箱内，在温度 105～110℃下烘至恒量。试样烘至恒量的时间，对于黏土和粉土宜烘 8～10h，对于砂土宜烘 6～8h。对于有机质超过干土质量 5％的土，应将温度控制在 65～70℃的恒温下进行烘干。

C. 称盒加干土质量：将烘干后试样和盒从烘箱中取出，盖上盒盖，放入干燥器内冷却到室温。将试样和盒从干燥器内取出，称盒加干土质量，准确至 0.01g。

2）成果整理

按式（1-2-4）计算含水率：

$$w=\frac{m_1-m_2}{m_2-m_0}\times100\%$$ (1-2-4)

式中　w——含水率（%），精确至 0.1%；

m_1——称量盒加湿土质量（g）；

m_2——称量盒加干土质量（g）；

m_0——称量盒质量（g）。

含水量试验须进行两次平均测定，每组学生取两次土样测定含水量，取其算术平均值作为最后成果。但两次试验的平均差值不得大于表 1-2-2 规定。

含水率测定的平行差值　表 1-2-2

含水率（%）	允许平行差值（%）
<10	0.5
<40	1
≥40	2

3）试验记录

烘干法测含水率的试验记录见表 1-2-3。

（2）酒精燃烧法

酒精燃烧法是将试样和酒精拌合，点燃酒精，随着酒精的燃烧使试样水分蒸发的方法。酒精燃烧法是快速简易且较准确测定细粒土含水率的一种方法，适用于没有烘箱或土样较少的情况。

操作步骤：

1）从土样中选取具有代表性的试样（黏性土 5～10g，砂性土 20～30g），放入称量盒内，立即盖上盒盖，称盒加湿土质量，准确至 0.01g。

2）打开盒盖，用滴管将酒精注入放有试样的称量盒内，直至盒中出现自由液面为止，并使酒精在试样中充分混合均匀。

3）将盒中酒精点燃，并烧至火焰自然熄灭。

4）将试样冷却数分钟后，按上述方法再重复燃烧两次，当第三次火焰熄灭后，立即盖上盒盖，称盒加干土质量，准确至 0.01g。

5. 实训成果

（1）成果整理

酒精燃烧法试验同样应对两个试样进行平行测定，其含水率计算见式（1-2-4），含水率允许平行差值与烘干法相同。

（2）试验记录

酒精燃烧法测含水率的试验记录见表 1-2-3。

含水率试验记录 表 1-2-3

工程名称＿＿＿＿＿＿＿＿＿　　　　　　　　试验者＿＿＿＿＿＿＿＿＿

工程编号＿＿＿＿＿＿＿＿＿　　　　　　　　计算者＿＿＿＿＿＿＿＿＿

试验日期＿＿＿＿＿＿＿＿＿　　　　　　　　校核者＿＿＿＿＿＿＿＿＿

试样编号	土样说明	盒号	盒质量（g）	盒加湿土质量（g）	盒加干土质量（g）	湿土质量（g）	干土质量（g）	含水率（%）	平均含水率（%）	备注

（3）实训小结

1）打开试样后应立即称湿土质量，以免水分蒸发。

2）土样必须按要求烘至恒重，否则会影响测试精度。

3）烘干的试样应冷却后再称量，以防止热土吸收空气中的水分，避免天平受热不均影响称量精度。

6. 实训考评

同实训项目 1。

实训项目 3 密度试验

1. 试验说明与目标

土的密度是指土的单位体积质量，是土的基本物理性质指标之一，其单位为 g/cm³。土的密度反映了土体结构的松紧程度，是计算土的自重应力、干密度、孔隙比、孔隙度等指标的重要依据，也是挡土墙压力计算、土坡稳定性验算、地基承载力和沉降量估算以及路基路面施工填土压实度控制的重要指标之一。

当用国际单位制计算土的重力时，由土的质量产生的单位体积的重力称为重力密度 γ，简称重度，其单位是 kN/m³。重度由密度乘以重力加速度求得，即 $\gamma = \rho g$。

土的密度一般是指土的湿密度 ρ，相应的重度称为湿重度 γ，除此以外还有土的干密度 ρ_d、饱和密度 ρ_{sat} 和有效密度 ρ'，相应的有干重度 γ_d、饱和重度 γ_{sat} 和有效重度 γ'。

试验目的：测定土的密度。

2. 试验任务设计

对某待定的原状土和扰动土的密度测试的实训

3. 实训内容与指导（包含环境与设备要求）

密度试验方法有环刀法、蜡封法、灌水法和灌砂法等。对于细粒土，宜采用环刀法；对于易碎裂、难以切削的土，可用蜡封法；对于现场粗粒土，可用灌水法或灌砂法。

（1）环刀法

环刀法就是采用一定体积环刀切取土样并称土质量的方法，环刀内土的质量与环刀体积之比即为土的密度。

环刀法操作简便且准确，在室内和野外均普遍采用，但环刀法只适用于测定不含砾石颗粒的细粒土的密度。

1）环境与设备要求（仪器设备）

A. 恒质量环刀，内径 6.18cm（面积 30cm²）或内径 7.98cm（面积 50cm²），高 20mm，壁厚 1.5mm；

B. 称量 500g、最小分度值 0.1g 的天平；

C. 切土刀、钢丝锯、毛玻璃和圆玻璃片等。

2）操作步骤

A. 按工程需要取原状土或人工制备所需要求的扰动土样，其直径和高度应大于环刀的尺寸，整平两端放在玻璃板上。

B. 在环刀内壁涂一薄层凡士林，将环刀的刀刃向下放在土样上面，然后用手将环刀垂直下压，边压边削，至土样上端伸出环刀为止，根据试样的软硬程度，采用钢丝锯或修土刀将两端余土削去修平，并及时在两端盖上圆玻璃片，以免水分蒸发。

C. 擦净环刀外壁，拿去圆玻璃片，然后称取环刀加土质量，准确至 0.1g。

4. 实训成果

（1）成果计算

按式（1-2-5）或式（1-2-6）分别计算湿密度和干密度：

$$\rho = \frac{m}{V} = \frac{m_2 - m_1}{V} \tag{1-2-5}$$

$$\rho_d = \frac{\rho}{1 + 0.01w} \tag{1-2-6}$$

式中　ρ——湿密度（g/cm³），精确至 0.01g/cm³；

ρ_d——干密度（g/cm³），精确至 0.01g/cm³；

m——湿土质量（g）；

m_2——环刀加湿土质量（g）；

m_1——环刀质量（g）；

w——含水率（%）；

V——环刀容积（cm^3）。

环刀法试验应进行两次平行测定，两次测定的密度差值不得大于 0.03 g/cm^3 并取其两次测值的算术平均值。

（2）成果整理

1）写出试验过程。

2）确定土的密度。

（3）试验记录

密度试验记录见表 1-2-4。

（4）注意事项

1）应严格按照实验步骤用环刀取土样，不得急于求成，用力过猛或图省事了消成土柱，这样易使土样开裂扰动，结果事倍功半。

2）修平环刀两端余土时，了得在试样表面往返压抹。对软土宜先用钢丝锯将土样锯成几段，然后用环刀切取。

注意事项

3）制备原状土样时，环刀内壁涂一薄层凡士林，用环刀切取试样时，环刀应垂直均匀下压，以防环刀内试样的结构被扰动，同时用切土刀沿环刀外侧切削土样，用切土刀或钢丝锯整平环刀两端土样。

4）夏季室温高时，应防止水分蒸发，可用玻璃片盖住环刀上、下 E_1，但计算时应扣除玻璃片的质量。

5）需进行平行测定，要求两次差值不大于 0.03cm^3，否则重做。结果取两次试验结果的平均值。

密度试验记录表（环刀法）　　　　　　表 1-2-4

工程名称＿＿＿＿＿＿＿＿＿　　　　　　　　　　　　试验者＿＿＿＿＿＿＿＿＿

工程编号＿＿＿＿＿＿＿＿＿　　　　　　　　　　　　计算者＿＿＿＿＿＿＿＿＿

试验日期＿＿＿＿＿＿＿＿＿　　　　　　　　　　　　校核者＿＿＿＿＿＿＿＿＿

试样编号	土样类别	环刀号	环刀加湿土质量（g）	环刀质量（g）	湿土质量（g）	环刀容积（cm^3）	湿密度（g/cm^3）	平均湿密度（g/cm^3）	含水率（%）	干密度（g/cm^3）	平均干密度（g/cm^3）

5. 实训考评

同实训项目 1。

实训项目 4　液限和塑限试验

1. 试验说明与目标

黏性土的状态随着含水率的变化而变化，当含水率不同时，黏性土可分别处于固态、半固态、可塑状态及流动状态，黏性土从一种状态转到另一种状态的分界含水率称为界限含水率。土从流动状态转到可塑状态的界限含水率称为液限 w_L；土从可塑状态转到半固体状态的界限含水率称为塑限 w_p；土由半固体状态不断蒸发水分，则体积逐渐缩小，直到体积不再缩小时的界限含水率称为缩限 w_s。

土的塑性指数 I_p 是指液限与塑限的差值，由于塑性指数在一定程度上综合反映了影响黏性土特征的各种重要因素，因此，黏性土常按塑性指数进行分类。

界限含水率试验要求土的颗粒粒径小于 0.5mm，且有机质含量不超过 5%，且宜采用天然含水率试样，但也可采用风干试样，当试样含有粒径大于 0.5mm 的土粒或杂质时，应过 0.5mm 的筛。

2. 试验任务设计

对某待定的原状土和扰动土的进行液限和塑限试验的实训

3. 实训内容与指导（包含环境与设备要求）

液限是区分黏性土可塑状态和流动状态的界限含水率，测定土的液限主要有圆锥仪法、碟式仪法等试验方法，也可采用液塑限联合测定法测定土的液限。这里介绍圆锥仪液限试验。

（1）圆锥仪液限试验

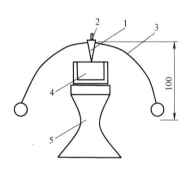

图 1-2-3   锥式液限仪（单位：mm）

1—锥身；2—手柄；3—平衡装置；

4—试杯；5—底座

圆锥仪液限试验就是将质量为 76g 圆锥仪轻放在试样的表面，使其在自重作用下沉入土中，若圆锥体经过 5s 恰好沉入土中 10mm 深度，此时试样的含水率就是液限。

1）环境与设备要求（仪器设备）

A. 圆锥液限仪（图 1-2-3），主要有三个部分：①质量为 76g 且带有平衡装置的圆锥，锥角 30°，高 25mm，距锥尖 10mm 处有环状刻度；②用金属材料或有机玻璃制成的试样杯，直径不小于 40mm，高度不小于 20mm；③硬木或金属制成的平稳底座。

B. 称量 200g、最小分度值 0.01g 的天平。

C. 烘箱、干燥器。

D. 铝制称量盒、调土刀、小刀、毛玻璃板、滴管、吹风机、孔径为 0.5mm 标准筛、研体等设备。

2）操作步骤

A. 选取具有代表性的天然含水率土样或风干土样，若土中含有较多大于 0.5mm 的颗粒或夹有多量的杂物时，应将土样风干后用带橡皮头的研杵研碎或用木棒在橡皮板上压碎，然后再过 0.5mm 的筛。

B. 当采用天然含水率土样时，取代表性土样 250g，将试样放在橡皮板上用纯水将土样调成均匀膏状，然后放入调土皿中，盖上湿布，浸润过夜。

C. 将土样用调土刀充分调拌均匀后，分层装入试样杯中，并注意土中不能留有空隙，装满试杯后刮去余土使土样与杯口齐平，并将试样放在底座上。

D. 将圆锥仪擦拭干净，并在锥尖上抹一薄层凡士林，两指捏住圆锥仪手柄，保持锥体垂直，当圆锥仪锥尖与试样表面正好接触时，轻轻松手让锥体自由沉入土中。

E. 放锥后约经 5s，锥体入土深度恰好为 10mm 的圆锥环状刻度线处，此时土的含水率即为液限。

F. 若锥体入土深度超过或小于 10mm 时，表示试样的含水率高于或低于液限，应该用小刀挖去粘有凡士林的土，然后将试样全部取出，放在橡皮板或毛玻璃板上，根据试样的干、湿情况，适当加纯水或边调边风干重新拌合，然后重复 C～E 试验步骤。

G. 取出锥体，用小刀挖去粘有凡士林的土，然后取锥孔附近土样约 10～15g，放入称量盒内，测定其含水率。

3）成果整理

按式（1-2-7）计算液限：

$$w_L = \frac{m_2 - m_1}{m_1 - m_0} \times 100\% \tag{1-2-7}$$

式中　w_L——液限（%），精确至 0.1%；

　　　m_1——干土加称量盒质量（g）；

　　　m_2——湿土加称量盒质量（g）；

　　　m_0——称量盒质量（g）。

液限试验需进行两次平行测定，并取其算术平均值，其平行差值不得大于 2%。

4. 试验记录

圆锥仪液限试验记录见表 1-2-5。

圆锥仪液限试验记录表　　　　　　　　　表 1-2-5

工程名称＿＿＿＿＿＿＿＿＿＿＿　　　　　试验者＿＿＿＿＿＿＿＿＿＿

工程编号＿＿＿＿＿＿＿＿＿＿＿　　　　　计算者＿＿＿＿＿＿＿＿＿＿

试验日期＿＿＿＿＿＿＿＿＿＿＿　　　　　校核者＿＿＿＿＿＿＿＿＿＿

试样编号	盒号	盒加湿土质量(g)	盒加干土质量(g)	盒质量(g)	水质量(g)	干土质量(g)	液限(%)	液限平均值(%)	备注

续表

试样编号	盒号	盒加湿土质量(g)	盒加干土质量(g)	盒质量(g)	水质量(g)	干土质量(g)	液限(%)	液限平均值(%)	备注

（1）塑限试验（图 1-2-4）

塑限是区分黏性土可塑状态与半固体状态的界限含水率，测定土的塑限的试验方法主要是滚搓法。滚搓法塑限试验就是用手在毛玻璃板上滚搓土条，当土条直径达 3mm 时产生裂缝并断裂，此时试样的含水率即为塑限。

1）环境与设备要求（仪器设备）

A. 200mm×300mm 的毛玻璃板；

B. 分度值 0.02mm 的卡尺或直径 3mm 的金属丝；

C. 称量 200g、最小分度值 0.01g 的天平；

D. 烘箱、干燥器；

E. 铝制称量盒、滴管、吹风机、孔径为 0.5mm 的筛等。

2）操作步骤

A. 取代表性天然含水率试样或过 0.5mm 筛的代表性风干试样 100g，放在盛土皿中加纯水拌匀，盖上湿布，湿润静止过夜。

B. 将制备好的试样在手中揉捏至不粘手，然后将试样捏扁，若出现裂缝，则表示其含水率已接近塑限。

C. 取接近塑限含水率的试样 8～10g，先用手捏成手指大小的土团（椭圆形或球形），然后再放在毛玻璃上用手掌轻轻滚搓，滚搓时应以手掌均匀施压于土条上，不得使土条在毛玻璃板上无力滚动，在任何情况下土条不得有空心现象，土条长度不宜大于手掌宽度，在滚搓时不得从手掌下任何一边脱出。

D. 当土条搓至 3mm 直径时，表面产生许多裂缝，并开始断裂，此时试样的含水率即为塑限。若土条搓至 3mm 直径时，仍未产生裂缝或断裂，表示试样的含水率高于塑限；或者土条直径在大于 3mm 时已开始断裂，表示试样的含水率低于塑限，都应重新取样进行试验。

E. 取直径 3mm 且有裂缝的土条 3～5g，放入称量盒内，随即盖紧盒盖，测定土条的含水率。

3）成果整理

按式（1-2-8）计算塑限

$$w_p = \frac{m_2 - m_1}{m_1 - m_0} \times 100\% \tag{1-2-8}$$

式中　w_p——塑限（%），精确至 0.1%；

m_1——干土加称量盒质量（g）；

m_2——湿土加称量盒质量（g）；

m_0——称量盒质量（g）。

塑限试验需进行两次平行测定，并取其算术平均值，其平行差值应≤2％。

4）试验记录（表 1-2-6）

滚搓法塑限试验记录表　　　　　　　　表 1-2-6

工程名称＿＿＿＿＿＿＿＿＿＿　　　　　　　　试验者＿＿＿＿＿＿＿＿＿＿

工程编号＿＿＿＿＿＿＿＿＿＿　　　　　　　　计算者＿＿＿＿＿＿＿＿＿＿

试验日期＿＿＿＿＿＿＿＿＿＿　　　　　　　　校核者＿＿＿＿＿＿＿＿＿＿

试样编号	盒号	盒加湿土质量(g)	盒加干土质量(g)	盒质量(g)	水质量(g)	干土质量(g)	塑限(％)	塑限平均值(％)	备注

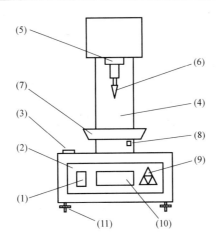

(1)—开关；　(2) —PVC膜；　(3)—水平泡；(4)—机座；

(5)—位移传感器；(6)—试锥；(7)—托盘；(8)—拨杆；

(9)—键盘；　(10)—LCD显示器；　(11)—底脚螺钉

图 1-2-4

（2）液、塑限联合测定法

液、塑限联合测定法是根据圆锥仪的圆锥入土深度与其相应的含水率在双对数坐标上具有线性关系的特性来进行的。利用圆锥质量为 76g 的液塑限联合测定仪测得土在不同含水率时的圆锥入土深度，并绘制其关系直线图，在图上查得圆锥下沉深度为 10mm（或 17mm）所对应的含水率即为液限，查得圆锥下沉深度为 2mm 所对应的含水率即塑限。

1）环境与设备要求（仪器设备）

A. 电脑液塑限联合测定仪；

B. 分度值 0.02mm 的卡尺；

C. 称量 200g、最小分度值 0.01g 的天平；

D. 烘箱；

E. 铝制称量盒、调土刀、孔径为 0.5mm 的筛、滴管、吹风机、凡士林等。

2）操作步骤

A. 取有代表性的天然含水率或风干土样进行试验。如土中含大于 0.5mm 的颗粒或夹杂物较多时，可采用风干土样，用带橡皮头的研杵研碎或用木棒在橡皮板上压碎土块。试样必须反复研碎，过筛，直至将可的土块全部通过 0.5mm 的筛为止。取筛下土样用三皿法或一皿法进行制样。

☆ 三皿法：用筛下土样 200g 左右，分开放入三个盛土皿中，用吸管加入不同数量的蒸馏水或自来水，土样的含水量分别控制在液限、塑限以上和它们的中间状态附近。用调土刀调匀，盖上湿布，放置 18h 以上。

☆ 一皿法：取筛下土样 100g 左右，放入一个盛土皿中，按三皿法加水、调土、闷土，将土样的含水率控制在塑限以上，按第 2 条～4 条进行第一点入土尝试和含水率测定。然后依次加水，按上述方法进行第二点和第三点含水率和入土深度测定，该两点土样的含水率应分别控制在液限、塑限中间状态和液限附近，但加水后要充分搅拌均匀，闷土时间可适当缩短。

B. 将制备好的土样充分搅拌均匀，分层装入土样试杯，用力压密，使空气逸出。对于较干的土样，应先充分搓揉，用调土刀反复压实。试杯装满后，刮成与杯边齐平。

C. 接通电源，调平机身，打开开关，装上锥体。

D. 将装好的土样的试杯放在升降座上，手推升降座上的拨杆，使试杯徐徐上升，土样表面和锥体刚好接触，蜂鸣器报警，停止转动拨杆，按检测键，传感器清零，同时锥体立刻自行下沉，5s 时液晶显示器上显示锥入深度，数据显示停留时间至少 5s，试验完毕，手拿锥锥体向上，锥体复位（锥体上端有螺纹，可与测杆上螺纹相配）。

E. 改变锥尖与土体接触位置（锥尖两次锥入位置距离不小于 1cm），重复 4 条步骤，测得锥深入试样深度值，允许误差为 0.5mm，否则，应重做。

F. 去掉锥尖入土处的凡士林，取 10g 以上的土样两个，分别放入称量盒内，称重（准确至 0.01g），测定其含水量 w_1、w_2（计算到 0.1%）。计算含水量平均值 w。

G. 重复 B～D 步骤，对其他两含水率土样进行试验，测其锥入深度和含水率。

3）成果整理

A. 按式（1-2-9）计算含水率：

$$w = \frac{m_1 - m_2}{m_2 - m_0} \times 100\%$$ (1-2-9)

式中 w——含水率（%），精确至0.1%；

m_1——称量盒加湿土质量（g）；

m_2——称量盒加干土质量（g）；

m_0——称量盒质量（g）。

B. 按式（1-2-10）计算塑性指数

$$I_p = w_L = w_p$$ (1-2-10)

式中 I_p——塑性指数，精确至0.1；

w_L——液限（%）；

w_p——塑限（%）。

C. 按式（1-2-11）计算液性指数

$$I_L = \frac{w_0 - w_p}{I_p}$$ (1-2-11)

式中 I_L——液性指数，精确至0.01；

w_0——天然含水率（%）。

4）注意事项

A. 在试验中，锥连杆下落后，需要重新提起时，只须将测杆轻轻上推到位，便可自动锁住。

B. 试样杯放置到仪器工作平台上时，需轻轻平放，不与台面相互碰撞，更应避免其他金属等硬物与工作平台碰撞，有助于保持平台的平度。

C. 每次试验结束后，都应取下标准锥，用棉花或布擦干，存放干燥处。

D. 配生块要在标准锥上面螺纹上拧紧到位，尽可能间隙小。

E. 做试验前后，都应该保证测杆清洁。

F. 如果电源电压不稳，出现"死机"现象，各功能键失去作用，请将电源关掉，过了3s后，再重新启动即可。

5）试验记录（表1-2-7）

液塑限联合测定法试验记录表   表 1-2-7

工程名称＿＿＿＿＿＿＿＿＿   试验者＿＿＿＿＿＿＿＿＿

工程编号＿＿＿＿＿＿＿＿＿   计算者＿＿＿＿＿＿＿＿＿

试验日期＿＿＿＿＿＿＿＿＿   校核者＿＿＿＿＿＿＿＿＿

试样编号	圆锥下沉深度（mm）	盒号	盒加湿土质量（g）	盒加干土质量（g）	盒质量（g）	水质量（g）	干土质量(g)	含水率（%）	液限（%）	塑限（%）	塑性指数	液性指数

5. 实训考评

同实训项目1。

实训项目5 直接剪切试验

1. 试验说明与目标

直接剪切试验就是直接对试样进行剪切的试验，简称直剪试验，是测定土的抗剪强度的一种常用方法，通常采用4个试样，分别在不同的垂直压力 p 下，施加水平剪切力，测得试样破坏时的剪应力 τ，然后根据库仑定律确定土的抗剪强度参数内摩擦角 φ 和黏聚力 c。

2. 试验任务设计

对某待定的原状土和扰动土的进行直接剪切试验的实训

3. 环境与设备要求

(1) 直剪仪。采用应变控制式直接剪切仪，如图1-2-5所示，由剪切盒、垂直加压设备、剪切传动装置、测力计以及位移量测系统等组成。加压设备采用杠杆传动。

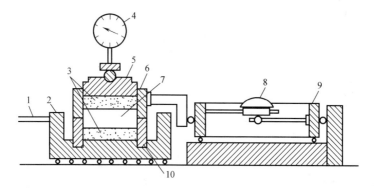

图 1-2-5 应变控制直剪仪

1—轮轴；2—底座；3—透水石；4—测微表；5—活塞；
6—上盒；7—土样；8—测微表；9—量和环；10—下盒

(2) 测力计。采用应变圈，量表为百分表。

(3) 环刀。内径6.18cm，高2.0cm。

(4) 其他。切土刀、钢丝锯、滤纸、毛玻璃板、凡士林等。

4. 实训内容与指导

(1) 将试样表面削平，用环刀切取试件，测密度，每组试验至少取四个试样，各级垂直荷载的大小根据工程实际和土的软硬程度而定，一般可按100、200、300、400kPa（即1.0、2.0、3.0、4.0kg/cm²）施加。

(2) 检查下盒底下两滑槽内钢珠是否分布均匀，在上下盒接触面上涂抹少许润滑油，对准剪切盒的上下盒，插入固定销钉，在下盒内顺次放洁净透水石一块及湿润滤纸一张。

(3) 将盛有试样的环刀平口朝下，刀口朝上，在试样面放湿润滤纸一张及透水石一块，对准剪切盒的上盒，然后将试样通过透水石徐徐压入剪切盒底，移去环刀，并顺次加上传压板及加压框架。

（4）在量力环的安装水平测微表，装好后应检查测微表是否装反，表脚是否灵活和水平，然后按顺时针方向徐徐转动手轮，使上盒两端的钢珠恰好与量力环按触（即量力环中测微表指针被触动）。

（5）顺次小心地加上传压板、钢珠，加压框架和相应质量的砝码（避免撞击和摇动）。

（6）施加垂直压力后应立即拔去固定销（此项工作切勿忘记）。开动秒表，同时以每分钟 4～12 转的均匀速度转动手轮（学生可用 6 转/min），转动过程不应中途停顿或时快时慢，使试样在 3～5min 内剪破，手轮每转一圈应测记测微表读数一次，直至量力环中的测微表指针不再前进或有后退，即说明试样已经剪破，如测微表指针一直缓慢前进，说明不出现峰值和终值，则试验应进行至剪切变形达到 4mm（手轮转 20 转）为止。

（7）剪切结束后，吸去剪切盒中积水，倒转手轮，尽快移去砝码，加压框架，传压板等，取出试样，测定剪切面附近土的剪后含水率。

（8）另装试样，重复以上步骤，测定其他三种垂直荷载（200、300、400kPa）下的抗剪强度。

5. 成果整理

（1）按式（1-2-12）计算抗剪强度：

$$\tau = CR \tag{1-2-12}$$

式中　R——量力环中测微表最大读数，或位移 4mm 时的读数，精确至 0.01mm；

　　　C——量力环校正系数，（N/mm²/0.01mm）。

（2）按式（1-2-13）计算剪切位移：

$$\Delta L = 0.2n - R \tag{1-2-13}$$

式中　0.2——手轮每转一周，剪切盒位移 0.2mm；

　　　n——手轮转数。

（3）制图

1）以剪应力为纵坐标，剪切位移为横坐标，绘制剪应力 τ 与剪切位移 ΔL 的关系曲线，如试验图 1-2-6 所示。取曲线上剪应力的峰值为抗剪强度，无峰值时，取剪切位移 4mm 所对应的剪应力为抗剪强度。

2）以抗剪强度为纵坐标，垂直压力为横坐标，绘制抗剪强度与垂直压力关系曲线（图 1-2-7），直线的倾角为土的内摩擦角 φ，直线在纵坐标上的截距为土的黏聚力 c。

（4）实验记录与表格（表 1-2-8）

直接剪切试验记录

表 1-2-8

工程名称＿＿＿＿＿＿＿＿　　　　试验者＿＿＿＿＿＿＿＿

工程编号＿＿＿＿＿＿＿＿　　　　计算者＿＿＿＿＿＿＿＿

试验日期＿＿＿＿＿＿＿＿　　　　校核者＿＿＿＿＿＿＿＿

仪器编号				
试样面积（cm²）				
垂直压力 p（kPa）	100	200	300	400
量力环最大变形 R（0.01mm）				

续表

量力环号数				
量力环系数 C(kPa/0.01mm)				
抗剪强度 $\tau=CR$(kPa)				
抗剪强度指标	$C=$ kPa，		$\varphi=$ °	

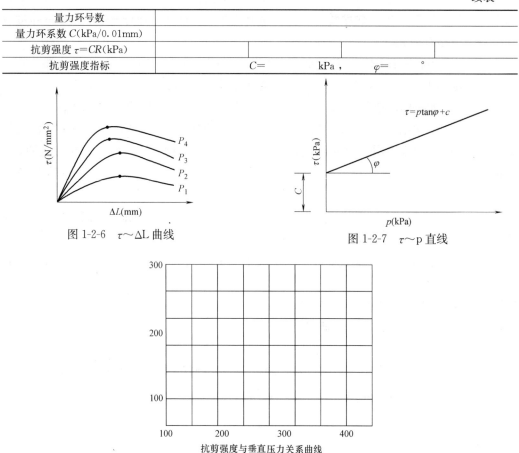

图 1-2-6 $\tau\sim\Delta L$ 曲线

图 1-2-7 $\tau\sim p$ 直线

抗剪强度与垂直压力关系曲线

6. 实训考评

同实训项目 1。

实训项目 6 击实试验

1. 试验说明与目标

在工程建设中，经常会遇到填土或松软地基。为了改善这些土的工程性质，常采用压实的方法使土变得密实。击实试验就是模拟施工现场压实条件，采用锤击方法使土体密度增大、强度提高、沉降变小的一种试验方法。土在一定的击实效应下，如果含水率不同，则所得的密度也不相同，击实试验的目的是测定试样在一定击实次数下或某种压实功能下的含水率与干密度之间的关系，从而确定土的最大干密度和最优含水率，为施工控制填土密度提供设计依据。

击实试验分轻型击实试验和重型击实试验两种方法。轻型击实试验适用于粒径小于 5mm 的黏性土，其单位体积击实功约为 592.2kJ/m³；重型击实试验适用于粒径不大于 20mm 的土，其单位体积击实功约为 2684.9kJ/m³。

土的压实程度与含水率、压实功能和压实方法有着密切的关系，当压实功能和压实方法不变时，土的干密度先是随着含水率的增加而增加，但当干密度达到某一最大值后，含水率的增加反而使干密度减小。能使土达到最大密度的含水率，称为最优含水率 w_{0p}（或称最佳含水率），其相应的干密度称为最大干密度 $\rho_{d\,max}$。

土的压实特性与土的组成结构、土粒的表面现象、毛细管压力、孔隙水和孔隙气压力等均有关系，所以因素是复杂的。压实作用使土块变形和结构调整并密实，在松散湿土的含水率处于偏干状态时，由于粒间引力使土保持比较疏松的凝聚结构，土中孔隙大都相互连通，水少而气多。因此，在一定的外部压实功能作用下，虽然土孔隙中气体易被排出，密度可以增大，但由于较薄的强结合水水膜润滑作用不明显，以及外部功能不足以克服粒间引力，土粒相对移动便不显著，所以压实效果就比较差。当含水率逐渐加大时，水膜变厚、土块变软，粒间引力减弱，施以外部压实功能则土粒移动，加上水膜的润滑作用，压实效果渐佳。在最佳含水率附近时，土中所含的水量最有利于土粒受击时发生相对移动，以致能达到最大干密度；当含水率再增加到偏湿状态时，孔隙中出现了自由水，击实时不可能使土中多余的水和气体排出，而孔隙压力升高却更为显著，抵消了部分击实功，击实功效反而下降。在排水不畅的情况下，经过多次的反复击实，甚至会导致土体密度不加大而土体结构被破坏的结果，出现工程上所谓的"橡皮土"现象。

2. 试验任务设计

对某待定的原状土和扰动土的进行击实试验的实训

3. 环境与设备要求

（1）击实仪，有轻型击实仪和重型击实仪两类，其击实筒、击锤和导筒等主要部件（图 1-2-8、图 1-2-9）；

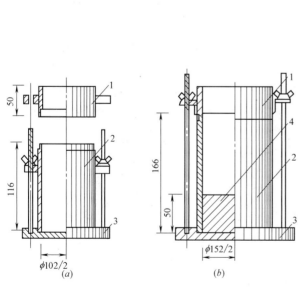

图 1-2-8　击实筒

（a）轻型击实筒；（b）重型击实筒

1—套筒；2—击实筒；3—底板；4—垫块；

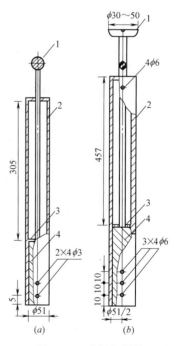

图 1-2-9　击锤与导筒

（a）2.5kg 击锤；（b）4.5kg 击锤

1—提手；2—导筒；3—硬橡皮垫；4—击锤

（2）称量 200g 的天平，感量 0.01g；

（3）孔径为 5mm 的标准筛；

（4）称量 10kg 的台秤，感量 1g；

（5）其他，如喷雾器、盛土容器、修土刀及碎土设备等。

4. 实训内容与指导

（1）将具有代表性的风干土样，对于轻型击实试验为 20kg，对于重型击实试验为 50kg。碾碎后过 5mm 的筛，将筛下的土样拌匀，并测定土样的风干含水率。

（2）根据土的塑限预估最优含水率，加水湿润制备不少于五个含水率的试样，含水率依次相差为 2%，且其中有两个含水率大于塑限，两个含水率小于塑限，一个含水率接近塑限。

按式（1-2-14）计算制备试样所需的加水量：

$$m_w = \frac{m_0}{1+0.01w_0} \times 0.01(w-w_0) \tag{1-2-14}$$

式中 m_w——所需的加水量（g）；

w_0——风干含水率（%）；

m_0——风干含水率 w_0 时土样的质量（g）；

w——要求达到的含水率（%）。

（3）将试样平铺于不吸水的平板上，按预定含水率用喷雾器喷洒所需的加水量，充分搅和并分别装入塑料袋中静置 24h。

（4）将击实筒固定在底座上，装好护筒，并在击实筒内涂一薄层润滑油，将搅和的试样分层装入击实筒内。对于轻型击实试验，分三层，每层 25 击；对于重型击实试验，分五层，每层 56 击，两层接触土面应刨毛，击实完成后，超出击实筒顶的试样高度应小于 6mm。

（5）取下导筒，用刀修平超出击实筒顶部和底部的试样，擦净击实筒外壁，称击实筒与试样的总质量，准确至 1g，并计算试样的湿密度。

（6）用推土器将试样从击实筒中推出，从试样中心处取两份一定量土料（轻型击实试验为 15～30g，重型击实试验为 50～100g）测定土的含水率，两份土样的含水率的差值应不大于 1%。

5. 成果整理

（1）按式（1-2-15）计算干密度：

$$\rho_d = \frac{\rho}{1+0.01w} \tag{1-2-15}$$

式中 ρ_d——干密度（g/cm³），准确至 0.01g/cm³；

ρ——密度（g/cm³）；

w——含水率（%）。

（2）按式（1-2-16）计算饱和含水率：

$$w_{sat} = \left(\frac{1}{\rho_d} - \frac{1}{G_s}\right) \times 100\% \tag{1-2-16}$$

式中　w_{sat}——饱和含水率（%）；

　　　　其余符号同前。

（3）以干密度为纵坐标，含水率为横坐标，绘制干密度与含水率的关系曲线及饱和曲线，干密度与含水率的关系曲线上峰点的坐标分别为土的最大密度与最优含水率，如不连成完整的曲线时，应进行补点试验。

（4）轻型击实试验中，当试样中粒径大于 5mm 的土质量小于或等于试样总质量的 30% 时，应对最大干密度和最优含水率进行校正。

1）按式（1-2-17）计算校正后的最大干密度：

$$\rho'_{d\,max} = \frac{1}{\dfrac{1-P_5}{\rho_{d\,max}} + \dfrac{P_5}{\rho_w G_{s2}}} \tag{1-2-17}$$

式中　$\rho'_{d\,max}$——校正后试样的最大干密度（g/cm³）；

　　　P_5——粒径大于 5mm 土粒的质量百分数（%）；

　　　G_{s2}——粒径大于 5mm 土粒的饱和面干比重，饱和面干比重是指当土粒呈饱和面干状态时的土粒总质量与相当于土粒总体积的纯水 4℃时质量的比值。

2）按式（1-2-18）计算校正后的最优含水率

$$w'_{0p} = w_{0p}(1-P_5) + P_5 w_{ab} \tag{1-2-18}$$

式中　w'_{0p}——校正后试样的最优含水率（%）；

　　　w_{0p}——击实试样的最优含水率（%）；

　　　w_{ab}——粒径大于 5mm 土粒的吸着含水率（%）；

　　　　其余符号同前。

（5）试验记录

击实试验记录见表 1-2-9。

6. 实训考评

同实训项目 1。

击实试验记录　　　　　　　　　　　表 1-2-9

工程名称＿＿＿＿＿＿＿＿　　　　　试验者＿＿＿＿＿＿＿＿

工程编号＿＿＿＿＿＿＿＿　　　　　计算者＿＿＿＿＿＿＿＿

试验日期＿＿＿＿＿＿＿＿　　　　　校核者＿＿＿＿＿＿＿＿

试验仪器：　　　　　　　土样类别：　　　　　　每层击数：
估计最优含水率：　　　　风干含水率：　　　　　土粒相对密度：

试验次数					1	2	3	4	5	6
干密度	加水量	g								
	筒加土重	g	(1)							
	筒重	g	(2)							
	湿土重	g	(3)	(1)-(2)						
	筒体积	cm³	(4)							
	密度	g/cm³	(5)	(3)/(4)						
	干密度	g/cm³	(6)	(5)/1+0.001w						

	盒　号	g								
含水率	盒加湿土质量	g	(1)							
	盒加干土质量	g	(2)							
	盒　质　量	g	(3)							
	水　质　量	g	(4)	(1)-(2)						
	干土质量	g	(5)	(2)-(3)						
	含　水　率	%	(6)	(4)/(5)						
	平均含水率	%								

3 建筑工程测量课程实训

实训项目1 测量基础实验

任务1 水准测量

1. 实训目标

通过实习，使学生熟悉水准仪的构造，领会水准测量的原理，掌握正确使用水准仪进行高差测量的操作步骤，要领及注意事项，体验测量工作的程序原则，感悟控制或消除误差的方法，并按作业小组协作完成水准测量大作业。

2. 实训场所、仪器和工具

实习场地：校内测量实训基地

仪器和工具：水准仪、三脚架、水准尺（塔尺、双面尺）

3. 实训内容与指导

实训内容：使用水准仪的基本操作程序训练

操作步骤：安置仪器→粗平→瞄准→精平→读数

（1）安置仪器：先将三脚架张开，使其高度适当，架头大致水平，并将架腿踩实，再开箱取出仪器，将其连接在三脚架上。

（2）粗略整平：先用双手同时向内（或向外）转动一对脚螺旋，使其水准器泡移动到中间，转动另一只脚螺旋使圆气泡居中，通常须反复进行。注意气泡移动的方向与左手拇指或右手食指运动的方向一致。

（3）瞄准水准尺、精平与读数；瞄准：甲立水准尺于地面点上，乙松开水准仪制动螺旋，转动仪器，用准星和照门粗略瞄准水准尺，固定制动螺旋，用微动螺旋使水准尺大致位于视场中央；转动目镜对光螺旋进行对光，使十字丝分划清晰，再转动物镜对光螺旋看清水准尺影象；转动水平微动螺旋，使十字纵丝靠近水准尺一侧，若存在视差，则应仔细进行物镜对光予以消除；精平：转动微倾螺旋使附合水准器气泡两端的影象吻合（即成一弧状），也称精平；读数：用中丝在水准尺上读取4位读数，即米、分米、厘米及毫米位。读数时应先估出毫米数，然后按米、分米、厘米及毫米。一次读出4位数。

（4）测定地面两点间的高差；计算 A、B 两点的高差：$h_{AB}=$ 后视读数－前视读数；

4. 实训任务设计（表 1-3-1）

任务设计

表 1-3-1

标题名称	任务名称 水准仪及地面两点高差测量
实训目的	了解 DS_3 型水准仪的基本构造，认识其主要部件的名称和作用。 能进行水准仪的正确安置、瞄准和读数。 掌握 DS_3 水准仪测定地面上两点间高差的方法。 能准确地测出地面任意两点的高程差

标题名称	任务名称 水准仪及地面两点高差测量
仪器工具	*DS3 水准仪 1 套;水准尺把 2;记录板 1 个;测伞 1 把;木桩 2 个;铁锤 1 个;2H 铅笔等
组织形式	*工作内容 2 学时完成,实验小组 5—6 人组成,1 人观测,1 人记录,2 人扶尺,轮流作业
实训要求	每人用双仪高法观测、记录、计算两点间的高差
完成内容	1. 练习水准仪的安置、粗平、瞄准、读数; 2. 每组上交成果记录表一份,包含每人的观测数据,并且满足精度要求
方法与操作步骤	测定地面两点间的高差; (1) 在地面选定 A、B 两个较坚固的点; (2) 在 A、B 两点之间安置水准仪,使仪器至 A、B 两点的距离大致相等; (3) 竖水准尺在点 A 上,瞄准点 A 上的水准尺,精平后读数,此为后视读数,记入表中后视读数拦; (4) 另一水准尺立于点 B,瞄准点 B 上的水准尺,精平后读数,此为前视读数,并记入表中前视读数拦; (5) 计算 A、B 两点的高差: h_{AB} =后视读数—前视读数 (6)变动仪器高度(不小于 100 毫米)再测得一次高差
限差	采用仪高法测得的相同两点间的高差之差不得超过±5mm。
注意事项	1. 读取中丝读数前,一定要使水准管气泡居中。并消除视差。 2. 不能把上、下丝看成中丝读数。 3. 观测者读数后,记录者应回报一次,观测者无异议时,记录并计算高差,一旦超限及时重测。 4. 每人必须轮流担任观测、记录、立尺等工作,不得缺项。 5. 各螺旋转动时,用力应轻而均匀,不得强行转动,以免损坏
示意图	

5. 实训成果（表 1-3-2）

两点高差水准测量记录成果计算手簿　　　　表 1-3-2

日期:_____年____月____日　天气:_____地点:_____

仪器:_____组别:_____观测:_____记录:_____

测站	测点	水准尺读数(m)		高差(m)	平均高差(m)	高程(m)	学生姓名
		后视读数 a	前视读数 b				
		第一次	第一次				
		第二次	第二次				

6. 实训考评标准（表 1-3-3）

序号	考核内容	评分要素	配分	评分标准	检测结果	扣分	得分	备注
1	准备工作	检查设备及工具、用具	2	未检查不得分				
2	安置仪器	安置仪器，踩实三脚架，整平	16	未踩实三脚架扣 10 分；安置仪器未整平扣 6 分				
3	施测	测定出两转点之间的高差，使用尺垫，水准尺要立直	25	未用尺垫扣 5 分；尺未立直扣 5 分；读数错误扣 5 分；高差计算错误扣 5 分；未记录扣 5 分				
4	变更仪器高	变动仪器高，变动大小在 0.1m 以上，重新安置仪器，踩实三脚架，整平	20	未变动仪器高扣 5 分；高度小于 0.1m 扣 5 分；重新安置仪器时未踩实三脚架扣 5 分；安置仪器未整平扣 5 分				
5	变更仪器高后施测	重新安置仪器后测定出两转点之间的高差，使用尺垫，水准尺要立直	25	未用尺垫扣 5 分；尺未立直扣 5 分；读数错误扣 5 分；高差计算错误扣 5 分；未记录扣 5 分				
6	计算结果	当两次高差在 5mm 之间时，取两次平均值作为观测结果，未在 5mm 之间重测	12	高差在 5mm 外而未重测不得分；高差未在 5mm 之间取平均值扣 6 分；未取两次平均值作为观测结果扣 6 分				
7	安全文明操作	按国家或企业颁发有关规定执行操作		每违反一项规定从总分中扣 5 分；严重违规取消考核				
8	考核时限	在规定时间内完成		到时停止操作考核				
	合计		100					

任务 2 角度测量

1. 实训目标

通过实习，使学生熟悉经纬仪的构造，领会经纬仪测量角度的原理，掌握正确使用经纬仪进行角度测量的操作步骤，并按作业小组协作完成角度测量任务。

2. 实训场所、仪器和工具

实习场地：校内测量实训基地。

仪器和工具：经纬仪、三脚架、测钎若干。

3. 实训内容与指导

实训内容：使用经纬仪的基本操作程序训练。

操作步骤：安置仪器→对中→整平→精确对中→调焦与照准→读数。

（1）将仪器三脚架安置在测站点上，目估使架头水平，并使架头中心大致对准测站点标志中心；

（2）对中：旋转脚螺旋，使照准圈精确对准测站点标志；粗平：根据气泡偏离情况，分别伸长或缩短三脚架腿，使圆水准气泡居中；

（3）精平：用前面垂球对中所述整平方法，使照准部管水准器气泡精确居中；

（4）照准目标松开水平和望远镜制动螺旋，调节望远镜目镜使十字丝清晰；

（5）利用望远镜上的准星或粗瞄器粗略照准目标并拧紧制动螺旋；

（6）调节物镜调焦螺旋使目标清晰并消除视差；

（7）利用水平和望远镜微动螺旋精确照准目标，然后读数并记录。

4. 实训任务设计（表1-3-4）

任务设计 表1-3-4

标题名称	任务名称 测回法对∠AOB进行角度测量
目的要求	＊ 掌握用测回法观测水平角的操作、记录和计算方法
任务要求	＊ 实验时数为2学时，实验小组2人，轮流观测、记录和计算。 ＊ 在地面上（校园实训基地附近）选一点"A"、附近再选一点"B"和"O"点，用测回法测得∠AOB的夹角，把观测结果记录到观测手簿上
仪器工具	＊ 实验设备为TDJ6型光学经纬仪1台，记录板1块，铅笔自备
方法与操作步骤	＊ 测回法是测定某一水平角最常用的方法。将经纬仪安置在测站点O上，对中（误差小于3mm）、整平（水准管气泡偏离不超过1格）用竖丝瞄准目标；左方向目标为A，右方向目标为B，测定水平角∠AOB。盘左先瞄准A目标，然后把度盘置为0°，然后顺时针瞄准B目标读数；倒转望远镜用盘右先瞄准B目标，然后逆时针瞄准A目标读数。把数据记录到表格中，并计算。
限差要求	＊ 同一水平角各测回角值互差应小于±24″
示意图	

5. 实训成果（表1-3-5）

水平角观测记录手簿 表1-3-5

仪器：_____ 点名：_____ 日期：_____

观测者：_____ 记录者：_____ （_____号点）

测站	目标	竖盘位置	水平度盘读数°′″	半测回角值	一测回平均角值°′″	备注
		左				
		右				
		左				
		右				
		左				
		右				

6. 实训考评标准（表 1-3-6）

表 1-3-6

序号	考核内容	评分要素	配分	评分标准	检测结果	扣分	得分	备注
1	准备工作	检查设备、工具	2	未检查不得分				
2	安置仪器	在 O 点安置仪器，踩实三脚架，对中，整平	12	未将仪器安置于 O 点不得分；未踩实三脚架扣 4 分；未对中扣 4 分；未整平扣 4 分				
3	盘左施测	将仪器置于盘左位置，用十字丝中心照准目标 A，锁紧水平制动螺旋，将水平读盘置零，读数 $m_左$ 并记录	20	未将仪器置于盘左不得分；未用十字丝中心照准目标 A 扣 5 分；未锁紧水平制动螺旋扣 4 分；未将水平读盘置零扣 4 分；未读数扣 5 分；未记录扣 2 分				
		松开水平制动螺旋，顺时针方向转动照准部，用十字丝中心照准目标 B，锁紧水平制动螺旋，读数 $n_左$ 并记录	20	未用十字丝中心照准目标 B 扣 6 分；未锁紧水平制动螺旋扣 6 分；未读数扣 6 分；未记录扣 2 分				
4	盘右施测	松开水平制动螺旋，倒转望远镜置于盘右位置，逆时针转动照准部，锁紧水平制动螺旋，用十字丝中心照准 B，读数 $n_右$ 并记录	20	未倒转望远镜不得分；未用十字丝中心照准目标 B 扣 6 分；未锁紧水平制动螺旋扣 6 分；未读数扣 6 分；未记录扣 2 分				
		松开水平制动螺旋，逆时针转动照准部，用十字丝中心照准 A，读数 $m_右$ 并记录	17	未用十字丝中心照准目标 A 扣 5 分；未锁紧水平制动螺旋扣 5 分；未读数扣 5 分；未记录扣 2 分				
5	处理结果	取上下两个半测回平均角值作为水平角的值	9	未取平均值不得分				
6	安全文明操作	按国家或企业颁发有关规定执行操作		每违反一项规定从总分中扣 5 分；严重违规取消考核				
7	考核时限	在规定时间内完成		到时停止操作考核				
合计			100					

任务 3　距离测量

1. 实训目标

通过实习，使学生掌握正确使用钢尺进行距离测量的操作步骤，要领及注意事项，体验测量工作的程序原则，感悟控制或消除误差的方法，并按作业小组协作完成距离测量任务。

2. 实训场所、仪器和工具

实习场地：校内测量实训基地

仪器和工具：钢尺、标杆

3. 实训内容与指导

实训内容：使用钢尺的基本操作程序训练

操作步骤：用钢尺往返丈量导线各边边长，其相对误差不得大于 1/3000，并将观测数据填入距离观测于簿中。

4. 实训任务设计（表 1-3-7）

任务设计 表 1-3-7

标题名称	任务名称　用钢尺测量一条路线总长度
目的要求	掌握钢尺一般量距的操作方法
任务	实验时数为 2 学时，实验小组 2 人，轮流观测、记录和计算。 每组在平坦的地面上，完成一段长约 80m～90m 的直线的往返丈量任务，并用经纬仪进行直线定线
仪器工具	＊　每组 J6 光学经纬仪 1 台、测钎(花杆)2 个、钢卷尺 1 把、记录板 1 个
方法与操作步骤	＊　要点： (1)用经纬仪进行直线定线时，照准花杆底部； (2)丈量时，前尺手与后尺手要动作一致，可用口令来协调。 ＊　流程： 在 A 点架仪——瞄准 B 点——在 AB 之间用花杆定点 1、2——丈量各段距离 A　　　　　1　　　　　2　　　　　B
限差要求	＊根据往测和反测的总长计算相对误差 $K \leqslant 1/3000$
注意事项	＊地面坡度超过 1/100 时应进行倾斜改正
示意图	

5. 实训成果（表 1-3-8）

钢尺量距记录手簿 表 1-3-8

班级_____组号___组长（签名）_____仪器_____编号_____

天气_____测量时间：自___：___测至___：___日期：_____年___月___日

线段名称	观测方向	整尺段数 n	余长 q(m)	水平距离 D(m)	平均长度 $\overline{D}$(m)	相对较差	备注
	往测						
	返测					1/	
	往测						
	返测					1/	
	往测						
	返测					1/	
	往测						
	返测					1/	
	返测						
	往测						
	返测					1/	

6. 实训考评标准

根据学生上交数据的准确性和小组的配合程度给出相应的分数。

任务 4　圆曲线测设

1. 实训目标

通过实习，使学生掌握路线交点转角的测设方法；掌握圆曲线主点里程的计算方法；

掌握切线支距法详细测设圆曲线的方法、掌握偏角法详细测设圆曲线的方法，并完成圆曲线测设的任务。

2. 实训场所、仪器和工具

实习场地：校内测量实训基地。

仪器和工具：经纬仪一套、钢尺、测钎，或全站仪一套。

3. 实训内容与指导

实训内容：使用仪器测设道路圆曲线。

操作步骤：

（1）在平坦的地区定出路线导线的三个交点（JD1、JD2、JD3），并在所选的点上标定其位置，导线边长要大于 80m，目估 β 右<145°。

（2）在交点 JD2 上安置经纬仪，用测回法观测 β 右，并定出角分线方向。

（3）假定圆曲线半径 $R＝100m$，然后计算 L、T、E、D。

（4）计算圆曲线各个主点的里程（假定 JD2 的里程为 K4＋296.67）。

（5）设置圆曲线主点：在 JD2-JD1 方向线上，自 JD2 量取切线长 T，得圆曲线起点 ZY，插一测钎，作为起点桩。在 JD2-JD3 方向线上，白 JD2 量取切线长丁，得圆曲线终点 YZ，插一测钎，作为终点桩。在角平分线上自 JD2 量取外距 E，得圆曲线中点 QZ 中点，插一测钎，作:为中点桩。

（6）在实训前首先按照本次实训所给的实例计算出所需测设数据，并把计算结果填入实训报告中。

（7）根据所计算出的圆曲线主点里程设置圆曲线主点。

（8）将经纬仪置于圆曲线起点（或终点），标定出切线方向。

（9）根据各里程桩点的横坐标用皮尺从曲线起点（或终点）沿切线方向量取 x_1、x_2、x_3，得垂足 N_1、N_2、N_3，并标记。

（10）在垂足 N_1、N_2、N_3 各点用方向架标定垂线，并沿次垂线方向分别量出 y_1、y_2、y_3 即定出曲线 P_1、P_2、P_3 个桩点，并标记。

（11）在实训前首先按照本次实训所给的实例计算出所需测设数据，并把计算结果填入实训报告中。

（12）根据所计算出的圆曲线主点里程设置圆曲线主点。

（13）将经纬仪置于圆曲线起点上，后视交点 JD2 的切线方向，水平度盘设置起始读数 360°－Δ。

（14）转动照准部，使水平度盘读数为 $00°00'00''$，得 AP_1 方向，沿此方向从 A 点量出首段弦长的整桩 P_1，在 P_1 点插上测钎。

（15）对照所计算的偏角表，转动照准部，使度盘对准整弧段 l_0 的偏角 Δo，得 AP_2 方向，从 P_1 点量出整弧段的弦长 CO 与 AP_2 方向线相交得 P_2 点，在 P_2 点上插测钎。

（16）以此类推测设其他各桩点。

4. 实训任务设计（表 1-3-9～表 1-3-11）

任务设计　　　　　　　　　　　　　　　　　　　　　　　表 1-3-9

标题名称	任务名称　　圆曲线主点的测设
目的要求	＊掌握路线交点转角的测设方法；掌握圆曲线主点里程的计算方法
任务	＊实验时数为 2 学时，实验小组 6～8 人，轮流观测、记录和计算。 ＊在平坦地区找出路线交点中半径为 100 的圆曲线 ZY、YZ、QZ 三个主点的位置
仪器工具	＊实验设备为 TDJ6 型光学经纬仪 1 台，钢尺 1 卷，测钎若干，计算器自备
方法与 操作步骤	（1）在平坦的地区定出路线导线的三个交点（JD1、JD2、JD3），并在所选的点上标定其位置，导线边长要大于 80m，目估 $\beta_{右}<145°$。 （2）在交点 JD2 上安置经纬仪，用测回法观测 $\beta_{右}$，并定出角分线方向。 （3）假定圆曲线半径 $R=100m$，然后计算 L、T、E、D。 （4）计算圆曲线各个主点的里程（假定 JD2 的里程为 K4+296.67）。 （5）设置圆曲线主点： ①在 JD2-JD1 方向线上，自 JD2 量取切线长 T，得圆曲线起点 ZY，插一测钎，作为起点桩。 ②在 JD2-JD3 方向线上，自 JD2 量取切线长 T，得圆曲线终点 YZ，插一测钎，作为终点桩。 ③在角平分线上自 JD2 量取外距 E，得圆曲线中点 QZ 中点，插一测钎，作：为中点桩
限差要求	站在曲线内侧观察 ZY、QZ、YZ 桩是否有圆曲线的线形，以作为概略检核。 交换工种后再重复（1）、（2）、（3）的步骤，看两次设置的主点位置是否重合。如果不重合，而且差得太大，那就要查找原因，重新测设。如在容许范围内，则点位即可确定
注意事项	（1）为使实训直观便利，克服场地的限制，本次实训规定 $30°<\alpha_{右}<40°$，$R=100m$。在实训过程中要及时填写实训报告。 （2）计算主点里程时要两人独立计算，加强检核，以防算错。 （3）本次实训事项较多，小组人员要紧密配合，保证实训顺利完成

表 1-3-10

标题名称	任务名称　　切线支距法详细测设圆曲线
目的要求	＊掌握切线支距法详细测设圆曲线的方法
任务	＊实验时数为 2 学时，实验小组 6～8 人，轮流观测、记录和计算 ＊根据给出的实例数据来对圆曲线进行详细点的测设 已知：圆曲线的半径 $R=100m$，转角 $\alpha_{右}=34°30'$，JD2 的里程为 K4+296.67，桩距 $l_0=10m$，按整桩设桩，试计算各桩点的坐标，并测设
仪器 工具	＊实验设备为 TDJ6 型光学经纬仪 1 台，钢尺 1 卷，测钎若干，计算器自备。
方法与操 作步骤	（1）在实训前首先按照本次实训所给的实例计算出所需测设数据，并把计算结果填入实训报告中。 （2）根据所计算出的圆曲线主点里程设置圆曲线主点。 （3）将经纬仪置于圆曲线起点（或终点），标定出切线方向。 （4）根据各里程桩点的横坐标用皮尺从曲线起点（或终点）沿切线方向量取 x_1、x_2、x_3，得垂足 N_1、N_2、N_3，并标记。 （5）在垂足 N_1、N_2、N_3 各点用方向架标定垂线，并沿次垂线方向分别量出 y_1、y_2、y_3 即定出曲线 P_1、P_2、P_3 个桩点，并标记
限差要求	从曲线的起（终）点分别向曲线中点测设，测设完毕后，用丈量确定各点间弦长来检核其位置是否正确
注意事项	＊本次任务是在圆曲线主点的测设的基础上进行测设，所以应对主点测设掌握，应在实习前把计算数据都算好

表 1-3-11

标题名称	任务名称　偏角法详细测设圆曲线
目的要求	＊掌握偏角法详细测设圆曲线的方法
任务	＊实验时数为 2 学时,实验小组 6～8 人,轮流观测、记录和计算。 ＊根据给出的实例数据来对圆曲线进行详细点的测设 已知:圆曲线的半径 $R＝100m$,转角 $α$ 右＝$34°30'$,JD2 的里程为 K4＋296.67,桩距 $l_0＝10m$,按整桩设桩,试计算各桩点的坐标,并测设
仪器工具	＊实验设备为 TDJ6 型光学经纬仪 1 台,钢尺 1 卷,测钎若干,计算器自备
方法与操作步骤	(1)在实训前首先按照本次实训所给的实例计算出所需测设数据,并把计算结果填入实训报告中。 (2)根据所计算出的圆曲线主点里程设置圆曲线主点。 (3)将经纬仪置于圆曲线起点上,后视交点 JD$_2$ 的切线方向,水平度盘设置起始读数 $360°－Δ$。 (4)转动照准部,使水平度盘读数为 $00°00'00''$,得 AP_1 方向,沿此方向从 A 点量出首段弦长的整桩 P_1,在 P_1 点插上测钎。 (5)对照所计算的偏角表,转动照准部,使度盘对准整弧段 l_0 的偏角 $Δo$,得 AP_2 方向,从 P_1 点量出整弧段的弦长 Co 与 AP_2 方向线相交得 P_2 点,在 P_2 点上插测钎。 (6)以此类推测设其他各桩点
限差要求	最后应闭合于曲线终点,如两者不重合,其闭合差不得超出规定,如超出,检查原因,或改正或重测。 半径方向(横向):$±0.1m$ 切线方向(纵向):$±(L/1000)m,L$ 为曲线长
注意事项	＊本次任务是在圆曲线主点的测设的基础上进行测设,所以应对主点测设掌握,应在实习前把计算数据都算好

053

5. 实训成果(表 1-3-12～表 1-3-14)

圆曲线主点的测设　　　　　　　　　　　　　　表 1-3-12

日期:　　　班级:　　　姓名:　　　学号:　　　组别:

	盘位	目标	水平盘读数	半测回右角值	右角	转角
转角观测结果	盘左					
	盘左					
曲线元素						
主点桩号						

	测设草图	测设方法
主点测设方法		

切线支距法详细测设圆曲线 表 1-3-13

日期：　　　　班级：　　　　姓名：　　　　学号：　　　　组别：

转角观测结果	盘位	目标	水平盘读数	半测回右角值	右角	转角
	盘左					
	盘左					

曲线元素	

主点桩号	

各中桩的测设数据	桩号	曲线长	x	y	备注	

主点测设方法	测设草图	测设方法

偏角法详细测设圆曲线 表 1-3-14

日期：　　　　班级：　　　　姓名：　　　　学号：　　　　组别：

转角观测结果	盘位	目标	水平盘读数	半测回右角值	右角	转角
	盘左					
	盘左					

曲线元素	

主点桩号	

各中桩的测设数据	桩号	曲线长	偏角	水平度盘读数	弦长	备注

主点测设方法	测设草图	测设方法

6. 实训考评标准（表 1-3-15）

考评标准   表 1-3-15

序号	考核内容	评分要素	配分	评分标准	检测结果	扣分	得分	备注
1	准备工作	检查设备及工、用具	2	未检查不得分				
2	安置仪器	将仪器安置在曲线交点上，踩实三脚架，对中、整平	18	未将仪器安置在交点上不得分；未踩实三脚架扣 6 分；未对中扣 6 分；未整平扣 6 分				
3	计算圆曲线切线长	根据现场给出的曲线半径、曲线转角，计算出曲线切线长，切线公式 $T = R \cdot tg\,(\alpha/2)$	20	不会计算或公式错误不得分；计算结果错误扣 10 分				
4	放出曲线 ZY 点	将仪器瞄准导线起点方向，指挥拉尺人员沿导线方向定出直圆点，用喷漆确定点的位置	30	不会操作不得分；未从交点拉尺扣 9 分；钢尺零点选错扣 9 分；选好点未做标记扣 9 分；未用喷漆确定点的位置扣 3 分				
5	放出曲线 YZ 点	以前进方向定向，倒镜，旋转曲线转角后，拧紧水平制动螺旋，指挥人员拉尺定出圆直点，用喷漆确定点的位置	30	不会操作不得分；未倒镜扣 9 分；旋转角度错误扣 9 分；未拧紧水平制动螺旋扣 9 分；未用喷漆确定点的位置扣 3 分				
6	安全文明操作	按国家或企业颁发有关规定执行操作		每违反一项规定从总分中扣 5 分；严重违规取消考核				
7	考核时限	在规定时间内完成		到时停止操作考核				
合计			100					

任务 5 全站仪测量

1. 实训目标

通过实习，使学生熟悉全站仪的构造，掌握正确使用全站仪进行坐标放样的操作步骤，要领及注意事项，体验测量工作的程序原则，并按作业小组协作完成全站仪测量大作业。

2. 实训场所、仪器和工具

实习场地：校内测量实训基地。

仪器和工具：全站仪一套。

3. 实训内容与指导

实训内容：使用全站仪的基本操作程序训练。

操作步骤：

（1）在地面上（校园实训基地附近）选择一点"O"，在该点安置全站仪。

（2）另在附近选一"A"点，在"A"点安置棱镜，照准"A"点棱镜，确定后视方向。

（3）进行角度放样，确定待放样点"B"放样的方位。

（4）进行水平距离放样，确定待放样点"B"的水平距离。

（5）进行高程放样，确定待放样点"B"的高程。

（6）重复上述操作，进行多次三维坐标放样。

4. 实训任务设计（表1-3-16）

任务设计　　　　　　　　　　　　　　　　　　表1-3-16

标题名称	任务名称　全站仪进行三维坐标放样
目的要求	* 会安置全站仪、棱镜，掌握全站仪三维坐标测量的实施过程； * 能进行全站仪坐标放样及相应数据的储存工作
任务	* 任务2学时完成，实验小组5~6人组成，1人观测，1人记录，2人安置全站仪和棱镜； * 在地面上（校园实训基地附近）选择选一点"O"作为测站点，附近再选一点"A"作为后视点，进行坐标放样确定放样点"B"
仪器工具	* 全站仪1套；棱镜1套；记录板1个；测伞1把；2H铅笔等
方法与 操作步骤	* 在地面上（校园实训基地附近）选择一点"O"，在该点安置全站仪； * 另在附近选一"A"点，在"A"点安置棱镜，照准"A"点棱镜，确定后视方向； * 进行角度放样，确定待放样点"B"放样的方位； * 进行水平距离放样，确定待放样点"B"的水平距离； * 进行高程放样，确定待放样点"B"的高程； * 重复上述操作，进行多次三维坐标放样
注意事项	* 照准棱镜时，望远镜的十字丝中点尽量对准棱镜中心； * 进行放样时，要让安置棱镜标杆上的圆水准器气泡居中

5. 实训成果（表1-3-17）

全站仪三维坐标放样记录簿　　　　　　　　　　表1-3-17

日期＿＿＿＿　　班级＿＿＿＿　　小组＿＿＿＿　　姓名＿＿＿＿

测站	坐标	测站点 坐标	后视点	后视点 坐标	放样点 坐标	放样点水平 角度差值	放样点高 程差值	放样点水平 距离差值
	X							
	Y							
	H							
	X							
	Y							
	H							
	X							
	Y							
	H							
	X							
	Y							
	H							

6. 实训考评标准

根据学生测设点的准确性和小组的配合程度给出相应的分数。

实训项目2 测量实训项目

本项目包括水准测量综合实训和控制测量两部分，三个实训任务。

任务1 已知高程点的测设（表1-3-18～表1-3-20）

表1-3-18

标题名称	任务名称　已知高程点的测设
实训目的	练习用一般方法测设已知高程点
仪器工具	DS3光学水准仪1套；水准尺2只；记录板1个；测伞1把；木桩3～5个
组织形式	＊该任务2学时完成，实验小组由5～6人组成，2人观测1人记录，2人立尺，轮流操作
实训要求	1. 在地面上选定一个已知高程控制点 A（可以选在建筑物的台阶上，或固定的路边石块上），已知 $H_A＝118.500m$，做好标志。 2. 在 A 点附近测设一个已知设计高程为 $H_B＝119.000m$ B 点（该点可以测设在树干上或附近定好的木桩上或附近建筑物的墙面上），画上红线作为标志
完成内容及成果	1. 每人至少进行一个设计高程的测设； 2. 测设记录成果表一张； 3. 检核表一张
方法与操作步骤	1. 将水准仪安置在距 A、B 两点大致等距的适当位置上，调平，在 A 点放置水准尺，瞄准 A 尺，读数 a，记录。 2. 计算视线高程 $H_i＝H_A＋a$； 3. 计算B尺应读数值 $b_应＝H_i－H_B$； 4. 在 B 点木桩的侧面竖立水准尺（或在树干侧面竖立水准尺，或在墙面上竖立水准尺），观测者指挥立尺员上下移动水准尺，知道 $b_应$ 值与水准仪中丝平齐为止； 5. 延 B 尺尺底在木桩上画红线，该红线即为高程 $H_B＝119.000m$ B 点。 6. 检核：用双仪高法测量 A、B 两点高差，看是否与 A、B 两点设计高差相一致。 7. 限差不大于10mm为满足精度要求
限差要求	测设限差：高程误差不大于10mm
注意事项	测设完毕要进行检测，测设误差超限时应重测，并做好记录

测设已知高程点记录表

表1-3-19

日期：_____年___月___日　天气：_____　地点：_____

仪器：_____　组别：____观测：____　记录：____

测站	控制点高程 H_A(m)	后视读数 a (m)	视线高程 H_i(m)	待测设点 B 高程 H_B(m)	B 点应读数值 $b_应$(m)

测设已知高程点检核记录表 表 1-3-20

测站	测点	水准尺读数(m)		高差(m)	平均高差(m)	高程(m)	备注
		后视读数 a	前视读数 b				
		第一次	第一次				
		第二次	第二次				

任务 2 已知坡度线的测设 (表 1-3-21)

表 1-3-21

标题名称	任务名称 已知坡度线的测设
实训目的	学会经纬仪、水准仪测设已知坡度线
仪器工具	*DS3 光学水准仪 1 套;水准尺 2 只;经纬仪 1 套;记录板 1 个;测伞 1 把;木桩 3～5 个;铁锤等
组织形式	*该任务 2 学时完成,实验小组由 5～6 人组成,2 人观测,1 人记录,2 人立尺,轮流操作
实训要求	1. 在地面上选定一个已知高程控制点 A(可以选在建筑物的台阶上,或固定的路边石块上),已知 H_A=118.500m,做好标志 2. 从 A 点出发,选择一条长 200m 的线路,在终点处标定标志 B,使 A～B 的坡度为 +2‰。 3. 在 A～B 之间每隔 50m 打桩,并使各个桩顶的连线在 A～B 坡度线上
完成内容及成果	1. 根据给定数据,计算 B 点设计高程; 2. 绘制草图一张; 3. 记录详细测设过程的报告一份
方法与操作步骤	1. 按照任务五先计算 B 的设计高程,再标定出 B 桩; 2. 标定 B 桩的过程: (1)将经纬仪安置于 A 桩上,量出仪器高度 L,用望远镜瞄准 B 点上的水准尺,调望远镜俯仰,将中丝对准水准尺的刻度值 L,此时,视线坡度为 +2‰; (2)从 A 点开始沿 AB 方向每隔 50m 打桩,桩点编号 1、2、3; (3)分别在桩点 1、桩点 2、桩点 3 侧面立尺,上下移动水准尺,使水准尺 L 刻度值对准仪器中丝,分别在 1、2、3 点尺底划红线,则各桩红线的连线即为坡度是 +2‰的直线
限差要求	
注意事项	坡度有正、负之分,计算及测设时应注意
问题的解决	1. 如何使木桩顶的连线就为已知坡度? 2. 利用水平视线如何测设坡度线?

任务 3 控制测量

每组应在本组测图范围内,布设满足测绘大比例尺地形图与施工放样要求的图根导线。图根导线宜布设为单一闭合或附和导线的形式,组长应根据本组仪器设备的实际情况,选择下列方法之一进行:

1. 全站仪法

正式观测前应打开补偿器,测量出大气温度与气压,输入测出的大气温度与气压,以便仪器自动对距离施加气象改正。

（1）水平角观测——在角度测量模式下进行，用测回法观测导线点水平角一测回，记录表格。

（2）水平距离与高差观测——在距离测量模式下进行，测前输入仪器高与镜高，将格网因子设置为1，记录表格。

2. 经纬仪法

（1）水平角观测——经纬仪测回法观测导线点水平角一测回，记录表格。

（2）水平距离观测——用钢尺的一般丈量方法，经纬仪定线，往返丈量导线边水平距离，记录表格。

用光电测距仪测量，往返测量导线边斜距，可以经纬仪测得的竖盘读数输入EDM，有EDM计算仪器中心与棱镜中心点的水平距离，记录表格。

（3）高差观测——采用图根水准测量法测量导线点的高差，可以采用每站两次变动仪器高法，也可以采用双面尺法，图根水准宜布设为附合水准或闭合水准形式，记录表格。

3. 测量限差

（1）水平角观测限差——采用全站仪或经纬仪观测测回法观测一测回，半测回水平角较差应≤±24″。

（2）水平距离测量限差——水平距离采用钢尺量距法往返丈量时，往返丈量相对较差应小于1/2000；水平距离采用全站仪或光电测距仪观测时，往返丈量相对较差应小于1/3000。

（3）高差测量限差——采用水准测量法观测高差时，可以采用两次变动仪器高法，也可以采用双面尺法，每站两次观测高差之差应小于±5mm。采用全站仪三角高程测量法观测时，每条边长均应对向观测高差，每条导线边对向观测高差较差不应大于±2cm。

凡超过上述限差的观测数据，均应重新观测。

4. 建筑物轴线交点的放样

在本组已测量的地形图上设计一幢尺寸为15m×10m大小的矩形建筑物，建筑物距离已知图根点的水平距离宜≤30m，采用极坐标法将其轴线的平面位置测设至实地。如本组图幅内有空地，测设至本组图幅内，如本组图幅内没有空地，则可以测设至有空地的其他组图幅内。

（1）经纬仪+钢尺放样法

水平角测设应使用正倒镜分中法，水平距离使用钢尺丈量。完成测设后，应分别将经纬仪安置在四个房角点上，用测回法观测水平角一测回，用钢尺丈量房角四点的水平距离，限差要求为：边长相对较差≤1/3000，角度较差≤90°±1′。

（2）全站仪坐标放样法

在设计建筑物附近的图根点上安置仪器，打开仪器的电子补偿器，置全站仪于盘左位置，执行全站仪的"放样"命令，完成测站设置与后视点设置后，逐个选取矩形建筑物四个角点进行放样。可以使用钢尺丈量房角四点的水平距离进行检查，也可以执行全站仪的"对边测量"命令测量房角四点的水平距离进行检查,限差要求同上。

(3) 设置轴线控制桩。轴线控制桩设置在基槽外,基础轴线的延长线上,作为开槽后,各施工阶段恢复轴线的依据。轴线控制桩一般设置在基槽外 2～4m 处,打下木桩,桩顶钉上小钉,准确标出轴线位置,并用混凝土包裹木桩。如附近有建筑物,亦可把轴线投测到建筑物上,用红漆作出标志,以代替轴线控制桩。

5. 激光垂准仪法投测高层建筑物的轴线

需要使用苏州一光的 DZJ2 激光垂准仪,可以选择一栋学生宿舍都楼梯间进行。在宿舍首层安置 DZJ2 激光垂准仪,在第四层安置激光接收靶,用两根细绳拉线的方式将投测点位标定到第四层楼面上。

至少应投测两个点,应测量两点间的水平距离进行检查。实测两点间的水平距离,首层与四层的相对较差应小于 1/3000。

附录表格(表 1-3-22～表 1-3-25)

测量实习＿经纬仪或全站仪测回法观测导线水平角记录手簿　　　　表 1-3-22

班级_____组号_____组长(签名)_____仪器_____编号_____

成像_____测量时间:自_____:____测至_____:____日期:_____年____月____日

测站	目标	竖盘位置	水平度盘读数°'"	半测回角值	一测回平均角值°'"	备注
		左				
		右				
		左				
		右				
		左				
		右				

测量实习＿钢尺量距记录手簿　　　　表 1-3-23

班级_____组号_____组长(签名)_____仪器_____编号_____

天气_____测量时间:自_____:____测至_____:____日期:_____年____月____日

线段名称	观测方向	整尺段数 n	余长 q(m)	水平距离 D(m)	平均长度 $\overline{D}$(m)	相对较差	备注
	往测					1/	
	返测						
	往测					1/	
	返测						
	往测					1/	
	返测						
	往测					1/	
	返测						
	往测					1/	
	返测						

测量实习 _ 全站仪导线测量 _ 水平距离与高差观测记录手簿　　　表 1-3-24

班级_____组号_____组长（签名）_____仪器_____编号_____

成像_____测量时间：自____:____测至____:____日期：_____年___月___日

测站名	仪器高(m)	镜站名	镜高(m)	平距(m)	高差(m)	备注

测量实习考勤表　　　表 1-3-25

组号：_____组长（签名）：_____

组员姓名	工作日期	出勤时间		完成的工作内容	组长评分
		上午	下午		
出勤及工作态度方面的文字评价					

测量实习成绩评定标准为见表 1-3-26。

测量实习成绩评定标准　　　表 1-3-26

项目	出勤及守纪情况	任务完成情况	仪器设备完好率	操作考试
分数	20	30	10	40

表 1-3-26 四项内容的评分标准如下：

（1）出勤及守纪情况

测量实习采取半军事化管理。在各小组内，组长具有绝对的权威，全组成员的一切行动必须听从组长的指挥；实习期间，组员之间意见不统一可以争论，但是组长有最终决定权。组长办事要注意做到公平、公正、公开，禁止滥用权力。组长在组内通过民主选举产生，实习期间，如果全组成员有一半以上认为其不能履行组长职责，可以通过民主选举重新产生组长，并报指导教师备案。

实习期间，每天由组长负责按时填写考勤表（见表 1-3-25），实事求是地记录组员当天所完成的工作内容、工作质量及工作时间。实习完成后由组长对全体组员综合打分后，按由好到差排序并连同考勤表一起上交指导教师。

（2）任务完成情况

按时按量完成实习任务的给 15 分，另 15 分为质量分。其中"完成实习任务"包括按规定时间完成了本组范围的测图任务，提供了全部记录计算资料；"质量"包括图根点平面坐标、高程及碎部观测记录、计算的规范性、正确性及图面质量。

（3）仪器设备完好率

实习期间如果没有发生任何仪器事故，全组同学均给满分（10 分），如发生了一起重大仪器事故全组同学均得 0 分，小的仪器事故每起扣 3 分。

4 力学性能课程实训

实训项目 金属材料力学性能试验

项目实训目标

通过学习金属材料的拉伸、压缩、扭转、冷弯试验，使学生系统地掌握金属材料的力学性能测试方法。

场地环境要求

试验一般在室温 10～35℃ 范围内进行，对温度要求严格的试验，试验温度应为 23℃±5℃

实训任务设计

任务1 金属材料的拉伸试验

1. 实训目标

以低碳钢为例，测定低碳钢的屈服强度、抗拉强度和伸长率，作为评定钢筋强度等级的技术依据。

2. 实训成果

确定应力与应变之间的关系曲线，掌握《金属材料室温拉伸试验方法》GB/T 228—2002 标准和钢筋强度等级评定的方法。

3. 实训内容与指导

(1) 主要仪器设备

1) 万能试验机 测定时测力度盘的有效量程范围为 20%～80%，为保证仪器安全和试验的准确性，其吨位选择必须当试样达到最大荷载时，指针位于刻度盘的有效量程范围内。试验机的测力示值误差不大于 1%。

2) 游标卡尺（精确度为 0.1mm）、钢筋打点机或划线机等。

(2) 试样的制备

拉伸试验用钢筋试样不得进行车削加工，钢筋试样的长度 $L_t \geqslant L_0 + 3d_0 + 2h$，其中 d_0 为钢筋直径，L_0 为原始标距（$L_0 = k\sqrt{S_0}$），h 为夹持长度。可以用两个或一系列等分小标记、细画线或细墨线标出试样原始标距（图 1-4-1），但不得用引起过早断裂的缺口作标距。测量标距长度 L_u（精确至 0.1mm），计算钢筋强度用横截面积采用表 1-4-1 所列原始横截面积。

(3) 试验步骤

1) 调整试验机测力度盘的主指针，使其对准零点，副指针与其重叠，并调整好自动绘图装置。

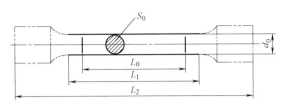

图 1-4-1　钢筋拉伸试样

钢筋的原始横截面积　　　　　　　　　　表 1-4-1

试样直径(mm)	原始横截面积(mm²)	试样直径(mm)	原始横截面积(mm²)
8	50.27	22	380.1
10	78.54	25	490.9
12	113.1	28	615.8
14	153.9	32	804.2
16	201.1	36	1018
18	254.5	40	1257
20	314.2	50	1964

2）将试样固定在试验机的夹头内，开动试验机进行拉伸。拉伸速度的速率：在弹性范围和直至上屈服强度，试验机夹头的速率应尽可能保持恒定并在表 1-4-2 规定的应力速率范围内。若仅测定下屈服强度，在试样平行长度的屈服期间应变速率应在 0.00025～0.0025/s 之间。平行长度内的应变速率应尽可能保持恒定。如不能直接调节这一应变速率，应通过调节屈服即将开始之前的应力速率来调整，在屈服完成之前不再调节试验机的控制。

屈服前的加荷速率　　　　　　　　　　表 1-4-2

金属材料的弹性模量 (MPa)	应力速率(N/mm²)·S⁻¹	
	最小	最大
＜150000	2	20
≥150000	6	60

3）拉伸过程中，测力度盘的指针停止转动时的恒定荷载，或出现第一次回转时的最小荷载，即为屈服点所对应的荷载值。

4）测出屈服点的荷载后，继续施加荷载直至试样被拉断，从测力度盘上读出最大荷载。

5）结果计算

A. 屈服强度 $R_{el} = \dfrac{F_{el}}{S_0}$

B. 抗拉强度 $R_m = \dfrac{F_m}{S_0}$

式中　　R_{el}——下屈服强度，MPa；

　　　　R_m——抗拉强度，MPa；

　　　　S_0——钢筋的原始横截面积，mm²；

　　　　F_{el}——屈服阶段的最小力，N；

F_{m}——试验过程中的最大力，N。

当 $R_{el}>1000\text{MPa}$ 时，计算结果精确至 10MPa；当 $200\text{MPa}<R_{el}\leqslant1000\text{MPa}$ 时，计算结果精确至 5MPa；当 $R_{el}\leqslant200\text{MPa}$ 时，计算结果精确至 1MPa，小数点数字按"4舍6入5单双"法修约。R_{m} 计算精度要求同 R_{el}。

C. 伸长率的测定

为了测定断后伸长率，应将试样断裂的部分仔细地配接在一起使其轴线处于同一轴线上，并采取特别措施确保试样断裂部分适当接触后测量试样断后标距。这对于小横截面试样和低伸长率试样尤为重要。

（A）原则上只有断裂处与最接近的标距标记的距离不小于原始标距的 1/3 情况方为有效，可以直接测量，L_{u} 等于断后标距部分的长度。但断后伸长率大于或等于规定值，不管断裂位置处于何处测量均为有效。

（B）为了避免由于试样断裂位置不符合 A 条所规定的条件而必须报废试样，可以采用移位方法测量。试验前将原始标距（L_{0}）细分为 N 等分，试验后，以符号 X 表示断裂后试样短段的标距标记，以符号 Y 表示断裂试样长段的等分标记，此标记与断裂处的距离最接近于断裂处至标距标记 X 的距离。如 X 与 Y 之间的分格数为 n，按如下测定断后伸长率：

A）如 N-n 为偶数（图 1-4-2a），测量 X 与 Y 之间的距离和测量从 Y 至距离为 $\frac{1}{2}$ (N-n) 个分格的 Z 标记之间的距离，$L_{u}=XY+2YZ$

B）如 N-n 为奇数（图 1-4-2b），测量 X 与 Y 之间的距离，和测量从 Y 至距离分别为 $\frac{1}{2}$ (N-n-1) 和 $\frac{1}{2}$ (N-n-1+1) 个分格的 Z' 和 Z'' 标记之间的距离，$L_{u}=XY+YZ'+YZ''$。

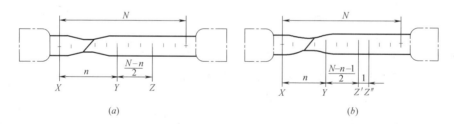

图 1-4-2

(a) N-n 为偶数；(b) N-n 为奇数

（C）伸长率按下式计算

$$A_{11.3}=\frac{L_{u}-L_{0}}{L_{0}}\times100\%$$

式中 $A_{11.3}$——表示原始标距为 $11.3\sqrt{S_{0}}$ 的断后伸长率；

L_{0}——原始标距长度，mm；

L_{u}——试样拉断后标距部分的长度，mm（测量精确至 0.1mm）；

S_{0}——原始横截面积，mm^{2}。

注：原始横截面积的确定（精确到 $\pm1\%$）。

A) 对于圆形截面的产品，应在两个相互垂直方向测量试样的直径，取其算数平均值计算横截面积；

B) 可以根据测量的试样的长度、试样质量和试样材料密度，按下式确定：

$$S_0 = \frac{1000 \cdot m}{\rho \cdot L_t}$$

式中　m——试样的质量，g；

　　　L_t——试样的总长度，mm；

　　　ρ——试样材料的密度，g/cm^3。

D. 试验结果处理

（A）试验出现下列情况之一其试验结果无效，应重做同样数量试样的试验。

A) 试样断在标距外或断在机械刻划的标距标记上，而且断后伸长率小于规定最小值；

B) 试验期间设备发生故障，影响了试验结果。

（B）试验后试样出现两个或两个以上的缩颈以及显示出肉眼可见的冶金缺陷（例如分层、气泡、夹杂、缩孔等），应在试验记录和报告中注明。

4. 实训小结

通过钢筋拉伸试验，使学生掌握低碳钢抗拉性能指标的测定方法和结果计算，并在应力-应变图形上准确标注：弹性极限、屈服强度、抗拉强度与伸长率等指标。

5. 实训考评

实训考评分为：优秀、良好、中等、及格四个等级，见表1-4-3。

| | 实训项目考评表 | 表1-4-3 |

等级	掌握内容
优秀	独立并准确完成整个试验过程(试样的制备；正确操作试验设备；屈服强度、抗拉强度、伸长率的计算；试验报告的填写)
良好	独立完成整个试验过程(试样的制备；正确操作试验设备；屈服强度、抗拉强度、伸长率的计算；试验报告的填写)，但结果计算未能按试验数据的修约规则进行
中等	整个试验过程(试样的制备；正确操作试验设备；屈服强度、抗拉强度、伸长率的计算；试验报告的填写)完成的情况较好，未掌握用移位法测定伸长率
及格	整个试验过程(试样的制备；正确操作试验设备；屈服强度、抗拉强度、伸长率的计算；试验报告的填写)完成的情况尚可。但结果计算未能按试验数据的修约规则进行，也未掌握用移位法测定伸长率

6. 职业训练

能正确操作试验仪器，记录试验数据，规范填写试验报告；并具备处理常见问题的能力。

任务2　金属材料冷弯试验

1. 实训目标

以低碳钢为例，通过冷弯试验，可对钢筋塑性进行严格检验，同时可间接测定钢筋内部的缺陷及可焊性，评定钢筋的质量。

2. 实训成果

掌握《金属材料弯曲试验方法》GB/T 232—2010 标准和冷弯性能合格的判定方法。

3. 实训内容与指导

（1）主要仪器设备

配备弯曲装置的压力试验机或万能试验机、不同直径的弯心。

（2）试样的制备

1）试样的弯曲外表面不得有划痕。

2）钢筋冷弯试样不得进行车削加工，试样长度通常为 $L \approx 5a + 150$mm（a 为试样的直径）。

3）弯曲角度和弯心直径通常按表 1-4-4 确定。

弯心直径弯曲和角度　　　　　　　　　　　表 1-4-4

牌　　号	冷 弯 试 验	
	钢筋试样直径 d(mm)	弯心直径 a(mm)
HPB235	8～22	d
HRB335	6～25	$3d$
	28～40	$4d$
	＞40～50	$5d$
HRB400	6～25	$4d$
	28～40	$5d$
	＞40～50	$6d$
HRB500	6～25	$6d$
	28～40	$7d$
	＞40～50	$8d$

（3）试验步骤

特别提示：试验过程中应采取足够的安全措施和防护装置。

1）试样按规定的弯心直径和条件进行弯曲（图 1-4-3（a））。试验时两支辊间的距离为：

$$l = (D + 3a) \pm 0.5a$$

式中　　l——两支辊间的距离，mm；

　　　　D——为弯心直径，mm；

　　　　a——为试样的厚度或直径（或多边形横截面内切圆直径）直径，mm。

2）加荷过程中，加荷速度要缓慢且均匀平稳，使材料能够自由地进行塑性变形。当出现争议时，试验速率应为（1 ± 0.2）mm/s。

3）试样在两个支点上按一定弯心直径弯曲至两臂平行时（图 1-4-3（b））可一次完成试验，亦可先弯曲到如图（1-4-3（c））所示的状态，然后放置在试验机平板之间继续施加压力，压至试样两臂平行。

4）当试样需要弯曲至两臂接触时，首先将试样弯曲到图 1-4-3（b）所示的状态，然后放置在两平板间继续施加压力，直至两臂接触。

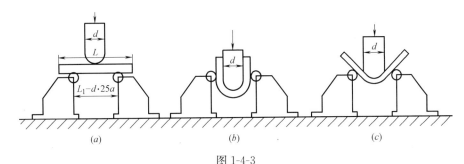

图 1-4-3

（a）冷弯试件和支座；（b）弯曲180°；（c）弯曲90°

（4）试验结果评定

1）应按照相关产品标准的要求评定弯曲试验结果。

2）如未规定具体要求，弯曲试验后不使用放大仪器观察试样弯曲外表面无可见裂纹应评定为合格。

4. 实训小结

根据钢筋直径合理选择弯心直径、确定弯曲角度，掌握冷弯试验的测试方法。

5. 实训考评

实训考评分为：优秀、良好、中等、及格四个等级，见表1-4-5。

实训项目考评表　　　　表 1-4-5

等级	掌 握 内 容
优秀	独立并准确完成整个试验过程(试样的制备；正确操作试验设备；调整两支辊间的距离；确定弯心直径；试验结果判定；试验报告的填写)
良好	独立完成整个试验过程(试样的制备；正确操作试验设备；调整两支辊间的距离；确定弯心直径；试验结果判定；试验报告的填写)，但加荷速度未控制好
中等	整个试验过程(试样的制备；正确操作试验设备；调整两支辊间的距离；确定弯心直径；试验结果判定；试验报告的填写)的完成情况较好，但不够熟练
及格	整个试验过程(试样的制备；正确操作试验设备；调整两支辊间的距离；确定弯心直径；试验结果判定；试验报告的填写)的完成情况尚可，试验设备的操作不能独立完成

6. 职业训练

能正确操作试验仪器，记录试验现象，规范填写试验报告；并具备处理常见问题的能力。

任务 3　金属材料的压缩试验

1. 实训目标

（1）测定低碳钢的下压缩屈服强度（R_{elc}）。

（2）测定铸铁的抗压强度（R_{mc}）。

2. 实训成果

掌握金属材料室温压缩试验的测定过程和结果评定。

3. 实训内容与指导

（1）主要仪器设备

1）液压式万能试验机　测定时的有效量程范围为 $20\% \sim 80\%$，为保证仪器安全和试验的准确性，其吨位选择必须当试样达到最大荷载时，指针位于刻度盘的有效量程范围内。试验机的测力示值误差不大于 1%。

2）游标卡尺（精确度为 0.1mm）。

（2）试样的制备

切取样坯和机械加工试样时，应防止因冷加工或热影响而改变材料的性能。试样的形状和尺寸的设计应保证：在试验过程中标距内均为单向压缩；引伸计所测变形应与试样轴线上标距段的变形相等；端部不应在试验结束之前破坏，凡能满足上述要求的其他试样也可采用。$L=(2.5 \sim 3.5)d$ 和 $L=(2.5 \sim 3.5)b$ 的试样可用于测定 R_{elc} 等指标；$L=(1 \sim 2)d$ 和 $L=(1 \sim 2)b$ 的试样仅适用于测定 R_{mc}。（注：b—试样原始宽度、d—试样原始直径、L_0—试样原始标距，L—试样长度 mm）图 1-4-4、图 1-4-5 为侧向无约束试样。

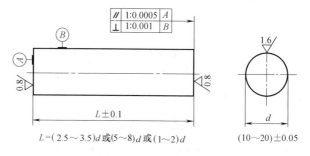

图 1-4-4　圆柱体试样

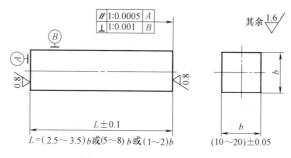

图 1-4-5　正方形柱体试样

（3）试验步骤

1）测量试样原始截面面积　用游标卡尺测量试样两端及中间三处横截面的直径，取三处中平均直径最小者来计算横截面面积。

2）调整万能试验机测力度盘的指针，使主指针对准零点，副指针与其重叠，并调整好自动绘图装置。

3）安装试样，使试样纵轴中心线与压头轴线重合。

4）缓慢均匀地施加荷载，在弹性（或接近弹性）范围，采用控制应力速率的方法，

其应力速度控制在 $1\sim10\text{N/mm}^2\cdot\text{s}^{-1}$ 范围内；在明显塑性变形范围内，采用控制应变速率的方法，其应变速度控制在 $0.00005\sim0.0001/\text{s}$ 范围内。对于无应变调整装置的试验机，应保持恒定的夹头速度，以便得到从加力开始至试验结束所需求的平均应变速率。试验过程中注意观察测力指针的转动情况和自动绘图情况，并及时记录屈服时的实际下屈服力，继续施加荷载使试样压成鼓形后立即卸荷载。

铸铁试样安装时，要在试样周围用有机玻璃或铁纱做防护罩，将试样罩在里面，防止试样碎片飞出伤人或损坏仪器；铸铁试样从施加荷载至试样出现裂纹破坏为止，测出最大力值后方可卸荷载，其他试验步骤和低碳钢相同。

（4）结果计算

1）低碳钢的下压缩屈服强度 $R_{\text{elc}}=\dfrac{F_{\text{elc}}}{S_0}$ （MPa）

2）铸铁的抗压强度 $R_{\text{mc}}=\dfrac{F_{\text{mc}}}{S_0}$ （MPa）

式中　F_{elc}——屈服时的实际下屈服力，N；

$\quad\ F_{\text{mc}}$——试样破坏时的最大力值，N；

$\quad\ S_0$——试样原始截面面积，mm^2。

强度性能结果数值的修约间隔，单位为 MPa　　　表 1-4-6

性　能	范　围	修约间隔
F_{elc} F_{mc}	≤200	1
	>200～1000	5
	>1000	10

（5）试验结果的处理

1）出现下列情况之一时，试验结果无效，应重做同样数量试样的试验：

A. 试样未达到试验目的时，发生屈曲；

B. 样未达到试验目的时，端部就局部压坏或标距外断裂；

C. 试验过程中操作不当；

D. 试验过程中试验仪器设备发生故障，影响了试验结果。

2）试验后，试样上出现冶金缺陷（如分层、气泡、夹渣、缩孔等），应在试验记录及报告中注明。

4. 实训小结

掌握压缩试验的测试方法及压缩性能指标，根据压缩时的变形和破坏现象，能分析出原因。

5. 实训考评

实训考评分为：优秀、良好、中等、及格四个等级，见表 1-4-7。

实训项目考评表　　　表 1-4-7

等级	掌握内容
优秀	独立并准确完成整个试验过程(试样的制备;正确操作试验设备;准确读取低碳钢的屈服荷载或铸铁的最大荷载;试验结果评定;试验报告的填写)

续表

等级	掌握内容
良好	独立完成整个试验过程(试样的制备;准确读取低碳钢的屈服荷载或铸铁的最大荷载;试验结果评定;试验报告的填写),但加荷速度未控制好
中等	整个试验过程(试样的制备;准确读取低碳钢的屈服荷载或铸铁的最大荷载;试验结果评定;试验报告的填写)的完成情况较好,但不够熟练
及格	整个试验过程(试样的制备;准确读取低碳钢的屈服荷载或铸铁的最大荷载;试验结果评定;试验报告的填写)的完成情况尚可,试验设备的操作不能独立完成

6. 职业训练

能正确操作试验仪器,记录试验现象,规范填写试验报告;并具备处理常见问题的能力。

任务 4　金属材料的扭转试验

1. 实训目标

(1) 通过扭转试验,测定低碳钢的屈服点（剪切屈服极限）和抗扭强度;

(2) 测定铸铁的抗扭强度。

2. 实训成果

通过观察、比较,分析低碳钢和铸铁两种典型材料在受到扭转荷载时的变形和破坏现象有何不同。

3. 实训内容与指导

(1) 主要仪器设备

1) 扭转试验机　测定时的有效量程范围为 $20\%\sim80\%$,为保证仪器安全和试验的准确性,其吨位选择必须当试样达到最大扭矩时,指针位于刻度盘的有效量程范围内。

2) 游标卡尺（精确度为 0.1mm）

(2) 试样的制备

根据《金属室温扭转试验方法》GB/T 10128—2007 标准的规定,金属扭转试验所

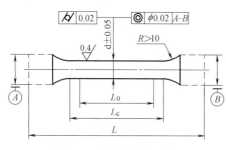

图 1-4-6　圆形扭转试样图

使用的试样,直径（d）一般为 10mm,标距 $L_0=5d$ 或 $10d$,平行长度 $L_c=5d+20mm$ 或 $10d+20mm$,试样头部（两端部）的形状和尺寸应根据扭转试验机夹头的具体情况来确定。如果采用其他直径的试样,其平行长度（L_c）应为标距加上两倍的直径。图 1-4-6 为扭转试样的形状、尺寸以及加工精度。

(3) 试验步骤

1) 分别测量两种材料试样的直径,在试样上划出标距线,在标距的两端及中部三个位置上,沿两个相互垂直的方向各测量一次直径取平均值,再从三个平均值中取最小值作为试样的直径（d）。

2) 调整试验机测力度盘的指针,使主指针对准零点,副指针与其重叠,并调整好绘图装置。

3）安装试样，用颜料笔沿试样轴线画一条直线，以便观察试样受扭时的变形。

4）施加荷载，对试样进行破坏试验。在试验过程中，应注意选择扭转速度。低碳钢试样在屈服前，扭转速度应控制在（6°～30°）/min 范围内，屈服后的扭转速度不大于 360°/min，且应连续均匀地施加荷载，不得引起冲击和振动。

5）记录试验中试样屈服时的扭矩和破坏时的最大扭矩。试样扭断后，立即卸去荷载，取下试样，试验过程结束。

（4）结果计算

1）低碳钢的屈服点、抗扭强度按下式计算：

$$\tau_s = \frac{T_s}{W}$$

$$\tau_b = \frac{T_b}{W}$$

2）铸铁的抗扭强度按下式计算

$$\tau_b = \frac{T_b}{W}$$

式中　τ_s——低碳钢的屈服点，MPa；

　　　τ_b——抗扭强度，MPa；

　　　T_s——低碳钢试样屈服时的扭矩（N·mm²）；

　　　T_b——最大扭矩（N·mm²）；

　　　W——抗扭截面模量，mm³。

4. 实训小结

通过扭转试验，使学生掌握金属材料扭转性能指标的测定方法和结果计算，并在 T-ϕ 图形上准确标注：屈服点和抗扭强度。

5. 实训考评

实训考评分为：优秀、良好、中等、及格四个等级，见表 1-4-8。

实训项目考评表　　　　　　　　　　　　　　　　　表 1-4-8

等级	掌 握 内 容
优秀	独立并准确完成整个试验过程(试样的制备;正确操作试验设备;准确读取试样屈服时的扭矩及破坏时的最大扭矩;试验结果评定;试验报告的填写)
良好	独立完成整个试验过程(试样的制备;正确操作试验设备;;准确读取试样屈服时的扭矩及破坏时的最大扭矩;试验结果评定;试验报告的填写),但加荷速度未控制好
中等	整个试验过程(试样的制备;准确读取试样屈服时的扭矩及破坏时的最大扭矩;试验结果评定;试验报告的填写)的完成情况较好,但不够熟练
及格	整个试验过程(试样的制备;准确读取试样屈服时的扭矩及破坏时的最大扭矩;试验结果评定;试验报告的填写)的完成情况尚可,试验设备的操作不能独立完成

6. 职业训练

能正确操作试验仪器，记录试验现象，规范填写试验报告；并具备处理常见问题的能力。

5　建筑识图与构造课程实训

实训项目 1　给定建筑图纸抄绘训练

1. 实训目标

通过本次实训掌握建筑平面图中所出现的表示房屋的平面形状、内部布置及朝向等内容，训练绘制和识读建筑平面施工图的能力。掌握建筑立面图中所出现的表示建筑物的体形和外貌、立面各部分配件的形状及相互关系、立面装饰要求及构造做法等内容，训练绘制和识读建筑平面施工图的能力。掌握建筑剖面图中所出现的表示房屋的内部竖向空间的组合情况、各层高度、楼面和地面的构造以及各配件在垂直方向上的相互关系等内容，训练绘制和识读施建筑剖面工图的能力。

2. 仪器和工具

图板、图纸、绘图铅笔、墨线笔、丁字尺、橡皮、胶带等。

3. 实训任务设计

任务 1：某新建宿舍楼的首层平面图。

任务 2：某新建宿舍楼的立面图。

任务 3：某新建宿舍楼的剖面图。

4. 实训内容与指导

任务 1　某新建宿舍楼的首层平面图

（1）本次实训为某新建宿舍楼的首层平面图。

（2）比例 1：100。

（3）用 3 号图纸一张以铅笔或墨线笔绘制。

（4）深度

1）按照所绘房屋的复杂程度及大小，选定合适的绘图比例。

2）根据开间和进深绘制定位轴线。

3）绘制墙身线、柱，定门窗洞口的位置。

4）绘制其他构配件的细部，如台阶、楼梯、卫生设备、散水、雨水管等。

5）检查核对，无误后按建筑制图标准规定的线型要求，描粗加深图线。

6）标注尺寸，房间用途，注写定位轴线编号、门窗代号、剖切符号。

任务 2　某新建宿舍楼的立面图

（1）本次实训为某新建宿舍楼的立面图。

（2）比例 1：100。

（3）用 3 号图纸一张以铅笔或墨线笔绘制。

（4）深度

1）选比例定图幅。

2）绘制室外地坪、两端的定位轴线、外墙轮廓及屋顶线。

3）确定细部位置，包括门窗、窗台、阳台、檐口、雨篷等。

4）检查无误后，按建筑制图标准规定的线型要求，加深图线。

5）标注标高，注明各部位装修做法等。

任务3　某新建宿舍的剖面图

（1）本次实训为某新建宿舍楼的剖面图。

（2）比例1∶100。

（3）用3号图纸一张以铅笔或墨线笔绘制。

（4）深度

1）选取合适比例，通常与平面、立面相一致。

2）绘制定位轴线、墙身线、室内外地坪线、楼面线、屋面线。

3）绘制内外墙身厚度、楼板、屋面构造厚度。

4）绘制可见的构配件的轮廓线及相应的图例，包括门窗位置、楼梯梯段、台阶、阳台、女儿墙等。

5）核对无误后，按建筑制图标准规定的线型要求，加深图线。

6）标注尺寸、标高、定位轴线、索引符号及必要的文字说明。

5. 实训成果

某新建宿舍楼的首层平面图绘制图纸

某新建宿舍楼的立面图绘制图纸

某新建宿舍楼的剖面图绘制图纸

6. 实训考评标准（表1-5-1）

抄绘建筑施工图专项能力训练考核表　　　　　　　　　　表1-5-1

班级＿＿＿＿＿＿　任课教师＿＿＿＿＿＿＿　日期＿＿＿＿＿＿

序号	学生姓名	考核方式	评价内容及能力要求				评分	权重	成绩
			出勤率	训练表现	训练内容质量及成果	问题答辩			
			只扣分不加分	10分	60分	30分			
			1. 迟到一次扣2分，旷课一次扣5分。2. 缺课1/3学时以上该专项能力不记分。	1. 学习态度端正(4)2. 积极思考问题、正确使用绘图工具、动手能力强(6)	1. 满足任务书深度要求(20)2. 符合国家有关制图标准要求（图框格式正确、线型粗细分明、字体端正整齐、尺寸标注齐全、图形按比例绘制）(30)3. 布图适中、匀称、美观、图面表达清晰(10)	1. 解决实际存在的问题(20)2. 结合实践、灵活运用(10)			

续表

1	学生自评					10%
	学生互评					10%
	教师综合					40%

实训项目2 建筑构造训练

1. 实训目标

通过本次实训掌握除屋顶檐口外的墙身剖面构造，训练绘制和识读墙身剖面构造施工图的能力。掌握楼梯构造设计的主要内容，训练绘制和识读楼梯构造施工图的能力。掌握屋面排水设计方法和屋面细部构造，训练绘制和识读屋面细部构造施工图的能力。

2. 仪器和工具

图板、图纸、绘图铅笔、墨线笔、丁字尺、橡皮、胶带等。

3. 实训任务设计

任务1：墙身节点详图。

任务2：楼梯详图。

任务3：屋顶平面图。

4. 实训内容与指导

任务1 墙身节点详图

训练条件：

(1) 住宅的外墙，层高2.8m；

(2) 承重砖墙，其厚度按当地习惯做法；

(3) 采用钢筋混凝土预制楼板，板的厚度由学生自己确定；

(4) 墙面装修由学生自己确定。

训练要求：

(1) 本次训练包括三个节点：墙的下部构造、内外窗台与楼板层。三个节点的定位轴线对齐，形成外墙剖面详图的主要部分。

(2) 比例1：5或1：10。

(3) 用3号图纸一张以铅笔或墨线笔绘制。

(4) 深度

1) 绘制定位轴线及编号。

2) 绘出墙身、勒脚、内外装修厚度，绘出材料符号。

3) 绘出水平防潮层，注明材料和作法，注明防潮层的标高。

4) 绘出散水和室外地面，用多层构造引出线标注其材料、做法、强度等级和尺寸；

标注散水宽度、坡度方向和坡度值；标注室外地面标高。注意标出散水与勒脚之间的构造处理。

5）绘出室内首层地面构造，用多层构造引出线标注。绘出踢脚板，标注室内地面标高。

6）绘出室内外窗台，表明形状和饰面，标注窗台的厚度、宽度、坡度方向和坡度值，标注窗台顶面标高。

7）绘出窗框轮廓线。

8）绘出窗过梁，注明尺寸和下皮标高。

9）绘出楼板、楼层地面、顶棚，用多层构造引出线标注。标注楼面标高。

任务2　楼梯详图

训练条件：

（1）多层单元式住宅的楼梯。

（2）双跑式楼梯。

（3）给出层高、楼梯间的开间和进深尺寸。

（4）现浇式钢筋混凝土楼梯。梯段形式、步数、踏步尺寸、栏杆（栏板）形式、所选用的材料及尺寸均由学生确定。

（5）楼梯间的承重墙为砖墙。

（6）地面做法由学生自定。

（7）有关门窗尺寸在题目单中给出。

训练要求：

（1）本次训练包括六个图：首层平面图、标准层平面图、顶层平面图、剖面图、栏杆（栏板）详图、踏步详图。

（2）比例：平面图和剖面图1：50，详图1：10。

（3）使用绘图纸绘制2号图一张，以铅笔或墨线笔绘制。

（4）深度

1）在楼梯各平面图中绘出定位轴线，标出定位轴线至墙边的尺寸。给出门窗、楼梯踏步的折断线。以各层地面为基准标注楼梯的上、下指示箭头，并在上行指示线旁注明到上层的步数和踏步尺寸。

2）在楼梯各层平面图中注明中间平台及各层地面的标高、

3）在首层楼梯平面图上注明剖面剖切线的位置及编号，注意剖切线的剖视方向。剖切线应通过楼梯间的门和窗。

4）平面图上标注三道尺寸

A. 进深方向

第一道：平台净宽、梯段长＝踏面宽×步数。

第二道：楼梯间净长。

第三道：楼梯间进深轴线尺寸。

B. 开间方向

第一道：楼梯段宽度和楼梯井宽。

第二道：楼梯间净宽。

第三道：楼梯间开间轴线尺寸。

5) 首层平面图上要绘出室内外台阶、散水。如绘二层平面图应绘出雨篷，三层或三层以上平面图不再绘出雨篷。

6) 剖面图应注意剖视方向。剖面图可绘制顶层栏杆扶手，其上用折断线切断。

7) 剖面图的内容：楼梯的断面形式，栏杆（栏板）、扶手的形式，墙、楼板和楼层地面、顶棚、台阶、室外地面、首层地面等。

8) 标注出材料符号。

9) 标注标高：室内地面、室外地面、各层平台、各层地面、窗台及窗顶、门顶、雨篷上、下皮处。

10) 在剖面图中绘出定位轴线，并标出定位轴线间的尺寸。注出详图索引。

11) 详图应注明材料、做法和尺寸。注出详图编号。与详图无关的连续部分用折断线断开。

任务 3　屋顶平面图

训练条件：

(1) 住宅的平屋顶。

(2) 给出层高、层数、平面示意图，排水方式由学生自定。

(3) 给出所在地区的降雨量数据。

训练要求及深度：

(1) 本次训练包括屋顶平面图和檐口、泛水两个节点详图。

(2) 比例：屋顶平面图 1∶100，详图 1∶10。

(3) 用 2 号图纸一张以铅笔或墨线笔绘制。

(4) 深度：

1) 屋顶平面图中应绘出四周主要定位轴线，房屋檐口边线（或女儿墙轮廓线）、分水线、天沟轮廓线、雨水口位置、出屋面构造的平面形状和位置。注出屋面各坡面的坡度方向和坡度值。

2) 标注雨水口距附近定位轴线的尺寸、雨水口的间距。

3) 标注详图索引。

4) 详图应注明材料、做法和尺寸。注出详图编号。与详图无关的连续部分用折断线断开。

5. 实训成果

墙身节点详图图纸；

楼梯详图图纸；

屋顶平面图图纸

6. 实训考评标准（表 1-5-2）

教师综合评价 表 1-5-2

项目名称： 组别：

评价项目	评分标准		
	任务一	任务二	任务三
1. 学习目标是否明确(5)			
2. 学习过程是否呈上升趋势,不断进步(10)			
3. 是否能独立地获取信息,资料收集是否完善(10)			
4. 独立制定、实施、评价工作方案情况(20)			
5. 能否清晰地表达自己的观点和思路,及时解决问题(10)			
6. 项目实施操作的表现如何(20)			
7. 职业整体素养的确立与表现(5)			
8. 是否能认真总结、正确评价完成项目情况(5)			
9. 工作环境的整洁有序与团队合作精神表现(10)			
10. 每一项任务是否及时、认真完成(5)			
总评			
改进意见			

实训项目 3 建筑结构平法识图训练

1. 实训目标

通过建筑结构平法识图训练,使学生掌握建筑结构的平法识图。

2. 仪器和工具

图板、图纸、绘图铅笔、墨线笔、丁字尺、橡皮、胶带等。

3. 实训任务设计

任务 1:柱的平法施工图。

任务 2:梁的平法施工图。

4. 实训内容与指导

柱平法施工图就是在柱平面布置图上采用列表方式或截面注写方式表达。截面注写是在标准层绘制的柱平面布置图上,分别在同一编号的柱中选择一个截面,并将此截面在原位放大,以直接注写截面尺寸和配筋具体数值。

梁平法施工图是在梁平面布置图上采用平面注写方式或截面注写方式。平面注写方式是在梁平面布置图上,分别在不同编号的梁中各选一根梁,在其上注写截面尺寸和配筋具体数值的方式来表达梁平法施工图。平面注写包括集中标注和原位标注,集中标注表达梁的通用数值,原位标注表达梁的特殊数值。

5. 实训成果

柱的平法施工图图纸。

梁的平法施工图图纸。

6. 实训考评标准（同实训项目 2）

实训项目 4　建筑专业施工图识读

1. 实训目标

通过阅读实际工程的施工图来实现学生学习掌握建筑专业施工图识图的方法与能力。

2. 实训任务设计

任务 1：识读住宅建筑施工图。

任务 2：识读办公建筑施工图。

任务 3：识读单层工业厂房施工图。

3. 实训内容与指导

建筑施工图是其他专业进行工程设计的基础，同时也是施工定位放线、抄平与控制高程、砌筑墙体、楼板与屋顶施工、安装门窗、室内外装修和编制施工预算及施工组织计划的主要依据。建筑施工图主要包括：设计说明、总平面图、建筑平面图、建筑立面图、建筑剖面图以及建筑详图等。

（1）设计说明是建筑专业施工图的主要文字部分，对建筑施工图上未能详细表达或不易用图形表示的内容用文字或图表加以描述。

（2）总平面图主要反映新建工程的位置、平面形状、场地及建筑入口、朝向、地形与标高、道路等布置及与周边环境的关系。

（3）平面图

包括首层、标准层、顶层平面图。

平面图须有纵横向定位轴线，外墙、内墙、隔墙的位置与厚度，门窗的位置、编号、洞口宽度和门的开启方式。

首层平面须标注室外地坪标高、散水、明沟、台阶、坡道等的位置和平面尺寸、剖切符号及指北针。

各层平面图均应标注楼地面标高、楼梯中间平台标高，阳台板面标高，楼梯上下行线和步数，阳台的宽度与长度，烟道、通风道、垃圾道及固定设备（如洗池、浴盆、大便器、灶台、壁橱、雨水管、消防栓箱、配电箱等）的位置。

（4）立面图

包括正立面、背立面、侧立面图。

立面图上需反映门窗的形状、开启方式和标高、楼地面标高，室外地坪标高，雨篷、阳台、檐口、水箱间等的标高，端部和转折处轴线号，外装修的材料做法和分仓线、雨水管位置。

（5）剖面图

包括横剖面、纵剖面和局部剖面图。

剖面图须有轴线位置与编号，窗台、门窗、过梁、圈梁、楼板、檐口、台阶、梯段等的竖向尺寸，层高、总高、地面、楼面、屋面的材料做法。

（6）屋顶平面图

屋顶的檐口轮廓线，端部及转折处的轴线号，水箱间、烟囱、通风口、上人孔、天沟、女儿墙、雨水口等的位置，排水分水线、汇水线、坡向、坡度、屋面材料做法。

（7）详图

对尺寸较小、构造较复杂的非标准设计部位须放大比例绘制，并详尽标注尺寸，如楼梯、门廊、檐口、吊顶、美术地面、卫生间、异形门窗等。

训练识图步骤：

1）粗略全览整套图纸，对建筑有概括了解。

2）粗读各层平面图，了解建筑的总长、总宽、总面积、单元分割、套型种类、开间、进深、结构类型、门窗、楼梯及各项设施的位置和尺寸。

3）对照立面图上的线条了解在平面图上的构造做法。

4）根据平面图上所示的剖切位置及方向精读剖面图。通过剖面图辨认墙柱的受力特点，了解过梁、圈梁、梁板与墙体的关系。

5）根据索引号指定的位置查阅，了解详图所示的构造方法、材料和尺寸。

6）精读屋顶平面图，了解排水方式、雨水口位置、分水线、汇水线的位置、坡度、坡向和防水材料做法。

7）对照图纸的设计说明、工程做法和门窗表等资料，进一步理解设计意图，并记录图中的疑点、遗漏和错误。

4. 实训考评标准（表1-5-3、表1-5-4）

课程任务评分表

表1-5-3

姓　　名：＿＿＿＿＿＿＿＿　　　　　学　　号：＿＿＿＿＿＿＿＿

考核教师：＿＿＿＿＿＿＿＿　　　　　小　　组：＿＿＿＿＿＿＿＿

任务名称：＿＿＿＿＿＿＿＿＿＿＿＿＿＿＿＿＿＿＿＿＿＿＿＿＿

序号	考评要素	分数	评分标准	成绩
1	任务设计	20	任务实施设计正确，步骤清晰、完整20分；不完整但基本能完成项目10分；错误0分	
2	工作过程	60	熟练进行现场操作，记录数据，上交任务结果得满分；不熟练但能正确进行现场操作，记录数据，上交任务结果40分；不能正确进行现场实测，记录实测内容得0分	
3	工作进度	10	课内完成满分；课下每延迟一天完成扣0.5分	
4	学生自评	5	学生自我评价客观真实得5分；基本客观得3分；不客观0分	
5	学生互评	5	评价认真能指出优缺点的5分；较认真得3分	
			合　　计	

年　　　月　　　日

《建筑施工图识读》项目学习评价表　　　　　表 1-5-4

学生姓名		班级				学号	
序号	评估项目	评估内容	评估标准			评估等级	
1	项目完成情况 (60 分)	图纸会审 (20 分)	优:12 个错误都查到找到(或改正)　良:10 个以上错误都查到找到(或改正) 中:8 个以上错误都查到找到(或改正)差:7 个以下错误都查到找到(或改正)			□优　□良 □中　□差	
		楼梯草图 (15 分)	优:方案正确、最优、最简单　良:方案正确,不是最优最经济 中:方案基本正确　　　　　　差:方案不可行			□优　□良 □中　□差	
		墙身草图 (10 分)	优:方案正确、最优、最简单　良:方案正确,不是最优最经济 中:方案基本正确　　　　　　差:方案不可行			□优　□良 □中　□差	
		建筑图抄绘 (5 分)	优:图面整洁、布图匀称、线型规范、字体工整 良:图面较整洁、布图较匀称、线型较规范、字体较工整 中:图面整洁、布图匀称、线型规范、字体工整等方面均一般 差:图面整洁、布图匀称、线型规范、字体工整等方面均较差			□优　□良 □中　□差	
		工程进度 (5 分)	优:能按照项目进程表完成项目 良:按照项目进程表规定时间推迟 1 学时完成项目 中:按照项目进程表规定时间推迟 2 学时完成项目 差:按照项目进程表规定时间推迟 4 学时或 4 学时以上完成项目			□优　□良 □中　□差	
		技术文件 (5 分)	优:技术文件完整、正确、规范、详细 良:技术文件完整、正确,但不太规范、详细 中:技术文件完整,但有错误,且不太规范、详细 差:技术文件不完整,有错误,且不规范不详细			□优　□良 □中　□差	
2	基本素质 (10 分)	安全文明作业 (4 分)	优:没有发生任何工具、设备损坏,工作现场整齐规范,操作规范 良:操作规范 中:操作较规范 差:操作一般,或现场长期脏、乱差			□优　□良 □中　□差	
		团队协作精神 (3 分)	本学习情境如果一人一组,不考核该项			□优　□良 □中　□差	
		劳动纪律 (3 分)	优:能完全遵守管理制度和作息制度,无违纪行为 良:能遵守管理制度和无旷工行为,迟到/早退 1 次 中:能遵守管理制度和无旷工行为,迟到/早退 2 次 差:违反实训室管理制度,或有 1 次旷工或迟到/早退 4 次 注:劳动纪律出现重大问题,取消成绩			□优　□良 □中　□差	
3	总结报告 (10 分)	综合评价报告中是否详细说明在项目实施过程中掌握了什么知识、学会了什么技能、发现了什么技巧、出现了什么问题、进行了怎样的改进、尝试了什么创新、创新的结果如何等				□优　□良 □中　□差	
4	总体评估意见 (20 分)	综合评价学生是否掌握学习目标里要求的知识、技能、方法,是否有探索精神和创新意识				□优　□良 □中　□差	
教师评语							
成绩			教师签名			日期	
备注		各等级权重:优=1,良=0.85,中=0.7,差=0.5					

实训项目5　结构专业施工图识读

1. 实训目标

通过对结构专业施工图的识读能够使学生了解并掌握结构专业施工图识图的方法与能力。

2. 实训任务设计

任务1：识读住宅建筑结构施工图。

任务2：识读办公建筑结构施工图。

任务3：识读单层工业厂房结构施工图。

3. 实训内容与指导

结构施工图是建筑工程图的重要组成部分，是在建筑专业施工图给出的框架内，对建筑的结构体系，结构构件设计和结构构件选型进行详细规划和设计的专业图纸。是主体结构施工放线、基槽开挖、绑扎钢筋、支设模板、浇筑混凝土，安装梁、板、柱等结构构件以及计算工程造价、编制施工组织设计的依据。

结构施工图的基本内容包括图纸和文字资料两部分：第一部分是图纸包括结构布置图和构件详图；第二部分是文字资料，包括结构设计说明和结构计算书。

结构设计说明是结构施工图的综合性文件，结合现行规范的要求，针对建筑工程结构的通用性与特殊性，将结构设计的依据、选用的结构材料、选用的标准图和对施工的特殊要求等，用文字及表格的表达方式形成的设计文件。

结构布置图是房屋承重结构的整体布置图，表示承重构件的类型、位置、数量、相互关系与钢筋的配置。常见的房屋结构布置图有基础平面布置图、楼层结构平面布置图、屋面结构平面布置图等。

识读基础图：包括基础平面图和基础详图。

识读楼层结构平面布置图，能够看到每个楼层的梁、板、柱、墙等承重构件的平面布置，现浇楼板的构造与配筋以及他们之间的结构关系。

结构详图包括：梁、板、柱及基础详图，楼梯详图，屋架详图，模板、支撑、预埋件详图以及构件标准图等。

4. 实训考评标准（表1-5-5）

课程任务评分表　　　　　　　　　　　表1-5-5

姓　　　名：_____　　　　　　　学　　　号：_____

考核教师：_____　　　　　　　小　　　组：_____

任务名称：_____

序号	考评要素	分数	评分标准	成绩
1	任务设计	20	任务实施设计正确，步骤清晰、完整20分；不完整但基本能完成项目10分；错误0分	
2	工作过程	60	熟练进行现场操作，记录数据，上交任务结果得满分；不熟练但能正确进行现场操作，记录数据，上交任务结果40分；不能正确进行现场实测，记录数据内容得0分	

续表

序号	考评要素	分数	评 分 标 准	成绩
3	工作进度	10	课内完成满分;课下每延迟一天完成扣 0.5 分	
4	学生自评	5	学生自我评价客观真实得 5 分;基本客观得 3 分;不客观 0 分	
5	学生互评	5	评价认真能指出优缺点的 5 分,较认真得 3 分	
合　　计				

年　　　月　　　日

实训项目6　识图与构造综合训练

1. 实训目标

识图与构造综合训练是根据建筑工程技术专业人才培养目标,对学生进行综合能力培养的重要步骤;也是学生运用所学的专业知识,分析解决工程实际问题的综合性训练内容。

通过识图与构造综合训练应使学生掌握建筑设计的步骤及基本方法,掌握有关的构造要求,掌握建筑施工图和结构施工图的绘制方法,了解现行的有关规范及规程,并具有识读建筑施工图及处理施工图中有关构造问题的能力。

2. 仪器和工具

计算机或图板、图纸、铅笔、橡皮、丁字尺、墨线笔。

有关的国标及省标通用构造图集;有关的教材。

3. 实训任务设计

(1) 识读题目所提供的施工图,并掌握有关的信息;

(2) 对照各张图纸,找出其中的问题(包括:尺寸标注、定位轴线、技术信息的准确性等)。

4. 实训内容与指导

训练基本内容:

(1) 建筑专业施工图

建筑施工图是其他专业进行工程设计的基础,同时也是施工定位放线、抄平与控制高程、砌筑墙体、楼板与屋顶施工、安装门窗、室内外装修和编制施工预算及施工组织计划的主要依据。建筑施工图主要包括:设计说明、总平面图、建筑平面图、建筑立面图、建筑剖面图以及建筑详图等。

设计说明是建筑专业施工图的主要文字部分,对建筑施工图上未能详细表达或不易用图形表示的内容用文字或图表加以描述。

总平面图主要反映新建工程的位置、平面形状、场地及建筑入口、朝向、地形与标高、道路等布置及与周边环境的关系。

建筑平面图主要表示建筑水平方向的平面形状、格局布置及坐落朝向。一般来说平面图的数量应当与建筑的层数相当。首层平面图也叫一层平面图或底层平面图,是指±0.000地坪所在的楼层的平面图。它除表示该层的内部形状外,还画有室外的台阶

（坡道）、花池、散水和雨水管的形状和位置，以及剖面的剖切符号，以便与剖面图对照查阅。为了更加精确的确定房屋的朝向，在底层平面图上应加注指北针。剖切符号和指北针在其他层平面图上可以不再标出。

房屋有多个立面，为便于与平面图对照阅读，每一个立面图下都应标注立面图的名称。立面图的名称标注方法有：对于有定位轴线的建筑物，宜根据两端的定位轴线号编注立面图名称，如①～⑨轴立面图等。对于无定位轴线的建筑物可按平面图各面的朝向确定名称，如南立面图等。

剖面图的剖切部位，应根据图样的用途或设计深度，在平面图上选择能反映建筑剖面全貌、构造特征等有代表性的部位剖切。

在一般规模不大的工程中，房屋的剖面图通常只有一个。当工程规模较大或平面形状较复杂时，则要根据实际需要确定剖面图的数量，也可能是两个或多个。

（2）结构专业施工图

结构施工图是建筑工程图的重要组成部分，是在建筑专业施工图给出的框架内，对建筑的结构体系，结构构件设计和结构构件选型进行详细规划和设计的专业图纸。是主体结构施工放线、基槽开挖、绑扎钢筋、支设模板、浇筑混凝土，安装梁、板、柱等结构构件以及计算工程造价、编制施工组织设计的依据。结构施工图用"结施"或"JS"进行分类。

结构施工图的基本内容包括图纸和文字资料两个部分：第一部分是图纸包括结构布置图和构件详图；第二部分是文字资料，包括结构设计说明和结构计算书。

结构设计说明是结构施工图的综合性文件，结合现行规范的要求，针对建筑工程结构的通用性与特殊性，将结构设计的依据、选用的结构材料、选用的标准图和对施工的特殊要求等，用文字及表格的表达方式形成的设计文件。

结构平面布置图主要包括以下内容：

基础平面图，主要表示基础平面布置及定位关系。如果采用桩基础，还应标明桩位；当建筑内部设有大型设备时，还应有设备基础布置图。

楼层结构平面布置图，主要表示各楼层的结构平面布置情况，包括柱、梁、板、楼梯、雨篷等构件的计算尺寸和编号等。

屋顶结构平面布置图，主要表示屋盖系统的结构平面布置情况。结构详图包括梁、板、柱及基础详图，楼梯详图，屋架详图，模板、支撑、预埋件详图以及构件标准图等。

（3）水暖专业施工图

水暖专业施工图是房屋设备施工图的一个重要组成部分，它主要用于解决室内供暖、通风、空调、制冷、给水、排水、消防、热水供应等工程的施工方式、所用材料及设备的规格型号、安装方式及安装要求、水暖设施在房屋中的位置以及与建筑结构的关系、与建筑中其他设施的关系、施工操作要求等一系列内容，是重要的技术文件，水暖专业施工图一般用"水施"或"SS"、"暖施"或"NS"进行分类。

水暖专业施工图包括图纸和文字资料两部分：第一部分是文字资料，主要是设计说明；第二部分是图纸，主要包括平面图、系统图、大样图等。

（4）电气专业施工图

现代建筑为了实现其使用功能，需要安装相应的电气设备，主要包括各种照明灯具、电源插座、电视、电话、互联网线、消防及保安控制装置以及避雷装置等，工业建筑及营业性建筑还要设置动力供电系统。所有的电气工程及设施都要经过专门的设计，并用图纸表达。这些用来表达建筑电气设施配置状况的图纸就是电气施工图，在工程上电气施工图用"电施"或"DS"来分类。

电气施工图主要包括两个内容：一是供、配电线路的规格与辐射方式；二是各类电器设备及配件的选型、规格和安装方法。电气专业施工图包括图纸和文字资料两部分：第一部分是文字资料，主要是设计说明；第二部分是图纸，主要包括平面图、系统图。

（5）实训考评标准

1）考核方式

识图成绩通过单独质疑答辩的方式确定，绘图成绩通过图面质量及准确性综合评定。其中识图成绩占 60%，绘图成绩占 40%。

2）评分标准

按照优秀、良好、中等、及格、不及格五级评定成绩。

第 2 部分

专项实训

1　基础工程实训

实训项目 1　岩土工程勘察报告识读实训

项目实训目标

岩土工程勘察报告是在工程地质勘察原始资料的基础上进行整理、统计、归纳、分析、评价,提出工程建议,形成系统的为工程建设服务的勘察技术文件,是工程建设项目中设计和施工的地质依据。

岩土工程勘察报告根据任务要求、勘察阶段、工程特点和地质条件等具体情况编写,它由简要明确的文字分析和必要的图件组成。

岩土工程勘察报告识读是建筑工程技术、工程监理、钢结构建造技术、地下工程与隧道工程技术等专业重要的实践性教学环节。通过对实际工程岩土工程勘察报告的识读实训,使学生获得感性认识,掌握识读勘察报告的基本方法。熟悉勘察报告的主要内容,掌握勘察报告中各种符号的意义;能对场地稳定性和适宜性进行评价,提出合理的地基基础方案,提高分析问题、解决问题的能力。

场地环境要求

(1) 实训专用教室,配备多媒体投影等设施、国家现行规范及标准,便于理实一体化教学。

(2) 提供一份实际工程的岩土工程勘察报告。

实训任务设计

任务 1:识读勘察报告各类符号。

任务 2:桩基础结合勘察报告的实训。

任务 1　识读勘察报告各类符号

实训目标

通过对实际岩土工程勘察报告的识读实训,掌握识读勘察报告的基本方法,熟悉勘察报告的主要内容,掌握勘察报告中各种符号的意义。

实训成果

通过识读实训,完成以下内容:

(1) 根据勘探点平面布置图,确定拟建建筑物在场地中的位置,查找勘探孔数量、编号、位置、孔口高程、孔深、地下水位埋深,确定场地的地形起伏特点,查找地质剖面线编号、位置。

(2) 根据地基土物理力学指标设计参数表,识读各土性指标。

(3) 根据地基土物理力学指标设计参数表,判断各土层的压缩性。

（4）根据地基土物理力学指标设计参数表中原位测试动力触探锤击数，判断各土层的密实度。

（5）根据地基土物理力学指标设计参数表中地基承载力建议值，初步确定持力层位置。

实训内容与指导

1. 实训内容

（1）阅读勘探点平面布置图，熟悉图例的含义。

（2）阅读工程地质剖面图，熟悉图例的含义。

（3）阅读地基土物理力学指标设计参数表，识读各土性指标。

2. 实训指导

（1）实训准备阶段

分组并推选组长，由组长根据实训内容进行分工。

（2）实训实施阶段

每组成员针对所发勘察报告的具体页面，对照作业进行读图分析，并完成作业。

（3）实训考核阶段

全体组员参加实训答辩，推选出一名同学作为本组发言人，进行实训成果汇报并回答指导教师问题。实训考核采取学生自评、小组评价、汇报及答辩、教师评价相结合的方式。

（4）实训结束阶段

实训结束后，小组成员共同整理实训场地，上交所有实训资料。

实训小结

通过本次实训，应掌握正确识读勘察报告的方法，使识读能力有较大提高，在实训过程中团队协作能力、个人组织协调能力、个人交流表达能力也得到相应提高。

实训考评

1. 实训态度和纪律要求

（1）学生要明确实训的目的和意义，重视并积极自觉参加实训；

（2）实训过程需谦虚、谨慎、刻苦、好学、爱护国家财产、遵守学校及施工现场的规章制度；

（3）服从指导教师的安排，同时每个同学必须服从本组组长的安排和指挥；

（4）小组成员应团结一致、互相督促、相互帮助、人人动手、共同完成任务；

（5）遵守学院的各项规章制度，不得迟到、早退、旷课。

2. 评价方式

成绩评定采用百分制，学生自评、小组互评、汇报及答辩、教师评价方式，以过程考核为主。

3. 考核标准

实训任务完成质量；团队协作精神；知识点的掌握。

4. 实训成绩评定依据（表 2-1-1）

实训成绩评定表　　　　　　　　　　　　表 2-1-1

评价内容	分值	个人评价	小组评价	教师评价
实训考勤(10%)	10			
	8			
	6			
实训表现(10%)	10			
	8			
	6			
实训报告(30%)	30			
	27			
	24			
	21			
	18			
汇报(20%)	20			
	16			
	12			
答辩(30%)	30			
	24			
	18			
合计				

任务 2　桩基础结合勘察报告的实训

实训目标

通过对实际岩土工程勘察报告的识读实训，结合桩基础工程，掌握单桩承载力特征值的确定方法，了解钻孔灌注桩的入岩标准，掌握预制管桩桩长的确定方法及制定桩配料单的方法，了解管桩在送桩过程中控制桩顶标高的方法。

实训成果

通过识读实训，完成以下内容：

（1）给定桩型、桩径、承台底标高和持力层，确定各勘探孔位置处＊＊＊桩的单桩承载力特征值。

（2）根据场地中各土层性状的文字描述，确定内容 1 中＊＊＊桩的入岩标准。

（3）若是预应力管桩，给定型号，根据工程地质剖面图，计算勘探孔位置处的桩长并确定桩配料单。

（4）给定水准仪水平视线标高，在内容 3 中任选一根桩，详细说明管桩在压入过程中，如何准确控制桩顶标高。

实训内容与指导

1. 实训内容

（1）阅读工程地质剖面图，把内容 1 中＊＊＊桩放在各勘探孔位置处，计算单桩承载力特征值。

（2）阅读工程地质勘察报告中的结论与建议，完成内容 2。

（3）阅读工程地质剖面图，把内容 3 中预应力管桩放在给定的工程剖面图上的各勘探孔位置处，计算勘探孔位置处的桩长并确定管桩配料单。

（4）阅读工程地质剖面图，在内容 3 中任选一根管桩，画出管桩的计算简图，标出标高，按管桩的施工顺序说明在送桩过程中控制桩顶标高的方法。

2. 实训指导

（1）实训准备阶段

分组并推选组长，由组长根据实训内容进行分工。

（2）实训实施阶段

每组成员针对所发勘察报告的具体页面，对照作业进行读图分析，并完成相应内容。

（3）实训考核阶段

全体组员参加实训答辩，推选出一名同学作为本组发言人，进行实训成果汇报并回答指导教师问题。实训考核采取学生自评、小组评价、汇报及答辩、教师评价相结合的方式。

（4）实训结束阶段

实训结束后，小组成员共同整理实训场地，上交所有实训资料。

实训小结

通过本次实训，应掌握正确识读勘察报告的方法，并结合桩基础工程，使识读能力有较大提高，在实训过程中团队协作能力、个人组织协调能力、个人交流表达能力也得到相应提高。

实训考评（同任务 1）

实训项目 2　预应力管桩锤击法施工和桩基检测实训

项目实训目标

该项目以 Unity3D 技术为依托，综合行业规范、贯穿教学重难点、实现了施工场景仿真模拟及工艺流程动态演示、人机交互式操作、成果实现智能考评等多项功能，可有效得解决桩基工程施工工艺及验收教学课程当中内容抽象，工艺复杂，内容枯燥，缺乏实践性操作机会等教学难点。将最先进的计算机软件技术充分运用于高等院校的教学课程当中，不断改进教师的授课方式，提高学生的学习效率，培养适应社会就业需求的高专业人才。

场地环境要求

1. 网络版

（1）软件环境

1）服务器

操作系统：兼容 Windows 2000、Windows 2003、Windows 2008 的 Server 版或

Advance Server 版。

服务器数据库：SQL Server 2000 及以上。

服务器其他支撑软件：无。

2）客户端

操作系统：Windows XP 或以上版本。

（2）硬件环境

主机类型：IBM PC 系列。

处理器频率：CPU：P4 1GHz（或以上）。

处理器类型：32 位。

内存：DDR2 1GB（或以上）。

硬盘存储器容量：40GB 以上。

显卡：128MB 独立显存或 256MB 共享显存。支持 1024×768 32bit（或以上）分辨率。

网络类型：IEEE 802.1 10/100M（或以上）以太网。

扩展设备：USB1.0 接口（或以上）、8×CD-ROM。

键盘、鼠标，其他特殊设备：无。

2. 单机版

（1）操作系统：Windows XP 或以上版本。

（2）硬件环境：

主机类型：IBM PC 系列。

处理器频率：CPU：P4 1GHz（或以上）。

处理器类型：32 位。

内存：DDR2 40GB（及以上）。

硬盘存储器容量：10GB 以上。

显卡：128MB 独立显存或 256MB 共享显存，支持 1024×768 32bit（或以上）分辨率。

扩展设备：USB2.0 接口（或以上）、8×CD-ROM。

网络类型：无。

其他特殊设备：无。

其他支撑软件：无。

3. 对插件要求

支持 IE 6.0 及以上浏览器版本、Adobe Flash Player 10 或以上版本、Cult3D IE 5.0 或以上版本。

以上插件可在安装盘中找到。

实训任务设计

任务 1：预应力管桩锤击法施工。

任务 2：桩基检测。

任务 1　预应力管桩锤击法施工

实训目标

1. 将三维虚拟仿真技术运用于施工教学课堂中，激发教师对施工课程教学的新灵感，不断改进授课形式，体现现代化教学优势。

2. 通过软件的三维虚拟仿真场景，人机交互式操作等功能，使课程更具娱乐性和挑战性，提高学生对施工课程的学习积极性。

3. 通过软件的任务漫游式走动，人机交互式操作，使学生融入三维虚拟仿真施工场景中，更形象直观得学习和了解桩基础工程的施工工艺及流程，弥补缺乏实践性操作而导致的经验不足，概念混乱。

实训成果

1. 教师通过实训课程丰富授课形式，提高授课效率。

2. 学生通过实训课程，更高效地掌握桩基础工程施工的施工工艺及流程，提高现场人材机操作能力。

3. 加强学生对于施工场景中现场操作的整体概念，使之在进入就业环境时能更快得融入工作，快速成长为一名优秀的施工技术管理人员。

实训内容与指导

1. 实训内容

（1）打开软件进入模块选择界面后选择需要的任务（图 2-1-1）。

（2）进入软件内部界面，根据操作提示对任务进行操作（图 2-1-2）。

图 2-1-1　　　　　　　　　　　　　　　图 2-1-2

（3）任务内界面功能（图 2-1-3）。

背包中含有材料，工具，设备，双击选项可放置入快捷栏备用（图 2-1-4）。

2. 实训指导

该任务主要分为 6 个工作流程：场地平整、基层处理、料机进场、试打桩施工、确定桩顶标高、截桩。

（1）场地平整（图 2-1-5）

在打桩前进行场地平整，在背包设备栏中双击推土机，推土机进入快捷栏，再点击快捷栏中推土机，进入场地。红色闪烁位置为操作位置。当快捷栏中内容满时，选中右

图 2-1-3　　　　　　　　　　　　　图 2-1-4

击可删除。

推土机进场后，进行平整场地，蓝色箭头提示操作位置（图 2-1-6）。

图 2-1-5　　　　　　　　　　　　　图 2-1-6

（2）基层处理（图 2-1-7）

根据小人物中说明的操作提示使用全站仪进行桩基定位，点击全站仪，输入放样坐标。

选取棱镜初步定位（图 2-1-8）

图 2-1-7　　　　　　　　　　　　　图 2-1-8

选取小木桩钉在测点上定位（图 2-1-9）

把棱镜置于小木桩上，用全站仪精确定位（图 2-1-10）

用铁锤将铁钉钉如小木桩后再次放置棱镜，复合桩位，完成基层处理。

（3）料机进场

选取打桩机进场（图 2-1-11）

放置垫木后，预制管桩进场，进入试打桩施工（图 2-1-12）

图 2-1-9

图 2-1-10

图 2-1-11

图 2-1-12

（4）试打桩施工

先将一根预制管桩锤击进入土层一定深度（图 2-1-13）

用经纬仪测定桩基垂直度（2-1-14）

图 2-1-13

图 2-1-14

用打桩机打桩，并完成接桩，最后用水准仪控制送桩深度，确定将桩打至设置标高，完成试打桩施工（图 2-1-15）。

（5）确定桩顶标高

将水准仪与塔尺放置于指定位置，确定桩顶标高（图 2-1-16）。

图 2-1-15

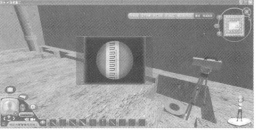

图 2-1-16

用红铅笔点击塔尺画出桩顶标高线（图 2-1-17）。

（6）截桩：选取切割机，沿所画红线截桩（图 2-1-18）

图 2-1-17　　　　　　　　　　　　　　图 2-1-18

实训小结

通过建筑工程施工技术三维仿真教学操作，了解预应力管桩锤击法施工现场施工工艺流程，使学生在初步学习施工技术课程阶段，能够明确地理解预应力管桩锤击法现场施工操作流程，能熟练调配运用现场人机料法的综合应用。引用仿真技术结合教学，提高课堂学习的关注度和积极性，课后自主练习强化学生在施工技术课程中的参与程度，同时巩固了专业知识。

（1）建立建筑工程虚拟施工操作平台；

（2）实现土建施工实训三维（3D）可视化教学；

（3）形成数字化、信息化、标准化评价系统；

（4）为学生提供一站式、一体化实训操作体验工具；

（5）为教师提供数字化、多元化、专业化的教学演示平台；

（6）为建筑专业提供规范化、科学化、现代化的实训教学管理体系；

（7）为多学科交互式实训操作奠定基础；

（8）调动学生学习积极性，提升视觉感官认识；

（9）提高本专业学生实践操作能力。

实训考评

实训操作设定考评体系，将实训操作任务安装施工阶段划分，以游戏闯关式的思路引导学生正确按照施工流程来选择实训操作任务。实训任务设定奖励机制，完成任务获

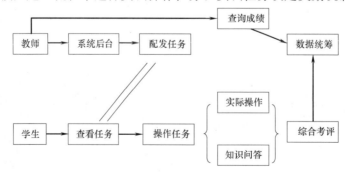

图 2-1-19

得奖励来满足学生实训操作体验的自豪感，同时任务操作包含知识解答和实际操作两种类型的考核，在任务操作过程中，系统会实时记录学生选用的工具、材料的正确性、任务操作时间等相关信息，任务完成阶段会对学生进行相关知识点的问答考核，两者相互结合，系统在学生操作完成后会形成报表，教学可通过报表直观的查询到学生当前实训任务的操作成绩。

此外教师还可以通过后台教师端进行实训任务的管理配发，知识考题的编辑等，使专业化实训教学更具灵动性。

职业训练

实训教学注重培养学生职业技能水平，提高学生动手能力，养成施工管理的意识。通过虚拟仿真实训项目结合教学后，可达预期效果：

（1）对于预应力管桩锤击法施工工艺的全过程把握。

（2）对于施工流程中各个环节的质量要求理解。

（3）正确运用施工环节所要用到的设备、工具、材料。

（4）掌握预应力管桩锤击法施工所包含理论知识点。

（5）学会处理预应力管桩施工过程中常见问题。

任务2　桩基检测

实训目标

（1）将三维虚拟仿真技术运用于施工教学课堂中，激发教师对施工课程教学的新灵感，不断改进授课形式，体现现代化教学优势。

（2）通过软件的三维虚拟仿真场景，人机交互式操作等功能，使课程更具娱乐性和挑战性，提高学生对施工课程的学习积极性。

（3）通过软件的任务漫游式走动，人机交互式操作，使学生融入三维虚拟仿真施工场景中，更形象直观得学习和了解桩基础工程的施工工艺及流程，弥补缺乏实践性操作而导致的经验不足，概念混乱。

实训成果

（1）教师通过实训课程丰富授课形式，提高授课效率。

（2）学生通过实训课程，更高效得掌握桩基检测施工的操作规范和质量要求，提高现场操作能力。

（3）加强学生对于施工场景中现场操作的整体概念，使之在进入就业环境时能更快得融入工作，快速成长为一名优秀的施工技术管理人员。

实训内容与指导

取小应变检测仪连接桩顶（图 2-1-20）

使用检测小锤敲击桩顶进行桩基小应变检测，任务完成（图 2-1-21）。

实训小结

通过建筑工程施工技术三维仿真教学操作，了解桩基检测的方法，使学生学会桩基完整性质量评判标准。引用仿真技术结合教学，提高课堂学习的关注度和积极性，课后自主练习强化学生在施工技术课程中的参与程度，同时巩固了专业知识。

图 2-1-20　　　　　　　　　　图 2-1-21

（1）建立建筑工程虚拟施工操作平台。

（2）实现土建施工实训三维（3D）可视化教学。

（3）形成数字化、信息化、标准化评价系统。

（4）为学生提供一站式、一体化实训操作体验工具。

（5）为教师提供数字化、多元化、专业化的教学演示平台。

（6）为建筑专业提供规范化、科学化、现代化的实训教学管理体系。

（7）为多学科交互式实训操作奠定基础。

（8）调动学生学习积极性，提升视觉感官认识。

（9）提高本专业学生实践操作能力。

实训考评（图 2-1-22）

实训操作设定考评体系，将实训操作任务按照施工阶段划分，以游戏闯关式的思路引导学生正确按照施工流程来选择实训操作任务。实训任务设定奖励机制，完成任务获得奖励来满足学生实训操作体验的自豪感，同时任务操作包含知识解答和实际操作两种类型的考核，在任务操作过程中，系统会实时记录学生选用的工具、材料的正确性、任务操作时间等相关信息，任务完成阶段会对学生进行相关知识点的问答考核，两者相互结合，系统在学生操作完成后会形成报表，教学可通过报表直观的查询到学生当前实训任务的操作成绩。

此外教师还可以通过后台教师端进行实训任务的管理配发，知识考题的编辑等，使专业化实训教学更具灵动性。

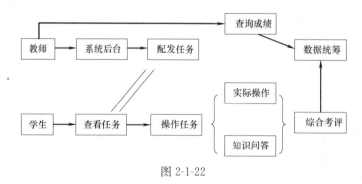

图 2-1-22

职业训练

实训教学注重培养学生职业技能水平，提高学生动手能力，养成施工管理的意识（图 2-1-23）。通过虚拟仿真实训项目结合教学后，可达预期效果：

（1）对于桩基检测的全过程把握。

（2）对于桩基完整性的评判。

（3）掌握预应力管桩锤击法施工注意事项与施工质量的关系。

（4）学会处理预应力管桩施工过程中常见问题。

实训项目 3　有梁筏板基础工程实训

项目实训目标

有梁筏板（上翻梁）基础工程实训项目，通过基础施工图识读与编写施工图自审记录；钢筋工程施工技术与安全交底、钢筋翻样与钢筋加工、连接与安装、钢筋检验批质量验收与评定与隐蔽工程验收；模板安装与技术复核、模板安装检验批质量评定、基础分部分项工程验收等主要内容与环节，实现真实情境下的施工员岗位群实务工作模拟。

场地环境要求

（1）需要 $150m^2$ 左右的面积，可以在室内，也可以在大棚车间。场地地面要求硬化，平整度符合规范。周围不允许任何遮拦。

（2）给定一套完整的有梁筏板基础工程（上翻梁）的施工图。

实训任务设计

任务 1：有梁筏板基础施工图识读与施工图自审。

任务 2：有梁筏板基础钢筋施工技术与安全交底。

任务 3：有梁筏板基础钢筋翻样、加工、连接与安装。

任务 4：有梁筏板基础钢筋安装检验批质量评定与隐蔽工程验收。

任务 5：有梁筏板基础模板安装检验批质量评定与技术复核。

图 2-1-23　学生分组实训现场

任务 6：有梁筏板基础钢筋工程、模板工程质量验收资料的收集与整理。

任务 1　有梁筏板基础施工图识读与施工图自审

实训目标

（1）通过上翻梁筏板基础的施工图的基本识读训练，以真实的筏板基础为载体，领会基础的平法设计规则，理解设计意图，为施工图自审做好准备。

（2）通过上翻梁筏板基础的施工图的独立校审，能够以真实的筏板基础为载体，学会编写施工图自审记录，提出修改建议。

（3）通过上翻梁筏板基础节点的影像拍摄与图片分析，发现实际设计存在的问题并做好记录。

实训成果

（1）解读基础平法构造节点与编制基础平法节点图识读解析。

（2）筏板基础施工图自审记录。

（3）有梁筏板基础节点影像的拍摄与发现的问题记录。

实训内容与指导

"图纸是工程师的语言",识读施工图是工程技术人员必备的基本技术,对有梁筏板基础施工图识读的准确性,是对施工图理解和实施水平的综合反映。

识读施工图任务主要分为 3 个实训项目:

1. 解读基础平法构造节点与编制基础平法节点识读说明书

(1)理解标准图集构造节点、掌握基础详图及节点详图的识读规则。在熟悉基础平面图、基础详图的图示内容、图示要求,掌握基础平面图、基础详图的绘制方法、绘制步骤,熟悉基础构造要求的前提下,编制基础平法节点识读说明书。

(2)每位学生将基础平法节点识读说明书编制成为电子文稿,以学号+姓名+基础平法节点识读说明书命名该文件并提交教师。

2. 有梁筏板基础施工图施工图识读与编制施工图自审记录

(1)理解有梁筏板基础施工图说明中有关工程概况、设计依据、材料规格、强度、一般构造要求、施工要求及强调说明的内容。

(2)理解基础施工图设计说明,看懂工程地质勘察报告;掌握基础施工图的识读的基本要领;理解有梁筏板基础的支座关系、传力路线。

(3)理解有梁筏板基础施工图平面图的构成和作用。

(4)理解有梁筏板基础施工图构造节点图的构成和作用。

(5)编制梁筏板基础施工图自审记录。

1)学习自审记录的编制要求,识读中找出图纸中的问题,对表达遗漏的内容提出补充建议,对存在的碰头、错误、不合理的或者无法施工的内容提出修改建议,对不能判断的疑难问题也要记录下来,最终形成图纸自审记录。

2)每位学生将施工图纸自审记录打印,一律采用 A4 纸,版面正文字体一律为小四号仿宋体,20 磅行距,左右页边距要求整齐统一,每位学生需要设置页眉,其上注明班级姓名。每个班级统一装订成册,加上封面,封面封底必须采用统一封面色纸装订提交。

3. 有梁筏板基础节点影像的拍摄与发现的问题记录

(1)以真实的有梁筏板基础为载体,也可以到现场拍摄有梁筏板基础的实际配筋情况,拍摄基础节点影像、地梁与筏板钢筋位置关系影像,将已设置实际工程中常见的"漏"、"碰"、"错"等问题找出来并做出记录。在理解以上构造的基础上完成后面的作业。

(2)每位学生将有梁筏板基础节点影像的拍摄与发现的问题记录编制成为电子文稿,以学号+姓名+有梁筏板基础节点影像的拍摄与发现的问题记录形式提交。

4. 实训资料

中国建筑工业出版社 11G101 平法系列图集等机关资料。

实训小结

通过识读施工图的 3 个实训项目的训练,使学生能够明确地理解与领会基础的平法设计规则,理解设计意图,学会编写施工图自审记录,提出修改建议,能够采用影像拍摄与图片分析手段，发现实际问题并做好记录，同时巩固了专业知识。对学生不能够理解与掌握，或已经部分遗忘的知识，提供施工图识读虚拟仿真教学软件辅助教学加以弥补与巩固！

实训考评

实训操作设定能力评价体系，任务操作包含知识解答和实际操作两种类型的考核，详见施工图识读与施工图自审实训考评表（表2-1-2）。

施工图识读与施工图自审实训考评表   表 2-1-2

能力评价内容	考核项目		评价方	评价方法	分值	得分	总分
施工图识读与编写施工图自审记录能力	平时表现	出勤率 学习态度	指导教师	交流、观察、考勤	5		
				作业批改	5		
	基础平法节点识读说明书质量		指导教师	电子成果	20		
	图纸自审成果质量		指导教师	书面成果	40		
	基础节点影像拍摄质量与发现的问题		指导教师	电子成果	30		

职业训练

施工图识读与施工图自审实训教学注重培养学生职业技能水平，提高学生动手能力，养成施工项目全过程管理的意识。实训项目结合教学后，职业训练预期效果：

（1）领会基础的平法设计规则，理解设计意图。

（2）学会编写施工图自审记录，提出修改建议。

（3）学会发现设计存在的问题并做好记录。

任务2　有梁筏板基础钢筋施工技术与安全交底

实训目标

（1）以真实的筏板基础为载体，通过有梁筏板基础钢筋施工技术与安全交底的综合实务训练，领会施工技术与安全交底的责任人与交底内容，理解施工技术与安全交底的目的，为施工技术与安全交底做好准备。

（2）通过钢筋施工技术与安全交底资料库，理解与掌握施工技术与安全交底的方法与内容。

（3）能够以施工技术与安全交底资料库为基础，有针对性地选择施工技术与安全交底内容，学会做好施工技术与安全交底工作。

实训成果

（1）建立施工技术与安全交底资料库。

（2）基础钢筋施工技术与安全交底记录。

实训内容与指导

施工技术交底与安全交底是施工企业极为重要的一项技术管理工作，是施工过程中保障施工质量与安全的有力措施。施工技术交底与安全交底的目的是使参与施工的技术人员与工人熟悉和了解所承担工程的特点，设计意图，技术与安全要求，施工工艺和应注意质量与安全问题，按照施工组织设计中的质量与安全要求组织施工，从而达到质量与安全目标。

1. 建立施工技术与安全交底资料库

（1）技术交底一般是按照工程施工的难易程度、建筑物的规模、结构的复杂程度等情况，在不同层次的施工人员之间进行技术交底；技术交底的内容与深度也各不相同。施工交底必须按施工规范、规程、工艺标准、验评标准及批准的施工组织设计和施工方案进行。在下达分项施工任务时，必须同步填写技术交底卡。

（2）安全交底是在工程开工前，随同施工组织设计，向参加施工的职工认真进行安全技术措施的交底，使广大职工都知道，在什么时候、什么作业应当采取哪些措施，并说明其重要性。每个分项工程开始前，必须重复交代分项工程的安全技术措施，坚决纠正只有编制者知道，施工者不知道的现象。工程项目实行逐级安全技术交底制，开工前由技术负责人向全体职工进行交底，两个以上施工队或工种配合施工时，要按工程进度交叉作业的交底，班组长每天要向工人进行施工要求、作业环境的安全交底，在下达分项工程施工任务时，必须同步填写安全技术交底卡。

（3）施工技术与安全交底资料库

1）施工技术与安全交底资料库的建设，需要以施工技术交底实例应用手册为基础，逐步建立施工技术与安全交底蓝本。

2）施工技术与安全交底时是以施工技术与安全交底蓝本为基础，选择有针对性的内容进行交底并记录。交底记录需要编制者知道，施工操作者同步知道。

2. 基础钢筋施工技术与安全交底记录

编制基础钢筋施工技术交底记录与安全交底记录，既可以将施工技术交底与安全交底合一进行，如编制基础钢筋分项工程施工质量及安全交底记录表，也可以将施工技术交底与安全交底合一进行分开进行，如分别编制基础钢筋分项工程施工技术交底记录表与基础钢筋分项工程安全交底记录表。

实训小结

通过有梁筏板基础钢筋施工技术与安全交底 2 个实训项目的训练，使学生能够明确地理解与领会施工技术与安全交底方法与内容，学会编写施工技术与安全交底记录，在日常质量与安全检查发现问题并做好记录，同时巩固专业知识。

（1）施工技术与安全交底训练可以土建类为多专业学生的交互式实训操作打下基础；

（2）施工技术与安全交底训练可以调动学生学习积极性，提升视觉感官认识与真实情境体验机会；

（3）施工技术与安全交底训练可以提高本专业学生施工技术与安全交底实务操作水平。

实训考评（表 2-1-3）

有梁筏板基础钢筋施工技术与安全交底记录实训考评表　　　　　表 2-1-3

能力评价内容	考核项目		评价方	评价方法	分值	得分	总分
施工技术与安全交底记录能力	平时表现	出勤率 学习态度	指导教师	交流、观察、考勤	5		
				作业批改	5		
	施工技术与安全交底资料库质量		指导教师	电子成果	40		
	有梁筏板基础钢筋施工技术与安全交底记录成果质量		指导教师	书面成果	50		

职业训练

实训教学注重培养学生职业技能水平，提高学生动手能力，养成施工项目全过程管理的意识。实训项目结合教学后，职业训练预期效果：

（1）领会基础的施工技术与安全交底的方法、内容与作用。

（2）学会编写施工技术与安全交底记录。

（3）学会使用项目管理可视化信息技术，用影像拍摄与图片分析方法，检查与发现质量与安全问题并做好记录。

任务 3　有梁筏板基础钢筋翻样、加工、连接与安装

实训目标

（1）以真实的筏板基础为载体，通过有梁筏板基础钢筋翻样、加工、连接与安装的综合实务训练，领会钢筋翻样、加工、连接与安装质量要求，理解钢筋翻样、加工、连接与安装各自的目的，为钢筋各类检验批的质量评定做好准备。

（2）通过钢筋翻样、加工、连接与安装，理解与掌握施工技术与安全交底的方法与内容。

（3）能够以钢筋翻样为基础，有针对性地学会做好钢筋加工、连接与安装的质量检查工作。

实训成果

（1）建立钢筋翻样基本图形库。

（2）编制钢筋下料加工单。

（3）绘制钢筋翻样图。

（4）筏形基础钢筋连接接头与箍筋加密区影像的拍摄与发现的问题记录。

实训内容与指导

1. 建立钢筋翻样基本图形库

钢筋翻样基本图形库是反映钢筋加工形状的基本图形。通过钢筋基本图形库，可以了解不同形状钢筋所起到不同作用。

2. 钢筋下料加工单的编制

1）对学生不能够理解与掌握，或已经部分遗忘的知识，提供建筑施工技术虚拟仿真教学软件辅助教学加以弥补与巩固！

2）钢筋下料长度的计算公式钢筋下料加工单的编制的基础。编制钢筋下料加工单一定要掌握钢筋保护层、锚固长度、弯钩增加值、量度差值等关键概念！每位同学独立完成一根基础梁所有钢筋的下料长度的计算，并编制钢筋下料单。

3. 绘制钢筋翻样图

4. 筏形基础钢筋连接接头与箍筋加密区影像的拍摄与发现的缺陷部位记录

（1）以真实的有梁筏板基础为载体，也可以到现场拍摄钢筋连接接头与箍筋加密区的实际情况，将已设置的实际工程中常见的"漏"、"碰"、"错"等问题找出来并做出记录，用影像拍摄与图片记录缺陷部位。在理解以上构造的基础上完成后面的作业。

（2）每位学生将有梁筏板基础钢筋连接接头与箍筋加密区影像的拍摄与发现的问题记录编制成为电子文稿，以学号＋姓名＋有梁筏板基础钢筋连接接头与箍筋加密区影像的拍摄与发现的问题记录命名该文件并提交教师。

5. 实训资料

混凝土结构工程施工规范 GB 506666－2011 等相关资料。

实训小结

通过有梁筏板基础钢筋翻样、加工、连接与安装 4 个实训项目的综合实务训练，使学生能够明确地理解与领会有梁筏板基础钢筋翻样、加工、连接与安装的方法与内容，学会编写钢筋下料加工单与绘制钢筋翻样图，在钢筋质量检查能够发现钢筋加工、连接与安装问题并做好记录，同时巩固专业知识。

实训考评（表 2-1-4）

钢筋翻样、加工、连接与安装实训考评表　　　　　　　　　表 2-1-4

能力评价内容	考核项目		评价方	评价方法	分值	得分	总分
钢筋翻样、钢筋加工、连接与安装能力	平时表现	出勤率 学习态度	指导教师	交流、观察、考勤	5		
				作业批改	5		
	钢筋翻样下料加工单质量		指导教师	书面成果	20		
	钢筋翻样图质量		指导教师	书面成果	50		
	钢筋连接接头与箍筋加密区影像的拍摄与发现的问题		指导教师	电子成果	20		

职业训练

钢筋翻样、加工、连接与安装实训教学注重培养学生职业技能水平，提高学生动手能力，养成施工项目全过程管理的意识。实训项目结合教学后，职业训练预期效果：

（1）领会钢筋翻样、加工、连接与安装的方法、内容与作用。

（2）学会编写下料加工单。

（3）学会使用项目管理可视化信息技术，用影像拍摄与图片检查分析与发现钢筋翻样、钢筋连接接头与箍筋加密区存在的缺陷部位并做好记录。

任务 4　有梁筏板基础钢筋安装检验批质量评定与钢筋隐蔽工程验收

实训目标

（1）以真实的筏板基础为载体，通过有梁筏板基础钢筋安装检验批质量评定与隐蔽工程验收的综合实务训练，分别领会钢筋安装检验批质量与隐蔽工程验收项目与要求，理解钢筋安装检验批质量与隐蔽工程验收各自作用与目的，为钢筋分项工程质量评定与资料整理做好准备。

（2）通过钢筋安装检验批质量与隐蔽工程验收，理解与掌握钢筋安装施工技术与安全交底的方法与内容。

（3）能够以钢筋翻样为基础，有针对性地学会做好钢筋安装检验批质量的质量检查与隐蔽工程验收工作。

实训成果

（1）绘制与实际筏板基础钢筋构造对应的构造图。

（2）编制钢筋安装检验指标项目与质量要求表。

（3）编制隐蔽工程验收表（含主要配筋简图）。

（4）填写钢筋安装检验批质量评定与隐蔽工程验收记录。

实训内容与指导

1. 与实际筏板基础钢筋构造对应的构造图的绘制

调用钢筋翻样基本图形库，绘制与实际筏板基础钢筋构造对应的构造图。

钢筋翻样基本图形库是反映钢筋加工形状的基本图形。通过调用钢筋翻样基本图形库，绘制与实际筏板基础钢筋构造对应的构造图，可以深化钢筋施工图的识读，真正了解不同形状钢筋及其设置的部位。

2. 钢筋安装检验指标项目与质量要求表的编制

钢筋安装检验指标项目与质量要求安装钢筋安装质量验收的基础。阅读《混凝土结构工程施工规范》GB 506666—2011、混凝土施工质量验收规范相应章节，编制钢筋安装检验指标项目与质量要求表，一定要掌握钢筋安装主控项目与一般项目的概念与区别。每位同学参考本地区的钢筋验收对应用表，独立完成钢筋安装检验指标项目与质量要求表的编制。

3. 钢筋隐蔽工程验收记录（含主要配筋简图）的编制

每位同学阅读傅敏老师主编的《工程资料管理实务模拟》（中国建筑工业出版社，2011.08 版）教材项目 1 单元 3 之 3.4 钢筋隐蔽工程验收记录，独立完成钢筋隐蔽工程验收表（含主要配筋简图）的编制。

4. 钢筋安装检验批质量评定与钢筋隐蔽工程验收记录的填写。

（1）以真实的有梁筏板基础为载体，也可以到现场进行钢筋安装检验批的质量评定与检查钢筋隐蔽工程情况，用影像拍摄与图片记录钢筋安装质量检查与钢筋隐蔽工程发现的缺陷部位。

（2）每位学生将有梁筏板基础钢筋安装检验批质量评定与钢筋隐蔽工程记录本地区对应用表编制成为电子文稿，以学号＋姓名＋有梁筏板基础钢筋安装检验批质量评定与钢筋隐蔽工程验收记录命名该文件并提交教师。

5. 实训资料

混凝土结构工程施工规范 GB 506666－2011 等相关资料。

实训小结

通过有梁筏板基础钢筋安装检验批质量评定与钢筋隐蔽工程验收的综合实务训练，使学生能够明确地理解与领会有梁筏板基础钢筋安装检验批质量评定与钢筋隐蔽工程验收的方法与内容，学会编写钢筋安装检验批质量评定与钢筋隐蔽工程验收并做好记录，同时巩固专业知识。

实训考评（表 2-1-5）

钢筋安装检验批质量评定与钢筋隐蔽工程验收实训考评表 表 2-1-5

能力评价内容	考核项目		评价方	评价方法	分值	得分	总分
钢筋安装检验批质量评定与钢筋隐蔽工程验收能力	平时表现	出勤率 学习态度	指导教师	交流、观察、考勤	5		
				作业批改	5		
	筏板基础钢筋构造对应的构造图的绘制质量		指导教师	电子成果	15		
	钢筋安装检验指标项目与质量要求表的编制质量		指导教师	书面成果	30		
	钢筋隐蔽工程验收记录（含配筋简图）的编制质量		指导教师	书面成果	25		
	钢筋安装检验批质量评定记录填写质量		指导教师	电子成果	10		
	钢筋隐蔽工程验收记录填写质量		指导教师	电子成果	10		

职业训练

钢筋安装检验批质量评定与钢筋隐蔽工程验收实训教学注重培养学生职业技能水平，提高学生动手能力，养成施工项目全过程管理的意识。实训项目结合教学后，职业训练预期效果：

（1）领会钢筋安装检验批质量评定与钢筋隐蔽工程验收的方法、内容。

（2）学会编制钢筋安装检验指标项目与质量要求表，学会自行设计钢筋隐蔽工程验收记录表。

（3）学会填写钢筋安装检验批质量评定与钢筋隐蔽工程验收记录。

（4）学会使用项目管理可视化信息技术，用影像拍摄与图片分析钢筋安装质量检查与钢筋隐蔽工程发现的缺陷部位。

任务 5　有梁筏板基础模板安装检验批质量评定与技术复核

实训目标

（1）以真实的筏板基础为载体，通过有梁筏板基础模板安装检验批质量评定与技术复核的综合实务训练，分别领会有梁筏板基础模板安装检验批质量评定与技术复核的项目与要求，理解模板安装检验批质量评定与技术复核各自作用与目的，为模板分项工程质量评定与资料整理做好准备。

（2）通过模板安装检验批质量评定与技术复核，理解与掌握模板安装施工技术与安全交底的方法与内容。

（3）能够以模板节点图绘制为基础，有针对性地学会做好模板安装检验批的质量检查与技术复核工作。

实训成果

（1）绘制与实际筏板基础模板安装对应的木质侧模板拼接节点图。

（2）编制模板安装检验指标项目与质量要求表。

（3）编制模板工程技术复核内容与相应允许偏差限值表。

（4）填写模板安装检验批质量评定与技术复核记录。

实训内容与指导

1. 与实际筏板基础模板安装对应的木质侧模板拼接节点图的绘制

调用模板工程基本图形库，绘制与实际筏板基础模板安装对应的木质侧模板拼接节点图。

模板工程基本图形库是反映模板安装技术的基本图形。通过调用模板工程基本图形库，绘制与实际筏板基础模板安装对应的木质侧模板拼接节点图，可深化"平法"模板施工图的识读，真正领会"先支后拆，后支先拆"的工艺原理。

2. 模板安装检验指标项目与质量要求表的编制

模板安装检验指标项目与质量要求表模板安装质量验收的基础。阅读《混凝土施工规范》GB 506666—2011 相应章节，根据混凝土施工质量验收规范编制模板安装检验指标项目与质量要求表，一定要掌握模板安装主控项目与一般项目的概念与区别。每位同学参考本地区的模板安装验收对应用表，独立完成模板安装检验指标项目与质量要求表的编制。

3. 模板工程技术复核内容与相应允许偏差限值表的编制

每位同学阅读混凝土施工质量验收规范模板工程相应章节，独立完成模板工程技术复核内容与相应允许偏差限值表的编制。

4. 模板安装检验批质量评定与技术复核记录的填写。

（1）以真实的有梁筏板基础为载体，也可以到现场进行模板安装检验批的质量评定与进行筏板基础模板轴线、标高与截面尺寸的技术复核。用影像拍摄与图片记录模板工程安装质量检查与技术复核发现的缺陷部位。

（2）参考阅读混凝土施工质量验收规范本地区对应用表，独立完成模板安装检验批质量评定记录的填写；参考阅读傅敏老师主编的《工程资料管理实务模拟》（中国建筑工业出版社，2011.08 版）教材项目 1 单元 3 之 3.2 工程测量定位、测量放线记录，参考示例以及本地区对应用表，独立完成模板工程技术复核记录的填写。

（3）每位学生将有梁筏板基础模板安装检验批质量评定与技术复核记录本地区的对应用表编制成为电子文稿，以学号＋姓名＋有梁筏板基础模板安装检验批质量评定与技术复核记录命名该文件并提交实训管理平台。

5. 实训资料

混凝土结构工程施工规范 GB 506666—2011 等相关资料。

实训小结

通过有梁筏板基础模板安装与技术复核的训练，使学生能够明确地理解与领会有梁筏板基础模板安装与技术复核的方法与内容，学会有梁筏板基础模板安装检验批质量评定与技术复核并做好记录，同时巩固专业知识。

实训考评（表 2-1-6）

有梁筏板基础模板安装检验批质量评定与技术复核实训考评表　　　　表 2-1-6

能力评价内容	考核项目		评价方	评价方法	分值	得分	总分
有梁筏板基础模板安装检验批质量评定与技术复核能力	平时表现	出勤率 学习态度	指导教师	交流、观察、考勤	5		
			指导教师	作业批改	5		
	筏板基础模板安装对应的木质侧模板拼接节点图的绘制质量		指导教师	电子成果	15		
	模板安装检验指标项目与质量要求表的编制质量		指导教师	书面成果	30		
	模板工程技术复核内容与相应允许偏差限值表的编制质量		指导教师	书面成果	25		
	模板安装检验批质量评定记录填写质量		指导教师	电子成果	10		
	模板工程技术复核记录填写质量		指导教师	电子成果	10		

职业训练

有梁筏板基础模板安装检验批质量评定与技术复核实训教学，注重培养学生职业技能水平，提高学生动手能力，养成施工项目全过程管理的意识。实训项目结合教学后，职业训练预期效果：

（1）领会有梁筏板基础模板安装检验批质量评定与技术复核的方法、内容。

（2）学会编制基础模板安装检验批质量评定记录表，学会自行设计模板工程技术复核记录表。

（3）学会填写模板安装检验批质量评定与模板工程技术复核记录。

（4）学会使用项目管理可视化信息技术，用影像拍摄与图片记录与分析模板工程安装质量检查与技术复核发现的缺陷部位。

任务 6　有梁筏板基础钢筋工程、模板工程质量验收资料的收集与整理

实训目标

（1）以真实的筏板基础为载体，通过有梁筏板基础钢筋工程、模板工程质量验收资料的收集与整理的综合实务训练，熟悉与领会钢筋工程、模板工程质量验收资料的收集与整理的内容，理解质量验收资料的收集与整理的目的、内容与方法，为基础工程质量验收资料的收集与整理打下基础。

（2）通过工程技术资料库，理解与掌握筏板基础工程施工质量验收资料的分类与内容。

（3）能够以工程资料库为基础，有针对性地选择筏板基础会钢筋工程、模板工程质量验收资料进行收集与整理，通过举一反三，加深对工程施工质量验收资料的分类、内容的整理方法的认识，学会做好基础工程施工质量验收资料的收集与整理工作。

实训成果

（1）通过工程技术资料库，建立筏板基础工程技术资料资料库模块。

（2）以筏板基础模块为项目单元，提交其中的钢筋工程、模板工程质量验收资料收集与整理成果。

实训内容与指导

项目信息管理是施工项目管理中一项极为重要管理工作。项目信息管理的一个重要内容是工程技术资料的收集与整理，因为工程技术资料是施工质量验收的作用依据。其中工程施工质量验收资料的收集与整理是重要内容，施工质量验收资料记录工程施工的质量控制各个层级的单元及整个过程的质量状态，并证明各个层级的单元工程质量控制可靠性与系统性，提供完整的验收依据。

1. 建立工程技术资料库

（1）工程技术资料一般是按照单位工程施工规模、结构的复杂程度等情况，在不同的分部工程建立工程技术资料库；单位工程施工的内容与分部工程数量可以不相同。工程技术资料必须按施工质量验收规范、规程、工艺标准、验评标准及批准的施工组织设计和施工方案进行收集与整理。在下达的施工组织设计中，必须同步制订单位工程各个层级（分部、子分部、分项工程、检验批）验收单元的验收计划。

（2）单位工程工程技术资料收集与整理必须在工程开工前，随同施工组织设计，向参加施工的职工认真进行交底。必须同步按各个层级（分部、子分部、分项工程、检验批）验收单元的验收计划收集与整理工程技术资料。

（3）工程技术资料库

1）工程技术资料库的建设，需要以工程技术资料实例应用手册为基础，逐步建立工程技术资料蓝本。

2）工程技术资料库以工程技术资料蓝本为基础，选择有针对性的项目进行收集与整理示范。工程技术资料内容需要编制者知道，施工操作班组也应同步知道。

3）筏板基础工程技术资料库确定与建立，要求以工程资料管理软件提供的蓝本为基础确定与建立电子版的筏板基础工程技术资料库，工程技术资料内容需要指导教师掌握，教师引导编制者建立独立的筏板基础工程技术资料库，列出资料收集与整理清单。

2. 筏板基础会钢筋工程、模板工程质量验收资料进行收集与整理

（1）学生列出收集与整理清单，在此基础上编制有梁筏板基础钢筋工程、模板工程质量验收资料。要求学生分别按照施工顺序与合理时间逻辑，同步进行该类分项工程资料的收集与整理。

（2）收集与整理有梁筏板基础钢筋工程分项、模板工程分项的质量验收资料成果编制成为电子文稿，以学号＋姓名＋钢筋工程分项、模板工程分项的质量验收资料命名该文件并提交教师。

3. 实训资料

混凝土结构工程施工规范 GB 506666—2011 等相关资料。

实训小结

通过有梁筏板基础钢筋工程、模板工程的质量验收资料收集与整理的训练，使学生

能够明确地理解与领会钢筋工程分项、模板工程分项的质量验收资料的方法，同时巩固专业知识。

实训考评（表 2-1-7）

有梁筏板基础钢筋工程、模板工程的质量验收资料收集与整理实训考评表　表 2-1-7

能力评价内容	考核项目		评价方	评价方法	分值	得分	总分
有梁筏板基础钢筋工程、模板工程质量验收资料的收集与整理能力	平时表现	出勤率 学习态度	指导教师	交流、观察、考勤	5		
				作业批改	5		
	编制者建立独立的筏板基础工程技术资料库，列出资料收集与整理的清单		指导教师	电子成果	30		
	钢筋工程质量验收资料收集与整理的质量		指导教师	电子成果	30		
	模板工程质量验收资料的收集与整理的质量		指导教师	电子成果	30		

职业训练

有梁筏板基础钢筋工程、模板工程的质量验收资料收集与整理实训教学注重培养学生职业技能水平，提高学生动手能力，养成施工项目全过程管理的意识。实训项目结合教学后，职业训练预期效果：

（1）领会与掌握筏板基础工程施工质量验收资料的分类与内容、质量验收资料的收集与整理的目的与方法。

（2）理解工程技术资料收集与整理应当遵循的施工顺序与合理时间逻辑。

（3）了解项目管理新技术的作用，理解使用项目管理新技术——可视化信息技术，的功能。

实训项目 4　深基坑支护实训

项目实训目标

通过建立典型的基坑支护形式——钻孔灌注桩支护、土钉墙支护、SMW 工法支护和内支撑、井点降水的模型，模拟实际工程，方便学生认知学习，并分别将钻孔灌注桩支护、土钉墙支护、SMW 工法支护的施工质量标准存入信息库，建立虚拟仿真技术（见项目二），实现真实情境下的施工员岗位群能力训练。

场地环境要求

（1）需要 190m² 左右的面积，可以在室内，也可以在大棚车间。要求开挖基坑，基坑里做钻孔灌注桩支护、土钉墙支护、SMW 工法支护、内支撑、井点降水的模型。

（2）给定完整的包含有钻孔灌注桩支护、土钉墙支护、SMW 工法支护、内支撑、井点降水的施工图。

实训任务设计

任务 1：钻孔灌注桩支护认知

任务 2：土钉墙支护认知

任务 3：SMW 工法支护认知

任务 1　钻孔灌注桩支护认知

实训目标

（1）能够识读基坑钻孔灌注桩支护施工图。

（2）掌握基坑钻孔灌注桩支护的适用条件。

（3）掌握钻孔灌注桩支护的施工质量验收标准和检验方法。

（4）掌握基坑支撑梁、格构柱的设置位置和作用。

实训成果

（1）编制基坑钻孔灌注桩支护专项施工方案。

（2）填写钻孔灌注桩支护施工记录、施工验收记录表。

实训内容与指导

（1）阅读基坑钻孔灌注桩支护施工图，熟悉图例的含义，识读钻孔灌注桩的桩位、桩径、桩间距，钢筋混凝土支撑及立柱的布置形式等。

（2）掌握基坑钻孔灌注桩支护的适用条件。

（3）掌握钻孔灌注桩支护的施工质量验收标准和检验方法，桩基础的检验标准及基坑支护应符合《建筑地基基础工程施工质量验收规范》GB 50202—2002 的规定。

实训小结

通过本次实训，应掌握正确识读基坑钻孔灌注桩支护施工图的方法，使识读能力有较大提高。掌握钻孔灌注桩支护的施工质量验收标准和检验方法，熟悉《建筑地基基础工程施工质量验收规范》GB 50202—2002、《建筑基坑支护技术规程》JGJ 120—2012 相关的规定。

实训考评（表 2-1-8）

钻孔灌注桩支护实训考评表　　　　　　　　　　表 2-1-8

能力评价内容		考核项目	评价方	评价方法	分值	得分	总分
钻孔灌注桩支护实训操作能力	平时表现	出勤率 学习态度	指导教师	交流、观察、考勤	20		
		收集相关工程资料	小组互评	电子成果	10		
		填写钻孔灌注桩支护施工记录、施工验收记录表	指导教师	书面成果	20		
		编制基坑钻孔灌注桩支护专项施工方案	指导教师	书面成果	50		

职业训练

实训教学培养学生了解钻孔灌注桩支护的施工工艺和设计要点，初步培养学生编写方案和组织施工的能力，养成施工管理和安全施工的意识。通过实训项目，可达预期效果：

（1）钻孔灌注桩的尺寸、间距、布置和设计要点。

（2）通过图片、现场录像、动画、虚拟实训软件，结合学习，了解钻孔灌注桩的施工工艺。

（3）掌握钻孔灌注桩的形态和特征，学会缩颈桩、扩颈桩等的判断方法。

（4）熟悉安全施工技术的内容。

任务2　土钉墙支护认知

实训目标

（1）能够识读基坑土钉墙支护施工图。

（2）掌握基坑土钉墙支护的适用条件。

（3）掌握土钉墙支护的施工工艺。

（4）掌握土钉墙支护的施工质量验收标准和检验方法。

实训成果

（1）编制土钉墙支护专项施工方案。

（2）填写土钉墙施工记录、施工验收记录表。

实训内容与指导

（1）阅读基坑土钉墙支护施工图，熟悉图例的含义。识读土钉墙的土钉位置、钻孔直径、深度及角度，土钉插入长度，土钉钢筋，注浆材料，土钉墙的开挖高度、长度、喷射混凝土面层材料、排水系统设置位置等。

（2）基坑土钉墙支护的适用条件。

（3）土钉的常用施工工艺。

（4）土钉墙支护的施工工艺。施工准备、施工机具、结构施工工艺（开挖工作面、喷射混凝土、设置土钉、铺设钢筋网、设置排水系统）、质量检测（抗拉试验检测土钉承载力）。

（5）掌握土钉墙支护的施工质量验收标准和检验方法，应符合《建筑地基基础工程施工质量验收规范》GB 50202—2002、《建筑基坑支护技术规程》JGJ 120—2012、《基坑土钉支护技术规程》CECS 96：97 的规定。

实训小结

通过本次实训，应掌握正确识读基坑土钉墙支护施工图的方法，使识读能力有较大提高。掌握土钉、土钉墙支护的施工工艺，掌握土钉墙支护的施工质量验收标准和检验方法，熟悉《建筑地基基础工程施工质量验收规范》GB 50202—2002、《建筑基坑支护技术规程》JGJ 120—2012 相关的规定。

实训考评（表2-1-9）

土钉墙支护实训考评表　　　　　　　　　　　　　　　表2-1-9

能力评价内容		考核项目	评价方	评价方法	分值	得分	总分
土钉墙支护实训操作能力	平时表现	出勤率 学习态度	指导教师	交流、观察、考勤	5		
		收集相关工程资料	小组互评	电子成果	10		
		填写土钉墙施工记录、施工验收记录表	指导教师	书面成果	20		
		编制土钉墙支护专项施工方案	指导教师	书面成果	50		

职业训练

实训教学培养学生了解土钉墙支护的施工工艺和设计要点，初步培养学生编写方案和组织施工的能力，养成施工管理和安全施工的意识。通过实训项目，可达预期效果：

（1）了解土钉的间距、位置、设计要点。

（2）通过图片、现场录像、动画结合，了解土钉墙的施工工艺。

（3）现场土钉墙层状图。

（4）熟悉安全施工技术的内容。

任务 3　SMW 工法支护认知

实训目标

（1）能够识读基坑 SMW 工法支护施工图。

（2）掌握基坑 SMW 工法支护的适用条件。

（3）掌握 SMW 工法支护的施工工艺。

（4）掌握 SMW 工法支护的施工质量标准和检验方法。

实训成果

（1）编制 SMW 工法支护专项施工方案

（2）填写型钢水泥土搅拌墙施工记录、施工验收记录表。

实训内容与指导

（1）阅读基坑 SMW 工法支护施工图，熟悉图例的含义。识读 SMW 工法的水泥土搅拌桩材料，H 型钢尺寸、位置等。

（2）基坑 SMW 工法支护的适用条件。

（3）SMW 工法支护的施工工艺。施工机具、施工顺序、三轴搅拌桩机就位、搅拌及注浆速度、H 型钢插入、施工资料报表记录、做试块抗压强度试验、起拔设备回收围护墙中的 H 型钢。

（4）水泥土搅拌桩、SMW 工法支护的施工质量验收标准和检验方法，应符合《建筑地基基础工程施工质量验收规范》GB 50202—2002、《建筑基坑支护技术规程》JGJ 120—2012、《型钢水泥土搅拌墙技术规程》JGJ/199—2010 的规定。

实训小结

通过本次实训，掌握正确识读基坑 SMW 工法支护施工图的方法，使识读能力有较大提高。掌握 SMW 工法支护的施工工艺，掌握水泥土搅拌桩、SMW 工法支护的施工质量验收标准和检验方法，熟悉《建筑地基基础工程施工质量验收规范》GB 50202—2002、《建筑基坑支护技术规程》JGJ 120—2012 相关的规定。

实训考评（表 2-1-10）

SMW 工法支护实训考评表　　　　　　　　　　表 2-1-10

能力评价内容	考核项目		评价方	评价方法	分值	得分	总分
SMW 工法支护实训操作能力	平时表现	出勤率 学习态度	指导教师	交流、观察、考勤	20		
	收集相关工程资料		小组互评	电子成果	10		
	填写型钢水泥土搅拌墙施工记录、施工验收记录表		指导教师	书面成果	20		
	编制 SMW 工法支护专项施工方案		指导教师	书面成果	50		

职业训练

实训教学培养学生了解 SMW 工法支护的施工工艺和设计要点，初步培养学生编写方案和组织施工的能力，养成施工管理和安全施工的意识。通过实训项目，可达预期效果：

（1）水泥土搅拌桩的间距、尺寸、设计要点。

（2）H 型钢的尺寸、布置方法。

（3）钢筋混凝土冠梁的布置。

（4）熟悉安全施工技术的内容。

2 混合结构工程实训

实训项目 1 砌筑工实训

项目实训目标

砌筑是混合结构重要施工工艺之一，通过砌筑工实训，使学生掌握砌筑材料的种类、规格、质量性能要求，砌筑操作的基本要点，熟悉本工种常用工具、设备的性能和维护方法，能正确计算砌筑工程量及所用各种砌筑材料用量，具备对砌筑工程进行施工质量验收和对砌筑工程进行技术及安全交底的能力。

场地环境要求

（1）实训场地不少于 70m²。

（2）实训材料：实心砖、多孔砖、水泥、中砂、水等。

（3）实训工具：

1）机械工具：砂浆搅拌机、磅秤、推车、铁锹；

2）测量工具：钢卷尺、线坠、塞尺、水平尺、准线、百格网、方尺、皮数杆、托线板等；

3）手工工具：瓦刀、大铲、抹灰尺、灰板、抿子、筛子、砖夹、灰槽等。

实训任务设计

任务 1：砖基础砌筑。

任务 2：多孔砖墙体砌筑。

任务 1 砖基础砌筑

实训目标

1. 能正确计算砖基础砌筑工程量。

2. 能按照要求配合比配置砌筑砂浆。

3. 能进行砖基础砌筑。

4. 能对砖基础进行施工质量验收。

5. 能对砌筑工程进行技术及安全交底。

实训成果

每组选择图 2-2-1 所示砖基础剖面中一种，砌成尺寸如图 2-2-1（c）所示的砖基础。

实训内容与指导

1. 实训内容

完成如图 2-2-1（d）砖基础砌筑，大放脚可选择等高式或不等高式。

2. 实训指导

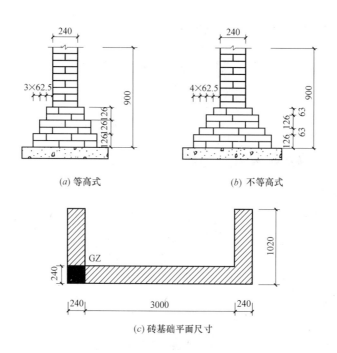

(a) 等高式   (b) 不等高式

(c) 砖基础平面尺寸

（d）砖基础

图 2-2-1　砖基础

（1）砌筑前准备工作

1）认识砌筑施工的常用工具和机械设备，阅读设备操作使用说明书，做好工具、机械的保养和维修。

2）检查砖的品种、强度、外观、几何尺寸、出厂合格证书检查和性能检测报告，进场后应进行复验使用前1～2d浇水湿润，使含水率控制在8%～12%为宜。

3）所用砂中不得含有害杂质（硫酸盐、硫化物、有机质），含泥量应满足下列要求：①对水泥砂浆和强度等级不小于M5的水泥混合砂浆，不应超过5%；②对强度等级小于M5的水泥混合砂浆，不应超过10%。

4）水泥进场前应分批对其强度、稳定性进行测试。

5）拌制砂浆的水的水质应符合国家现行标准规定。

6）分组计算砌筑材料用量，避免浪费。

（2）砂浆配置

1）分类

水泥砂浆：水泥＋砂＋水，用于潮湿环境和强度要求较高的砌体。本实训用于任务1砖基础的砌筑。

水泥混合砂浆：水泥＋石灰＋砂＋水，用于地面以上强度等级要求较高的砌体。本实训用于任务2砖墙砌筑。

石灰砂浆：石灰＋砂＋水，用于砌筑干燥环境中强度要求不高的砌体。

2）配置要求

① 砂浆的配合比应事先通过计算和试配确定，各组分材料应采用重量计量。水泥砂浆的最小水泥用量不宜小于 $200kg/m^3$。水泥、微沫剂的配料精度应控制在±2％以内，砂、石灰膏、黏土膏、电石膏、粉煤灰的配料精度应控制在±5％以内。

② 凡在砂浆中掺入有机塑化剂、早强剂、缓凝剂、防冻剂等，应经检验和试配符合要求后，方可使用。

③ 砂浆应采用机械拌合，自投完料算起，水泥砂浆和水泥混合砂浆的拌合时间不得少于2min；水泥粉煤灰砂浆和掺用外加剂的砂浆不得少于3min；掺用有机塑化剂的砂浆为3～5min。拌成后的砂浆，其稠度应符合要求；分层度不应大于30mm；颜色一致。砂浆拌成后应盛入贮灰器中，如砂浆出现泌水现象，应在砌筑前再次拌合。

④ 砂浆应随拌随用。水泥砂浆和水泥混合砂浆必须分别在拌成后3h和4h内使用完毕；若施工期间最高气温超过30℃时，必须分别在拌成后2h和3h内使用完毕。

（3）砖基础砌筑

砖基础是由垫层、大放脚和基础墙身三部分组成（图2-2-1）。一般使用于土质较好，地下水位较低（在基础底面以下）的地基上。基础大放脚有两皮一收的等高式（图2-2-1a）和二一间隔收的不等高式（图2-2-1b）两种砌法，每次收进1/4砖长。具体大放脚砌筑步骤：

1）抄平放线。砌筑前，底层用砂浆找平，再以龙门板定出轴线、边线。容许偏差见表2-2-1。

放线尺寸的容许偏差　　　　　　　　　　　　表 2-2-1

长度 L、宽度 B 的尺寸（m）	容许偏差（mm）
$L(B) \leqslant 30$	±5
$30 < L(B) \leqslant 60$	±10
$60 < L(B) \leqslant 90$	±15
$L(B) > 90$	±20

2）摆砖。在放线的基面上按选定的组砌方式用砖试摆，以确定排砖方法和错缝位置。

3）立皮数杆。控制每皮砖的厚度和灰缝厚度，以及门窗洞口、过梁、梁底、预埋件等标高位置。

4）盘角、挂线。"三皮一吊（垂直度）、五皮一靠（平整度）"，单面、双面挂线。

根据皮数杆先在墙角砌 4～5 皮砖，称为"盘角"。根据皮数杆和已砌筑的墙角挂准线，作为砌筑中间墙体的依据，每砌 1 皮或 2 皮，准线向上移动一次，以保证墙面平整。

5）砌筑。铺灰挤砌法和"三一砌砖法"。铺灰挤砌法：先铺灰浆，再将砖持平，向前推挤砂浆使灰缝挤浆。铺浆长度≤750mm，当气温高于 30℃ 时铺浆长度≤500mm。此法砌筑特点是砌筑速度快但质量差。"三一砌砖法"：即"一铲灰、一块砖、一挤揉"，宜砌筑实心墙。此法特点是砌筑速度慢但质量优。

砖砌体的水平灰缝厚度和竖向灰缝宽度一般控制在 8～12mm。如发现垫层表面水平标高有高低偏差时，可用砂浆或 C10 细石混凝土找平后再开始砌筑。如果偏差不大，也可在砌筑过程中逐步调整。砌大放脚时，先砌好转角端头，然后以两端为标准拉好线绳进行砌筑。砌筑不同深度的基础时，应先砌深处，后砌浅处，在基础高低处要砌成踏步式。踏步长度不小于 1m，高度不大于 0.5m。基础中若有洞口、管道等，砌筑时应及时正确按设计要求留出或预埋，并留出一定的沉降空间。

砖基础施工的质量要求：

① 砌体砂浆必须密实饱满，水平灰缝的砂浆饱满度不得低于 80%。

② 砂浆试块的平均强度不得低于设计的强度等级，任意一组试块的最低值不得低于设计强度等级的 75%。

③ 组砌方法应正确，不应有通缝（上下二皮砖搭砌长度小于 25mm 的为通缝），转角处和交接处的斜槎和直槎应通顺密实。直槎应按规定加拉结条。

④ 预埋件、预留洞应按设计要求留置。

⑤ 砖基础的容许偏差见表 2-2-2。

6）清理。清理落地灰。

（4）基础防潮层

基础防潮层应在基础墙全部砌到设计标高后才能施工，最好能在室内回填土完成后进行。如果基础墙顶部有钢筋混凝土地圈梁，则可代替防潮层，如果没有地圈梁，则必须做防潮层。基础防潮层若设计无规定时，一般采用 1：2 水泥砂浆加入水泥用量3%～5%的防水剂拌制而成，厚度为 20mm。

实训小结

本实训重点是砌筑材料用量计算和大放脚基础组砌方式。难点是砖基础垂直度控制和基顶标高控制。

实训考评

每个班级的操作实习由指导教师负责，教师负责操作实习全过程的组织工作（包括实习准备，各工种人员的分配、组织笔试或口试和综合成绩的评定等）。实习成绩按优、良、中、及格、不及格五级评定，单独记入成绩册，成绩评定依据可参考各工种实训考核验收表。砖基础砌筑实训考核验收表见表 2-2-2。

砖基础砌筑实训考核验收表　　　　　表 2-2-2

序号	检验内容		要求及允许偏差	检验方法	验收记录	分值	得分
1	工作程序		正确的操作程序	巡查、提问		10	
2	基础顶面标高		±15mm	用水平仪和尺量检查		10	
3	表面平整度(2m)		清水墙:5mm 混水墙:8mm	用 2m 靠尺和楔形塞尺检查		10	
4	大放脚规格		按实训要求规格	用尺量		10	
5	组砌方法		上下错缝,内外搭砌	观察、用尺量		10	
6	水平灰缝砂浆饱满度		80%	百格网		10	
7	水平灰缝	厚度	8~12mm	量 10 皮砖砌体高度折算		5	
		平直度(10m)	10mm	用 10m 拉线和尺检查		5	
8	施工进度		按时完成	巡查		5	
9	安全施工		安全设施到位、无危险操作	巡查、互相监督		10	
10	文明施工		工具完好、场地整洁	巡查、互相监督		5	
11	工作态度		遵守纪律,态度认真	巡查		10	

任务 2　多孔砖墙体砌筑

实训目标

(1) 能正确计算砌筑工程量。

(2) 能按照要求配合比配置砌筑砂浆。

(3) 能进行多孔砖砌体砌筑。

(4) 能对多孔砖砌体进行施工质量验收。

(5) 会留构造柱马牙槎。

(6) 能对砌筑工程进行技术及安全交底。

实训成果

砌成如图 2-2-2 所示高 1.5m 的多孔砖墙体,GZ 一侧要留马牙槎。

实训内容与指导

1. 实训内容

完成如图 2-2-2 所示高 1.5m 的多孔砖墙体,GZ 一侧要留马牙槎。

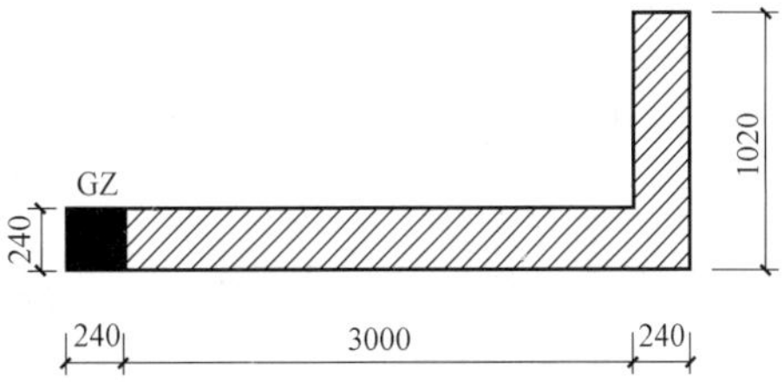

图 2-2-2　砌筑砖墙平面图

2. 实训指导

(1) 施工前准备和砂浆配制

可按照任务 1 要求做好施工前准备工作和砌筑砂浆配制,本实训任务采用水泥混合砂浆。

(2) 多孔砖墙体砌筑

砖墙组砌形式有一顺一丁、三顺一丁、梅花丁等(图 2-2-3),本实训每组选用一种组砌方式进行砌筑。

一顺一丁：一皮顺砖与一皮丁砖相互交替砌筑而成，上下皮间的竖缝相互错开 1/4 砖长。

三顺一丁：三皮顺砖与一皮丁砖相互交替砌筑而成，上下皮顺砖搭接为 1/2 砖长。

梅花丁：每皮中丁砖与顺砖相隔，上皮丁砖中坐于下皮顺砖，上下皮相互错开 1/4 砖长。

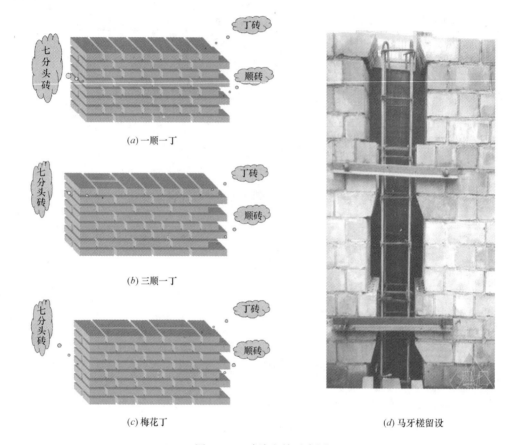

(a) 一顺一丁

(b) 三顺一丁

(c) 梅花丁

(d) 马牙槎留设

图 2-2-3　砖墙砌筑示意图

砌筑步骤

1）抄平放线。砌筑前，底层用水泥砂浆找平，再以龙门板定出墙身轴线、边线。

2）摆砖。在放线的基面上按选定的组砌方式用砖试摆，一般从一个大角摆到另一个大角，砖与砖之间留 10mm 缝隙。

3）立皮数杆。控制每皮砖的厚度和灰缝厚度，以及门窗洞口、过梁、梁底、预埋件等标高位置。

4）盘角、挂线。"三皮一吊（垂直度）、五皮一靠（平整度）"，单面、双面挂线。

5）砌筑。铺灰挤砌法和"三一砌砖法"。构造柱处留马牙槎，即每隔五皮砖伸出 1/4 砖长，伸出的皮数也是五皮，同时也要按规定预留拉接钢筋。

6）勾缝。保护墙面并增加墙面美观。

7）清理。清理落地灰。

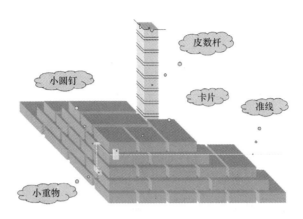

图 2-2-4 立皮数杆、盘角、挂线示意图

（3）多孔砖墙体质量验收

按表 2-2-3～表 2-2-5 进行验收。

砖砌体的位置及垂直度允许偏差　　　　　　　　　　表 2-2-3

项次	项　目		允许偏差（mm）	检 验 方 法
1	轴线位置偏移		10	用经纬仪和尺检查或用其他测量仪器检查
2	垂直度	每层	5	用 2m 托线板检查
		全高　≤10m	10	用经纬仪、吊线和尺检查，或用其他测量仪器检查
		＞10m	20	

砖砌体一般尺寸允许偏差　　　　　　　　　　　表 2-2-4

项次	项　目		允许偏差（mm）	检 验 方 法	抽 检 数 量
1	基础顶面和楼面标高		±15	用水平仪和尺检查	不应少于 5 处
2	表面平整度	清水墙、柱	5	用 2m 靠尺和楔形塞尺检查	有代表性自然间 10%，但不应少于 3 间，每间不应少于 2 处
		混水墙、柱	8		
3	门窗洞口高、宽（后塞口）		±5	用尺检查	检验批洞口的 10%，且不应少于 5 处
4	外墙上下窗口偏移		20	以底层窗口为准，用经纬仪或吊线检查	检验批的 10%，且不应少于 5 处
5	水平灰缝平直度	清水墙	7	拉 10m 线和尺检查	有代表性自然间 10%，但不应少于 3 间，每间不应少于 2 处
		混水墙	10		
6	清水墙游丁走缝		20	吊线和尺检查，以每层第一皮砖为准	有代表性自然间 10%，但不应少于 3 间，每间不应少于 2 处

构造柱尺寸允许偏差　　　　　　　　　　　表 2-2-5

项次	项　目	允许偏差（mm）	检 验 方 法
1	柱中心线位置	10	用经纬仪和尺检查或用其他测量仪器检查
2	柱层间错位	8	用经纬仪和尺检查或用其他测量仪器检查

续表

项次	项 目		允许偏差(mm)	检 验 方 法
3	柱垂直度	每层	10	用 2m 托线板检查
		全高 ≤10m	15	用经纬仪、吊线和尺检查，或用其他测量仪器检查

实训小结

本实训重点是工程量计算和材料用量分析、马牙槎砌筑及砖墙组砌方法、砌筑流程。难点是墙面平整度和垂直度控制和灰缝厚度控制。

实训考评

每个班级的操作实习由指导教师负责，教师负责操作实习全过程的组织工作（包括实习准备，各工种人员的分配、组织笔试或口试和综合成绩的评定等）。实习成绩按优、良、中、及格、不及格五级评定，单独记入成绩册，成绩评定依据可参考各工种实训考核验收表。砖基础砌筑实训考核验收表见表 2-2-6。

砖墙砌筑实训考核验收表　　　　　　　　　　　　表 2-2-6

序号	检验内容		要求及允许偏差	检验方法	验收记录	分值	得分
1	工作程序		正确的操作程序	巡查、提问		10	
2	垂直度（每层）		5mm	线锤、托线板检查		10	
3	表面平整度(2m)		清水墙：5mm 混水墙：8mm	用 2m 靠尺和楔形塞尺检查		10	
4	马牙槎		每隔五皮砖伸出 1/4 砖长	用尺量		10	
5	组砌方法		上下错缝，内外搭砌	观察、用尺量		10	
6	水平灰缝砂浆饱满度		80%	百格网		10	
7	水平灰缝	厚度	8～12mm	量 10 皮砖砌体高度折算		5	
		平直度 (10m)	10mm	用 10m 拉线和尺检查		5	
8	施工进度		按时完成	巡查		5	
9	安全施工		安全设施到位、无危险操作	巡查、互相监督		10	
10	文明施工		工具完好、场地整洁	巡查、互相监督		5	
11	工作态度		遵守纪律，态度认真	巡查		10	

职业训练

依据《砌筑工国家职业标准》，砌筑工共分为四级：初级（国家职业资格五级）、中级（国家职业资格四级）、高级（国家职业资格三级）、技师（国家职业资格二级）。《砌筑工国家职业标准》对砌筑工基本要求如下：

1. 职业道德

（1）职业道德基本知识

（2）职业守则

1）热爱本职工作，忠于职守。

2）遵章守纪，安全生产。

3）尊师爱徒，团结互助。

4）勤俭节约，关心企业。

5）钻研技术，勇于创新。

2. 基础知识

（1）识图与构造知识

1）一般建筑工程施工图的识读。

2）砌筑工程各部位的构造。

（2）力学与砌筑材料知识

1）建筑力学的基本概念。

2）砌筑工程的受力状况简介。

3）砌筑工程常用材料的种类、性能识别及质量要求。

4）常用砌筑材料的使用方法。

（3）砌筑工具、设备知识

1）砌筑工具、设备的种类、性能。

2）常用砌筑工具、设备的使用与维护方法。

（4）安全生产和环境保护知识

1）劳动保护知识。

2）砌筑工程安全技术操作规程。

3）节约能源、环境保护知识。

（5）相关法律法规知识

1）建筑法的相关知识。

2）劳动法的相关知识。

3）环境保护法的相关知识。

《砌筑工国家职业标准》还对各个等级砌筑工工作要求提出了具体、详细的要求，可以参照学习。通过本实训，学生掌握了一定砌筑工相关职业技能，为以后考取砌筑工相应资格证书提供了条件，提高了就业竞争力，为以后就业从事施工员、质量员、标准员、材料员工作奠定良好基础。

实训项目 2 抹灰工实训

项目实训目标

抹灰的质量好坏直接决定后期墙体装修效果，通过抹灰工实训，使学生掌握抹灰材料的种类、质量性能要求，内墙抹灰的施工工艺，能正确计算抹灰工程量及所用各种抹灰材料用量，具备对一般内墙抹灰工程进行施工质量验收和对一般内墙抹灰工程进行技术及安全交底的能力，了解内墙抹灰一般质量通病，并能对此提出解决办法。

场地环境要求

1. 实训场地不少于 $50m^2$。

2. 实训材料：水泥、砂、石灰、水等。

3. 实训工具：

1) 机械工具：砂浆搅拌机、磅秤、推车、铁锹等；

2) 测量工具：靠尺、方尺、托线板、尼龙线等；

3) 手工工具：灰桶、铁抹子、木抹子、托灰板、刮尺、洒水壶等。

实训任务设计

任务 1：标志块、标筋的制作。

任务 2：内墙抹灰。

任务 1 标志块、 标筋制作

实训目标

(1) 掌握标志块、标筋的操作方法；

(2) 掌握质量检验工具的使用方法；

(3) 了解抹灰工程的质量通病，能分析其原因并提出相应的防治措施。

实训成果

完成多孔砖墙内侧标志块、标筋制作。

实训内容与指导

1. 实训内容

在砌筑工种实训砌筑好的多孔砖墙内侧完成标志块、标筋制作。

2. 实训指导

(1) 抹灰前准备工作

1) 认识抹灰施工的常用工具和机械设备，阅读设备操作使用说明书，做好工具、机械的保养和维修。

2) 检查石灰、砂等原材料质量，符合规范要求。

3) 材料的运输、储存、使用等过程中必须采取有效措施防止扬尘。

(2) 抹灰砂浆配置

一般抹灰砂浆选用见表 2-2-7。

一般抹灰常用砂浆的选用   表 2-2-7

砂浆名称	每立方米砂浆材料用量					适用对象及其基层种类
	配合比	32.5 级水泥(kg)	石灰膏(kg)	净细砂(kg)	纸筋(kg)	麻刀(kg)	
水泥砂浆 (水泥：细砂)	1：1	760		860			外墙、内墙门窗洞口的外侧壁、屋檐、勒脚、压檐墙;湿度较大的房间、地下室;混凝土板和墙的底层
	1：1.5	635		715			
	1：2	550		622			
	1：2.5	485		548			
	1：3	405		458			

续表

砂浆名称	每立方米砂浆材料用量						适用对象及其基层种类
	配合比	32.5级水泥(kg)	石灰膏(kg)	净细砂(kg)	纸筋(kg)	麻刀(kg)	
混合砂浆 (水泥：石灰膏：砂)	1：0.5：4	303	175	1428			外墙、内墙门窗洞口的外侧壁、屋檐、勒脚、压檐墙；湿度较大的房间、地下室；混凝土板和墙的底层
	1：0.5：3	368	202	1300			
	1：1：2	320	326	1260			
	1：1：4	276	311	1302			
	1：1：5	241	270	1428			
	1：1：6	203	230	1428			
	1：3：9	129	432	1372			
	1：0.5：5	242	135	1428			
	1：0.3：3	391	135	1372			
	1：0.2：2	504	108	1190			
石灰砂浆 (石灰膏：砂)	1：1		621	644			内墙面
	1：2		621	1288			
	1：2.5		540	1428			
	1：3		486	1428			
水泥石灰麻刀砂浆 (水泥：石灰膏：砂)	1：0.5：4	302	176	1428		16.6	板条、金属网顶棚的底层和中层
	1：1：5	241	270	1428		16.6	

（3）清理基层

1）清除基层表面的灰尘、油渍、污垢以及砖墙面的余灰。

2）对于凹凸不平的基层表面应剔平，或用1：3水泥砂浆补平。

3）对于表面光滑的混凝土表面还需将表面凿毛，以保证抹灰层能与其牢固粘结。

4）上灰前应对砖墙基层提前浇水湿润，混凝土基层应洒水湿润。

（4）做标志块（贴灰饼）

灰饼是泥工粉刷或浇筑地坪时用来控制建筑标高及墙面平整度、垂直度的水泥块。抹灰之前必须做灰饼，其目的是控制抹灰层的垂直度、平整度和厚度。具体步骤如下：

1）上灰前先用托线板检查墙面的平整和垂直度情况，然后确定抹灰厚度。抹灰厚度视抹灰层及部位不同而不同，但最薄处不得低于7mm，内墙一般抹灰平均总厚度不得大于：普通抹灰18～20mm，高级抹灰25mm。

2）做标志块：先在2m高处（或距顶棚150～200mm处）、墙面两近端处（或距阳角或阴角150～200mm处），根据已确定的抹灰厚度，用1：3砂浆做成约50mm见方的上标志块。先做两端，用托线板做出下标志块。如图2-2-5所示。

3）引准线：以上下两个标志块为依据拉准线，在准线两端钉上铁钉，挂线作为抹灰准线，然后依次拉好准线，每隔1.2～1.5m做一个标志块。

（5）做标筋（也称"冲筋"）

"冲筋"就是按照打的灰饼将灰饼用较大强度的砂浆做成的控制墙面垂直、平整的"带"，如图2-2-5所示。具体步骤如下：

1）先将墙面浇水湿润，再在上下两个灰饼之间抹一层砂浆，其宽度为60～70mm，

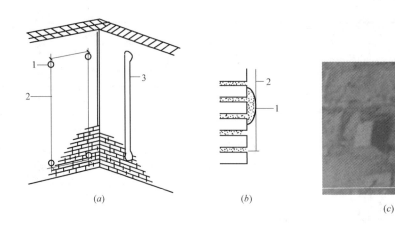

图 2-2-5 抹灰操作中的标志块和标筋

(a) 灰饼和标筋；(b) 灰饼的剖面；(c) 灰饼图片

1—灰饼；2—引线；3—标筋

接着抹二层砂浆，形成梯形灰埂，比标志块高出 1～2mm。手工抹灰时一般冲竖筋。

2) 连续做好几条灰埂后，以标志块为准用刮尺将灰埂搓到与标志块一样平为止，同时要将灰埂的两边用刮尺修成斜面，形成标筋。用刮尺搓平前，连续抹几条灰埂，要根据墙面的吸水程度来定。吸水慢的要多抹几条，吸水快的要少抹几条，否则会造成刮杠困难。灰埂抹好后，可用刮尺两头紧贴灰饼，上下或左右搓，直至把灰埂搓成与灰饼平为止。

实训小结

本实训重点是抹灰材料和工具的准备及抹灰操作基本要领。难点是抹灰工具正确使用和抹灰厚度的控制。

实训考评

每个班级的操作实习由指导教师负责，教师负责操作实习全过程的组织工作（包括实习准备，各工种人员的分配、组织笔试或口试和综合成绩的评定等）。实习成绩按优、良、中、及格、不及格五级评定，单独记入成绩册，成绩评定依据可参考各工种实训考核验收表。标志块、标筋制作实训考核验收表见表 2-2-8。

标志块、标筋制作实训考核验收表   表 2-2-8

序号	检验内容	要求及允许偏差	检验方法	验收记录	分值	得分
1	工作程序	正确的操作程序	巡查、提问		10	
2	标志块的位置、距离	设置合理，±3mm	用小尺检查		10	
3	标筋的位置、距离	设置合理，±3mm	用小尺检查		10	
4	表面平整度	±3mm	用 2m 靠尺和塞尺检查		10	
5	表面垂直度	±3mm	用托线板和塞尺检查		10	
6	厚度	±3mm	用小尺检查		10	
7	粘结牢固	不脱落、开裂	检查		10	

续表

序号	检验内容	要求及允许偏差	检验方法	验收记录	分值	得分
8	施工进度	按时完成	检查		5	
9	安全施工	安全设施到位、无危险操作	巡查、互相监督		10	
10	文明施工	工具完好、场地整洁	巡查、互相监督		5	
11	工作态度	遵守纪律，态度认真	巡查		10	

任务 2 内墙墙面抹灰

实训目标

(1) 掌握抹灰工程量计算方法，能进行材料用量计算。

(2) 熟悉抹灰施工工艺，掌握墙面抹灰阳角护角等的施工步骤和操作方法。

(3) 了解抹灰工程的质量通病，能分析其原因并提出相应的防治措施。

(4) 熟悉抹灰工程检查验收内容，能按照相关标准进行自检和互检。

(5) 能对一般内墙抹灰工程进行技术及安全交底。

实训成果

在标志块、标筋制作实训基础上完成整个墙面抹灰。

实训内容与指导

1. 实训内容

在标志块、标筋制作实训基础上完成整个墙面抹灰。

2. 实训指导

(1) 抹灰前准备工作、材料和工具准备同标志块、标筋制作实训。

(2) 内墙墙面抹灰

为使抹灰与基层粘结牢固、防止起鼓与开裂，并使抹灰层的表面平整，保证工程质量，普通抹灰要求"三遍成活"，即一底层、一中层、一面层，如图 2-2-6 所示。一般要求抹灰表面不应有裂缝、空鼓、爆灰等现象，墙面应平整、垂直、接茬平整、颜色均匀、边角平直、清晰、美观、光滑。本实训应在上一实训完成基础上进行，当标筋砂浆达到七八成干（约 2h）时，开始抹底子灰。

1) 底层抹灰

薄薄抹一层 1∶3 的石灰砂浆与基层粘结。

2) 中层抹灰

待底层灰七八成干后（手触及不软）在其上洒水，待其收水后，即可上中层。抹灰一般自上而下、自左向右分层涂抹，每层厚度应控制在 5～9mm，厚度以垫平标筋为准，然后用短刮尺靠在两边的标筋上，自上而下进行刮灰，并使其略高于标筋，再用刮尺赶平，最后用木抹子搓实。

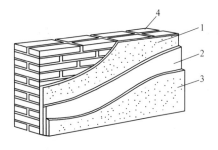

图 2-2-6 抹灰层的组成

1—底层；2—中层；3—面层；4—基层

125

施工中根据质量要求，有时中层抹灰可与底层抹灰一起进行，所用材料与底层相同，但应符合每遍厚度要求，且底层抹灰的强度不得低于中层及面层。

3）做阳护角

工程中为避免阳角处破坏，在门窗、洞口等处均应用水泥砂浆抹护角。先清理基层并浇水湿润，用钢筋卡或毛竹片固定好靠尺后，校正使其垂直，并与相邻两侧标筋平，然后用 1∶1 水泥砂浆分层抹平，等砂浆收水后拆除靠尺，再用阳角抹子抹光，最后用铁板将 50mm 外的砂浆切成直槎。

4）抹罩面灰

当底子灰六七成干时就可抹罩面灰了，若底子灰过干，则要先洒水湿润。用铁抹子从边角开始，自左向右，先竖向薄薄抹一遍，再横向抹第二遍，厚度约为 2mm，并压平压光。罩面灰一般采用纸筋灰（或麻刀灰面纸筋、麻刀纤维材料）掺入石灰膏，主要起拉结作用，使其不易开裂、脱落。

5）场地清理

抹灰完毕，要将粘在门窗框上、墙面上的灰浆及落地灰及时清除，打扫干净后交还工具。

实训小结

本实训重点是底层、中层抹灰的操作及抹灰垂直度、平整度的控制。难点是抹灰厚度的控制及抹灰垂直度、平整度的控制。

实训考评

每个班级的操作实习由指导教师负责，教师负责操作实习全过程的组织工作（包括实习准备，各工种人员的分配、组织笔试或口试和综合成绩的评定等）。实习成绩按优、良、中、及格、不及格五级评定，单独记入成绩册，成绩评定依据可参考各工种实训考核验收表。内墙墙面抹灰实训考核验收表见表 2-2-9。

内墙墙面抹灰实训考核验收表 表 2-2-9

序号	检验内容	要求及允许偏差	检验方法	验收记录	分值	得分
1	工作程序	正确的操作程序	巡查、提问		10	
2	阳角护角平整度	设置合理，±3mm	用小尺检查		10	
3	阳角护角垂直度	设置合理，±3mm	用直角检测尺检查		10	
4	墙面平整度	普通抹灰 ±4mm 高级抹灰±3mm	用 2m 靠尺和 塞尺检查		10	
5	墙面垂直度	普通抹灰 ±4mm 高级抹灰±3mm	用托线板和塞尺检查		10	
6	墙面厚度	±3mm	用小尺检查		10	
7	粘结牢固	不脱落、开裂	检查		10	
8	施工进度	按时完成	检查		5	
9	安全施工	安全设施到位、 无危险操作	巡查、互相监督		10	
10	文明施工	工具完好、场地整洁	巡查、互相监督		5	
11	工作态度	遵守纪律，态度认真	巡查		10	

职业训练

依据《装饰镶贴工国家职业标准》，本职业共分为五级：初级（国家职业资格五级）、中级（国家职业资格四级）、高级（国家职业资格三级）、技师（国家职业资格二级）、高级技师（国家职业资格一级）。抹灰只有初级、中级和高级三个等级。《建筑工程施工职业技能标准》对抹灰工基本要求如下：

1. 理论知识

会看施工总说明中有关抹灰的文字说明；

会看施工图中抹灰部位和使用砂浆；

懂得常用抹灰材料的种类、规格及保管；

懂得常用抹灰砂浆的配合比，使用部位及配制方法；

懂得室内墙面、顶棚、墙裙、踢脚线、内窗台等操作方法；

懂得室外墙面、檐口、腰线、明沟、勒脚、散水坡等操作方法；

懂得用简单模型扯制简单线角方法；

懂得抹水泥砂浆和细石混凝土地面的操作方法；

懂得镶贴瓷砖、面砖、缸砖的一般常识；

懂得水刷石、干粘石、假石和普通水磨石的一般常识；

懂得本工种安全操作规程和文明施工要求。

2. 操作技能

会做内外墙面抹灰的灰饼、挂线、冲筋方法；

会做内墙石灰砂浆和混合砂浆抹灰（包括罩面）；

会做外墙混合砂浆抹灰（包括机械喷灰、分隔划线）；

会抹内墙水泥砂浆护角线、墙裙、踢脚线、内窗台、梁、柱等；

会抹外墙水泥砂浆檐口、腰线、明沟、勒脚、散水坡等；

会抹内墙混凝土顶棚（包括钢丝网板条基层）；

会抹水泥砂浆和细石混凝土地面（包括分隔划线）；

会用简单模型扯制简单线角或不用模型抹简单线角；

会对不用基层进行处理；

会镶贴内外墙面一般饰面砖（大面积）；

会抹外墙一般水刷石、干粘石、假石（大面积）和普通水磨石。

通过本实训，学生掌握了一定抹灰工相关职业技能，为以后考取抹灰工相应资格证书提供了条件，提高了就业竞争力，为以后就业从事施工员、质量员、标准员工作奠定良好基础。

实训项目3 架子工实训

项目实训目标

脚手架搭设质量是保证工程施工顺利的重要保障措施，登高作业人员（架子工）必须经过安全技术培训并通过考核，持证上岗。通过架子工实训，使学生熟悉本工种常用

127

工具、设备的性能和维护方法，掌握脚手架的基本组成与构造，掌握脚手架搭设、拆除基本要点，能正确计算搭设脚手架所用各种材料用量，具备对脚手架工程进行施工质量验收和对脚手架工程进行技术及安全交底的能力。了解脚手架工程的质量通病，能分析其原因并提出相应的防治措施和解决办法。

场地环境要求

1. 实训场地室内净空不小于 4m，每组实训面积不少于 100m²；

2. 实训材料：钢管、扣件、底座、脚手板、木垫板、安全网、10～12 号绑扎用钢丝等。

3. 实训工具：

（1）测量工具：钢卷尺、线锤等；

（2）手工工具：扳手、钢丝钳、绞棍、榔头、工具袋等；

（3）个人防护工具：安全带、安全帽、安全网、手套等。

实训任务设计

任务 1：扣件式钢管脚手架搭设。

任务 2：门式脚手架搭设。

任务 1　扣件式钢管脚手架搭设

实训目标

（1）熟悉脚手架搭设的安全技术要求。

（2）能计算材料用量并编制材料用量计划。

（3）熟悉扣件式钢管脚手架的基本组成与构造，掌握扣件式脚手架的搭设和拆除施工工艺。

（4）了解脚手架工程的质量通病，能分析其原因并提出相应的防治措施和解决办法。

（5）熟悉脚手架工程质量验收内容，能按照相关标准进行自检和互检。

（6）能对扣件式钢管脚手架进行技术及安全交底。

图 2-2-7　扣件式双排脚手架

实训成果

搭设如图 2-2-7 所示一步扣件式双排钢管脚手架基本构架，并于验收后进行拆除工作。

实训内容与指导

1. 实训内容

搭设如图 2-2-7 所示一步扣件式双排钢管脚手架基本构架，并于验收后进行拆除工作。建议构架长 6m，宽 1.5m，立杆纵向间距 1.15m，横向间距为 1.5m，大横杆间距为 1.2m，小横杆间距为 1.15m。

2. 实训指导

（1）搭设前注意事项：

1）脚手架搭设人员必须要有特种作业操作证。

2）作业人员必须佩戴安全帽，架上作业人员应穿防滑鞋并佩挂好安全带，并应佩戴工具袋，工具和零星配件完工后要装入袋中，不得放在架子上，以免坠落伤人。

3）架上作业人员应做好分工和配合，传递杆件掌握好重心，平稳传递，不应用力过猛，以免引起人体或杆件失衡。

4）脚手架严禁钢、竹或钢、木杆件混搭，禁止扣件、绳索、钢丝、塑料带混用。

5）架设材料要随搭随上，以免放置不当掉落伤人。

6）在搭设过程中，地面人员应避开可能落物区域。

7）脚手架允许使用荷载限值：270kg/m²。

（2）搭设前准备工作

1）搭设前先对钢管、扣件等材料进行检查，对不合格者不得使用，具体要求见表2-2-10。经验收合格的配件按品种、规格分类堆放整齐，且堆放场地不得有积水。

搭架前架料检查项目　　　　　　　　　　　　　　　表 2-2-10

序号	架料	项目	处理
1	钢管	弯曲	剔除、修整
		压扁	剔除、修整
		严重锈蚀	剔除不用
2	扣件	脆裂	剔除不用
		变形	剔除不用
		滑丝	更换螺栓
3	木脚手板	腐朽、断裂	剔除不用
		变形	剔除、修整
4	竹脚手板	扭曲、变形	剔除、修整
		腐朽、断裂	剔除不用
		螺栓松动	更换、紧固螺栓
5	安全网	断绳、腐朽	报废
		局部松散	编制、加固

2）清除搭设范围内杂物，平整场地，夯实基土，做好现场排水工作。

3）编制好材料用量表，见表2-2-11（本工程较小，如与实际工程要求不符，按实际情况取用）。

搭设一步图示钢管架所需材料用量表　　　　　　　　　表 2-2-11

序号	构件	材料规格	材料数量	说明
1	立杆	2m 钢管	4 根	
		4m 钢管	4 根	
		6m 钢管	4 根	
2	纵向扫地杆	6m 钢管	2 根	仅第一步有

续表

序号	构件	材料规格	材料数量	说明
3	横向扫地杆	2m 钢管	6 根	仅第一步有
4	纵向水平杆	6m 钢管	2 根	
5	横向水平杆	2m 钢管	6 根	
6	剪刀撑	4m(或 6m)钢管	4 根	
7	扣件	直角扣件	48 个	
		旋转扣件	10 个	
8	底座	底座	12 个	
9	垫板	3m 长木垫板	4 块	

（3）搭设步骤

脚手架搭设顺序一般为：放立杆位置线→铺垫板→按立杆间距排放底座→摆放纵向扫地杆→诸根立立杆→与纵向扫地杆紧扣→安放横向扫地杆→与立杆或纵向扫地杆紧扣→安装第一步纵向水平杆和横向水平杆→安装第二步纵向水平杆和横向水平杆→加设临时抛撑（一步架可不设）→安装剪刀撑（两步架以内可不设，本实训可模拟搭设）→铺脚手板→安装安全栏杆和挡脚板→绑扎封顶杆→立挂安全网。注意搭设时各杆件端头伸出扣件外边长度不应小于 100mm，直角扣件安装时开口不得向下。具体搭设要求如下：

1）定位和安铺垫板、底座

按脚手架的纵、横间距放线定位。要求垫板与底座安放时平稳，并位于同一标高。

2）竖立杆和安放扫地杆

先竖两端立杆，后竖中间立杆，竖立杆时内外排的立杆同时竖起，并及时拿起纵向扫地杆用直角扣件与立杆连接扣紧。纵向扫地杆应位于立杆内侧，其上皮距底座上皮的距离不应大于 200mm。再安放横向扫地杆与立杆或纵向扫地杆扣紧，在搭设过程中必须有一个人负责校正立杆的垂直度与大横杆的平直度。同一步大横杆必须四周交圈。

3）安装纵向水平杆和横向水平杆

纵向水平杆设置在立杆内侧，用直角扣件与立杆扣紧。其长度不宜小于 3 跨（4～6m），如需接长，应采用对接扣件并交错布置，两根相邻纵向水平杆的接头不宜设置在同步或同跨内，不同步或不同跨两个相邻接头在水平方向错开距离不小于 500mm，各接头中心至最近主节点的距离不宜大于纵距 1/3。

凡立杆与纵向水平杆相交处（即主节点），都必须设置一横向水平杆，该杆距立柱轴线距离不应大于 150mm，其两端均应用直角扣件固定在纵向水平杆上。横向水平杆间距应与立杆相同，不过根据搭设脚手板需要，也可在立柱之间等间距增设 1～2 根。

4）安装剪刀撑

先将一钢管斜贴架外侧立杆，用旋转扣件分上中下分别与立杆连接，用另一根钢管交叉与小横杆扣紧，与脚手架同步安装。

5）铺脚手板

脚手板可直接铺在小横杆上并与杆件绑牢，搭接形式可采用对头铺或搭接铺。采用对头铺时，板端下要有小横杆并离板端不大于 150mm；采用搭接铺时，搭接长度不小于 200mm。

6）栏杆和挡脚板搭设

栏杆和挡脚板均应搭设在外立杆的内侧，里排脚手架立杆低于檐口底 150～200mm，外排脚手架立杆高出檐口 1.5m，并安装两道护身栏杆，上栏杆的上皮高度距离操作面为 1.2m，中栏杆高度应居中，挡脚板高度不应小于 1.6m。

7）安全网搭设

脚手架外侧立面应全部设置安全网，立网与脚手架的立杆、横向绑扎牢固。立网的平面应与水平面垂直，且与搭设人员的作业面边缘的最大间隙不得超过 100mm。

（4）脚手架拆除

1）拆除顺序

拆除顺序与搭设顺序相反，即从钢管脚手架的顶端拆起，后搭先拆、先搭后拆，具体顺序一般为：安全网→护身栏→挡脚板→脚手板→横向水平杆→纵向水平杆→立杆→连墙件→剪刀撑→斜撑→抛撑和扫地杆。

2）拆除要求

做好拆架准备工作。设专人负责拆除区域安全，禁止非拆除人员进入拆除区。

拆除作业必须由上而下逐层进行，严禁上下同时作业。

拆除工作一般要 5-6 人听从指挥，配合工作，一般 1 人指挥，3 人在脚手架上拆除，2 人在下面配合拆除，另外 2-3 人负责清运钢管。一般拆除水平杆要先松开两端头的扣件，后松开中间扣件，再水平托举取下，逐渐倾斜向下传递；拆除立杆时，应把稳上部，再松开下端连接后取下；拆连墙件和斜撑时，必须事先设计好拆除顺序，不得乱拆，以免发生倒塌事故。

所有拆除的杆件和扣件不得随意往下扔，以免损坏材料甚至伤人；以传递到地面的杆件和扣件应及时清运到指定地点，按规格分类堆放整齐。

实训小结

本实训重点是脚手架搭设和拆除施工工艺及安全操作、规范要求。难点是脚手架搭设和拆除程序工艺要求、脚手架稳定性和坚固性的控制。

实训考评

每个班级的操作实习由指导教师负责，教师负责操作实习全过程的组织工作（包括实习准备，各工种人员的分配、组织笔试或口试和综合成绩的评定等）。实习成绩按优、良、中、及格、不及格五级评定，单独记入成绩册，成绩评定依据可参考各工种实训考核验收表。扣件式钢管脚手架搭设实训考核验收表见表 2-2-12。

扣件式钢管脚手架搭设实训考核验收表　　　表 2-2-12

序号	检验内容	要求及允许偏差	检验方法	验收记录	分值	得分
1	工作程序	正确的搭、拆程序	巡查、提问		10	
2	坚固性和稳定性	脚手架无过大摇晃、倾斜、沉陷	观察、检查		10	
3	立杆垂直度	±7mm	吊线和钢尺检查		10	
4	间距	步距 ±20mm 柱距 ±50mm 排距 ±20mm	钢尺检查		10	
5	纵向水平杆高差	一根杆两端 ±20mm	用水平仪或水平尺检查		5	
		同跨度内、外纵向水平杆高差±10mm			5	
6	扣件安装	主节点处各扣件中心点相互垂直距离 △＝150mm	用钢尺检查		10	
7	扣件螺栓拧紧扭力矩	40～64N·m	扭力扳手		10	
8	施工进度	按时完成	检查		5	
9	安全施工	安全设施到位、无危险操作	巡查、互相监督		10	
10	文明施工	工具完好、场地整洁	巡查、互相监督		5	
11	工作态度	遵守纪律、态度认真	巡查		10	

任务 2　门式脚手架搭设

实训目标

（1）熟悉脚手架搭设的安全技术要求。

（2）能计算材料用量并编制材料用量计划。

（3）熟悉门式脚手架的基本组成与构造，掌握门式脚手架的搭设和拆除施工工艺。

（4）了解脚手架工程的质量通病，能分析其原因并提出相应的防治措施和解决办法。

（5）熟悉脚手架工程质量验收内容，能按照相关标准进行自检和互检。

（6）能对门式脚手架工程进行技术及安全交底。

实训成果

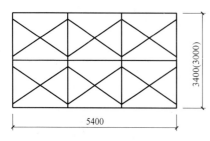

图 2-2-8　门式脚手架立面图

搭设如图 2-2-8 所示一门式脚手架。

实训内容与指导

1. 实训内容

搭设如图 2-2-8 所示一门式脚手架。建议采用 MF1217 或 MF1215 搭设门式脚手架基本构架，构架长 5.4m、宽 1.2m、高 3.4m 或 3m。门架跨距 1.6m，步距为 1.7m 或 1.5m。

2. 实训指导

（1）砌筑前注意事项及准备工作同扣件式钢管式脚手架搭设实训。

（2）门式钢管脚手架组成见图 2-2-9 所示。

132

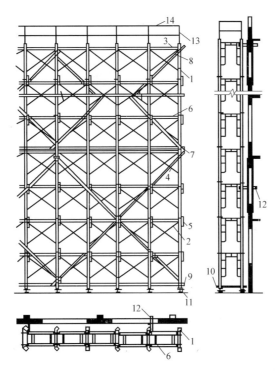

图 2-2-9　门式钢管脚手架的组成

1—门架；2—交叉支撑；3—脚手板；4—连接棒；5—锁臂；6—水平架；7—水平加固杆；

8—剪刀撑；9—扫地杆；10—封口杆；11—底座；12—连墙件；13—栏杆；14—扶手

（3）编制好材料用量表，见表 2-2-13（本工程较小，如与实际工程要求不符，按实际情况取用）。

门式脚手架材料用量表　　　　　　　表 2-2-13

序　号	构　件	材料规格	材料数量
1	门架	MF1217(或 MF1215)	6 榀
2	交叉支撑	C1612	12 副
3	水平架	H1610	3 榀
4	脚手板	P1605	6 块
5	底座	FS100	6 个
6	垫板	3m 长木垫板	4 块

（4）门式脚手架搭设

门式脚手架搭设顺序一般为：铺设垫木→拉线安放底座→从一端开始立门架→随即安装交叉支撑（底部架安装扫地杆和封口杆）→安装水平架（或铺设脚手板）→安装梯子→安装水平加固杆→按上述逐层向上安装→安装顶部栏杆→立挂安全网。具体搭设步骤如下：

1）定位和安铺垫板、底座

按脚手架的纵、横间距放线定位。要求垫板与底座安放时平稳，并位于同一标高。

2）立门架、安装交叉支撑、水平架或脚手板，搭设门架基本单元

把第一榀、第二榀门架立在底座上，随即将门架之间的交叉支撑安装好，在门架顶上安装水平架，并按使用要求铺设一定数量挂扣式脚手板，搭成门式脚手架一个基本单元，以后每放好2个底座，立即安装1榀门架，并随即将期间的交叉支撑和水平加固杆安装好，照此步骤依次沿纵向逐榀安装。在搭设第二层时，操作人员可站在脚手板上进行安装直至顶层，门架的竖向组装、接高用连接棒，其直径应小于立杆内径1～2mm，居中插入上、下门架的立杆中，并用锁臂所销。

3）加固件安装

水平加固杆前三层应每层设置，三层以上可每隔三层设一道，并宜设在有连墙件的水平层，纵向水平加固杆应在脚手架的两侧连续通常设置，形成一个水平闭合圈，剪刀撑的高度和宽度为3～4布局和跨距，与地面夹角45°～60°，相邻剪刀撑相隔3～5个跨距，沿全高设置。

4）安装封口杆、扫地杆

在脚手架门架立杆下端应加封口杆、扫地杆。封口杆是连接底部门架立杆下端的横向水平杆（相当于扣件式脚手架中的横向扫地杆），扫地杆是连接底部门架立杆下端的纵向水平杆。

5）安装门架

安装时，各根门架要立稳、垂直，门架的平面要与墙面垂直。严格控制首层门架的垂直度和水平度，上、下门架立杆之间要对齐，对中偏差应不大于3mm。

6）装栏板、挡脚板

栏板应设置在脚手架外侧，挡脚板在门架立杆内侧。

7）安全网搭设

参照扣件式钢管脚手架要求。

（5）门式脚手架拆除

拆除顺序与搭设顺序相反，即从脚手架的顶端拆起，后搭先拆、先搭后拆，具体顺序一般为：安全网→护身栏→挡脚板→脚手板（或水平架）→水平加固杆→交叉支撑→门架。

拆除要求同扣件式钢管脚手架实训。

实训小结

本实训重点是门式脚手架搭设和拆除施工工艺及安全操作、规范要求。难点是脚手架搭设和拆除程序工艺要求、脚手架稳定性和坚固性的控制。

实训考评

每个班级的操作实习由指导教师负责，教师负责操作实习全过程的组织工作（包括实习准备，各工种人员的分配、组织笔试或口试和综合成绩的评定等）。实习成绩按优、良、中、及格、不及格五级评定，单独记入成绩册，成绩评定依据可参考各工种实训考核验收表。门式脚手架搭设实训考核验收表见表2-2-14。

门式脚手架搭设实训考核验收表 表 2-2-14

序号	检验内容	要求及允许偏差	检验方法	验收记录	分值	得分
1	工作程序	正确的搭、拆程序	巡查、提问		10	
2	坚固性和稳定性	脚手架无过大摇晃、倾斜、沉陷	观察、检查		10	
3	每步架垂直度	±2mm	吊线和钢尺检查		10	
4	脚手架整体垂直度	±50mm	吊线和钢尺检查		10	
5	脚手架跨距内水平度	两端高差 ±3mm	用水平仪或水平尺检查		10	
6	脚手架整体水平度	高差 ±50mm	用水平仪或水平尺检查		10	
7	构配件和加固件安设	是否齐全,连接和挂扣式否紧固可靠	观察、检查		10	
8	施工进度	按时完成	检查		5	
9	安全施工	安全设施到位、无危险操作	巡查、互相监督		10	
10	文明施工	工具完好、场地整洁	巡查、互相监督		5	
11	工作态度	遵守纪律,态度认真	巡查		10	

职业训练

依据《架子工国家职业标准》,架子工共分为三级:初级(国家职业资格五级)、中级(国家职业资格四级)、高级(国家职业资格三级)。《架子工国家职业标准》对架子工基本要求如下:

1. 职业道德

(1)职业道德基本知识

(2)职业守则

1)热爱本职工作,忠于职守。

2)遵章守纪,安全生产。

3)尊师爱徒,团结互助。

4)勤俭节约,关心企业。

5)钻研技术,勇于创新。

2. 基础知识

(1)建筑识图与房屋构造基础知识

(2)建筑力学基础知识

1)力的概念。

2)平面汇交力系。

(3)架料和搭架工具、机具、设备知识

(4)常见脚手架构造知识

1)多立杆脚手架基本构造。

2）斜道基本构造。

3）门式脚手架基本构造。

4）吊挂架基本构造。

5）高层脚手架基本构造。

6）棚仓的基本构造。

7）井架的基本构造。

（5）常见脚手架受力分析

1）多立杆脚手架受力分析。

2）门式架脚手架受力分析。

3）吊挂架脚手架受力分析。

4）悬挑架脚手架受力分析。

（6）脚手架安全操作规程

（7）相关法律法规知识

1）建筑法的相关知识。

2）环境保护法的相关知识。

3）劳动法的相关知识。

4）安全生产法的相关知识。

《架子工国家职业标准》还对各个等级架子工提出了具体、详细工作要求，需要可以参看。架子工属特种工，必须持证上岗。通过本实训，学生掌握了一定架子工工相关职业技能，为以后考取架子工相应资格证书提供了条件，提高了就业竞争力，为以后就业从事施工员、质量员、标准员工作奠定良好基础。

3 混凝土结构工程实训

实训项目 1 钢筋工实训

项目实训目标

通过该实习过程，提高学生对钢筋工程的认识和了解，并学会和基本掌握常用钢筋加工技术。该课程属实践性教学环节，是帮助学生在学习和掌握钢筋工程这门课时，对该课程中的钢筋工程知识有一个感性认识，对掌握钢筋工程这门课的理论知识有较好的辅助作用。

（1）知识目标

1）理解和掌握一般构件的钢筋放样，加工制作工序及方法和相关质量要求等。

2）理解钢筋机械的工作原理，了解钢筋对焊、机械连接技术。懂得电渣压力焊及搭接焊的工艺技术。

（2）能力目标

1）能准确做出框架梁，构造柱，现浇楼梯、现浇楼板四种基本构件的钢筋大样表。

2）能够使用钢筋机械，掌握钢筋的调直，断料，掌握人工和机械弯曲成型的基本操作方法。

3）能够基本掌握钢筋手工电弧焊和电渣压力焊的工艺方法。

4）能够准确绑扎成型给定构件的钢筋。

场地环境要求

场地要求平整，保证学生钢筋实训正常进行，并且要注意场地材料堆放整齐，整洁，实训结束后，设备材料摆放整齐。

（1）实训专用教室，配备多媒体投影等设施、国家现行规范及标准，便于理实一体化教学。

（2）提供一套完整的钢筋工实训的实际施工图。

（3）学生实际操作过程中场地各个工位需满足要求，不得相互影响作业。

实训任务设计

任务 1：钢筋加工制作

1）钢筋机械调直

2）钢筋下料（断钢机、切割机）

3）手工弯制箍筋

4）粗箍筋弯曲成型

任务 2：钢筋绑扎

任务 3：钢筋焊接

1）双面搭接焊

2）竖向电渣压力焊

任务 4：机械连接工艺及试作

1）套筒挤压连接技术；

2）滚轧直螺纹连接技术。

任务 1　钢筋加工

实训目标

通过该实训过程，提高学生对钢筋工程的认识和了解，并学会和基本掌握钢筋加工技术。提高学生对钢筋工程的认识和了解，并学会和基本掌握一两门钢筋加工技术。

实训成果

通过学生实际操作实训，要求每一组学生完成以下内容：

（1）钢筋放样的方法及下料长度的计算；

（2）钢筋调直和断料按个人完成的加工需求量进行；

（3）手工弯制箍筋每人数 10 个：

① 弯箍筋：$\phi6.5$，边长为 200mm（内包尺寸），弯钩平直段为 $10d$ 共 2 个；

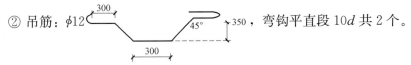

② 吊筋：$\phi12$，弯钩平直段 $10d$ 共 2 个。

（4）粗钢筋弯曲成型在指导师傅的协助下完成：

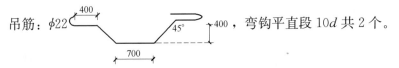

吊筋：$\phi22$，弯钩平直段 $10d$ 共 2 个。

实训内容与指导

（1）讲解实训

钢筋加工主要是对结构构件中的钢筋进行翻样、配料，并使用工具机械，对钢筋进行除锈、调直、切断、弯曲等工作。钢筋工是主体的主要组成之一，是钢筋结算的依据，具有复杂性、隐蔽性、工程量大等特点。本课程实训主要是依据提供的实际施工图，在指导教师及指导技师的指导下完成钢筋翻样、配料、调直、切断、弯曲等实训课程。

（2）钢筋下料长度及放样讲解

阅读钢筋混凝土构件配筋图，计算下料长度，编制钢筋配料单。

计算方法：直钢筋下料长度＝构件长度－保护层厚度＋弯钩增加长度

弯起钢筋下料长度＝直段长度＋斜段长度－弯曲调整值＋弯钩增加长度

箍筋下料长度＝箍筋周长＋箍筋调整值

钢筋放样：各小组按图纸尺寸样于地面

钢筋弯曲调整长度表

弯曲类型	弯 钩			弯 折				
	180°	135°	90°	30°	45°	60°	90°	135°
调整长度	6.25d	5d	3.2d	−0.35d	−0.5d	−0.85d	−2d	−2.5d

箍筋调整值表 （mm）

箍筋直径	6	8	10～12
箍筋调整值	50	60	70

（3）钢筋机械使用讲解

1）调直机打开护盖，观看内部构造；

2）开机调直断料机，按加工的箍筋下料尺寸断料；

3）断钢机在师傅的指导下，完成粗钢筋下料工作；

4）弯钢机的使用，由师傅指导确定好弯心直径大小，弯折移动量大小，弯折角度控制，试弯，最后弯曲成型。

（4）钢筋加工质量检查

钢筋加工的形状、尺寸应符合设计要求，其偏差应符合表 2-3-1 的规定。

检验方法：钢尺检查。

钢筋加工的允许偏差   表 2-3-1

项　　目	允许偏差（mm）
受力钢筋顺长度方向全长的净尺寸	±10
弯起钢筋的弯折位置	±20
箍筋内净尺寸	±5

实训小结

（1）由实训中心方面负责任务及技术安排；

（2）由相关工种指导人员组成实训指导小组，分工合作指导各组学生相关内容实训；

（3）由实训中心安排专人员负责安全管理；

（4）每班以 8 人一组，共分五个组，轮流进行各项内容的训练；

（5）严格考勤制度，每天由指导师傅负责每组的考勤。

实训考评

质量检查见表 2-3-2。

职业训练

学生通过该项目的实训，学生掌握了很多工程实践中所需的钢筋现场操作技能，在学生就业过程中，发挥了极大的作用和优势，得到了用人单位的极大肯定，适应了建筑业的发展。

钢筋工实训成绩考核表 表 2-3-2

检查项目	检查内容	分值	个人评价	小组评价	老师评价
钢筋下料计算	检查计算结果是否正确	25			
钢筋放样	检查学生放样尺寸是否争取(各小组按图纸尺寸样于地面)	25			
钢筋调直、切断、弯曲	分别对手动及机械加工完成的钢筋进行成品检查对各组加工完成的钢筋进行验收	30			
工效	在规定的时间内完成	10			
安全文明实训	是否符合相关安全文明施工要求	10			

任务 2 钢筋绑扎

实训目标

通过该实训过程,提高学生对钢筋连接技术的了解,掌握钢筋绑扎的方法及工艺过程,掌握钢筋绑扎的质量检查相关知识。

实训成果

通过学生实际操作实训,对给定的施工图钢筋进行识读,要求每一组学生按照施工图完成以下钢筋绑扎内容:

(1) 绑扎基础底板钢筋

(2) 绑扎基础柱钢筋

(3) 绑扎基础梁钢筋

(4) 绑扎板钢筋

(5) 墙体钢筋绑扎

实训内容与指导

(1) 认识作业工具

1) 绑钩(图 2-3-1～图 2-3-3);

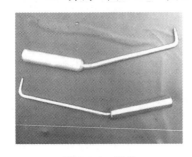
图 2-3-1 绑钩

图 2-3-2 绑丝

图 2-3-3 丝掰

2) 绑丝(扎丝);

3) 米尺4化石(划石);

4) 钢筋掰手;

5) 丝掰;

6）扣件掰手；

7）扣件及钢管；

8）模板；

9）甲板。

（2）认识钢筋

1）认识钢筋粗细和级别

一级钢（光面钢筋）：6、8、10、12

二级钢、三级钢、四级纲（螺纹钢筋）：

6、8、10、12、14、16、18、20、22、25、28、32

2）对于钢筋作业只需要分清粗细，是光面还是螺纹就可以了。

（3）认识保护层、垫块、马凳等

1）在作业钢筋外围应留有 3～6cm 的保护层，不同构件的保护层大小不一样，为了增强建筑本身强度和耐久性，都有保护层设置。

2）钢筋作业的目标是让钢筋不外漏（打完灰后），要按各构件要求，完成保护层的预留任务。

3）分别对各构件加置、放置垫块、马凳等完成保护层的留置工作。此项工作也是钢筋作业的重要流程。

（4）认识箍筋、主筋（受力钢筋）、间距

1）箍筋（图 2-3-4）。

A. 箍筋俗称套子、环；

B. 箍筋作业技巧。

单箍作业比较简单。复合箍作业要

图 2-3-4　箍筋

平口对平口，可上、下或左、右平口相对而置。另外大箍筋套口要二角（四角）错开而置，而小箍筋则随大箍筋套口放置方向放置。

C. 常见箍筋粗细

常见箍筋有 6、8、10、12、14mm。

2）主筋（受力钢筋）

对于不同的构件，板梁柱在整个建筑物内的作用，各种钢筋元素也起不同的作用。如受压、受拉、抗扭等。认识受力钢筋或者说构件主要钢筋对作业是有很大好处的。

3）间距

各种构件相互交叉而又错落有致，而各构件或钢筋元素间都有科学合理的间距，认识几种主要间距对作业是有很大好处的。

A. 加密间距 10cm

B. 柱主筋间距 8～20cm；梁主筋间距 5～8cm；板主筋间距 8～25cm

C. 作业其他间距 15、25cm

（5）常见的几种绑扎技巧

利用扎丝绑扎作业的技巧

1）扎丝应用：单丝、双丝、多丝。

2）绑扎技巧：扎扣、下绕丝、兜扣、八字扣、十字扣、绕兜扣。

3）扎丝的长短：150～450mm，按各构件绑扎钢筋的粗细采用不同长度的扎丝。

4）绑扎其他

绑扎的作业性质：铺垫性质绑扎，拆开性质绑扎。其目的是以方便作业为主。

（6）认识各种构件及构件元素

1）梁构件及元素；

2）柱构件及元素；

3）墙构件及元素；

4）板构件及元素。

（7）各构件的作业流程、方法和技巧（按工程顺序）

1）绑扎基础底板

A. 流程：弹线（可省）──按线放置下筋──绑扎──放置垫块、放置马凳──放置上筋──绑扎。

B. 要领：

（A）底板筋为短向受力，一般板类构件一律先铺短向，再铺长向；

（B）基础底板：一般有侧面加强筋，注意加强部位的穿插绑扎。

2）绑扎基础柱

A. 流程：取得柱箍筋、扎丝、套筒、主筋等──绑扎柱头（长主筋）──接筋──套箍筋绑扎余下部分──放置垫块。

B. 要领：

（A）注意柱子加密高度；

（B）注意绑扎高度。

3）绑扎基础梁

A. 流程：穿插梁主筋、腰筋、并用模版、方木等支架──取得箍筋──套箍筋──绑扎──落梁──放置垫块。

B. 要领：

（A）注意加密、放置垫块；

（B）注意支架的牢固。

4）绑扎板

A. 流程：穿插底板主筋──绑扎──穿铺上部盖铁钢筋──绑扎、放置马凳──封扎柱套子，放置垫块（控制铁等）。

B. 要领：注意保护层的留置。

5）绑扎墙体

A. 流程：放置立筋（绑扎水平筋）──绑扎水平筋（绑接立筋）。

B. 要领：

（A）注意保护层；

（B）注意墙筋的水平竖直。

6）其他部位同类构件绑扎流程方法大同小异，各自掌握作业要领即可。

（8）安全作业要点

1）进入工地必须要戴好安全帽；

2）注意高空坠落物体；

3）注意脚下踩踏物件的安全；

4）注意手中攀爬、扶握物体的安全；

5）注意工地明（破）电线安全；

6）注意机械伤人；

7）注意其他不关切物件的安全。

实训小结

通过本次实训，应掌握各种构件钢筋绑扎的正确施工方法，并结合钢筋工程相关施工图的要求，提高学生钢筋施工图的识读能力，在实训过程中团队协作能力、个人组织协调能力以及实际动手能力。

实训考评

质量检查见表 2-3-3。

钢筋绑扎安装位置的允许偏差和检验方法　　　　　　表 2-3-3

项	目	允许偏差（mm）	分值	实测	得分
绑扎钢筋网	长、宽	±10	10		
	网眼尺寸	±20	10		
绑扎钢筋骨架	长	±10	10		
	宽、高	±5	10		
受力钢筋	间距	±10	10		
	排距	±5	10		
	保护层厚度	±5	10		
绑扎箍筋、横向钢筋间距		±20	10		
钢筋弯起点位置		20	10		
工效			10		

职业训练

学生通过该项目的实训，学生掌握了很多工程实践中所需的钢筋现场操作技能，在学生就业过程中，发挥了极大的作用和优势，得到了用人单位的极大肯定，适应了建筑业的发展。

任务 3　钢筋焊接

实训目标

　　焊接方法是混凝土结构工程施工中常用的钢筋连接方法，钢筋的焊接方法有：闪光对焊、电弧焊、电渣压力焊、电阻点焊、气压焊等。通过实训过程学习，提高学生对钢筋连接方法的认识，基本能掌握一到两种钢筋焊接技术，并能掌握钢筋焊接后的质量检测方法。

实训成果

通过学生实际操作实训，要求每一组学生完成以下内容：

（1）竖向电渣压力焊　$\phi18\sim25$（二级钢筋）　1 个　550~600 长

（2）搭接焊（双面）$\phi12$　1 个

实训内容与指导

（1）实训内容

1）根据提供的实训图纸，两个同学为一组，首先选择符合规格的钢筋。

2）在指导师傅的指导下正确使用钢筋焊接机械设备。

3）在规定时间内完成钢筋焊接实训任务，并进行质量检测，满足规范要求。

4）完成焊接成品保护工作。

5）在实训过程中要求满足安全文明施工的要求。

（2）实训指导

1）选定焊件的钢筋尺寸 $\phi12\sim\phi22$（一、二级钢均可）。

2）焊件长：搭接焊 $\begin{cases} \text{电渣压力焊 800mm 两根} \\ \text{（双面）300mm 两根} \end{cases}$

注明：电渣压力焊的焊件可反复割断，重复使用，直到满足基本试件长度为止。

3）电渣压力焊：钢筋的固定、装焊渣，装引弧圈，引弧、电弧、电渣、顶压、试焊，全部过程反复试作体验，最终完成一个焊件结束。施焊工艺为：

A. 引弧过程：通过操纵杆或操纵盒上的开关，先后接通焊机的焊接电流回路和电源的输入回路，在钢筋端面之间引燃电弧。

B. 电弧过程：引燃电弧后，借助操纵杆使上下钢筋端面之间保持一定的间距，进行电弧过程的延时，使焊剂不断熔化而形成必要深度的渣池。

C. 电渣过程：当渣池在接口周围达到一定的深度时，随后逐渐下送钢筋，使上钢筋端部插入渣池，电弧熄灭，进入电渣过程的延时，使钢筋全断面加速熔化。

D. 顶压过程：电渣过程结束，迅速下送上钢筋，使其端面与下钢筋端面相互接触，趁热排除熔渣和熔化金属，同时切断焊接电源。

E. 在钢筋电渣压力焊的焊接生产中，若发现偏心、弯折、烧伤、焊包不饱满等焊接缺陷，应切除接头重焊，并查找原因，及时消除。切除接头时，应切除热影响区的钢筋，即离焊缝中心约为 1.1 倍钢筋直径的长度范围内的部分应切除。

4）搭接焊：采用双面焊，焊缝长 5d，钢筋轴线偏差控制＜40mm，作好起弧、引弧、施焊等全部操作过程，先用其他废旧材料练习，最后完成一个焊件。搭接焊接头的焊缝厚度不应小于主筋直径的 0.3 倍；焊缝宽度不应小于主筋直径的 0.8 倍。搭接焊时，应用两点固定；定位焊缝与帮条端部或搭接端部的距离宜大于或等于 20mm。焊接时，应在帮条焊或搭接焊形成焊缝中引弧，在端头收弧前应填满弧坑，并应使主焊缝与定位焊缝的始端和终端熔合。

（3）钢筋接头力学实验的试件取样

1）每组按个人最终完成的样品，随机抽取一根；

2）每组共抽取三个试件（搭接焊、电渣压力焊、窄间隙焊）。

（4）安全注意事项

1）每个学员要服从师傅指挥，不得乱动用机械；

2）使用切割、切断机、弯钢机、调直机等应在师傅指导下进行；

3）电焊机的使用要注意触电安全，防止电强灼伤或触电伤亡。

实训小结

通过本次实训，应正确掌握钢筋电弧焊及竖向电渣压力焊的焊接方法，并掌握焊接后钢筋的质量检测技术。同时通过本次实训能使学生的实际动手能力得到较大提高，并在实训过程中团队协作能力也得到相应提高。

实训考评

（1）考核办法及验收标准

1）计时考核

A. 竖向电渣压力焊   5～8min   从夹料开始

B. 搭接焊   5～10min   料预先备好

2）质量评定内容

A. 观感检查

B. 焊缝长度检查

C. 力学性能检测

3）评定办法

A. 质量检查见表 2-3-4。

钢筋工实训成绩考核表   表 2-3-4

			质 量 检 查					工 效 考 核			
	序号	内容	检查项目	允许偏差	分值	实测	得分	时限（分钟）	实测	分值	得分
成绩考核表	1	竖向电渣焊	轴线垂直	3mm	5			5～8		30	
			焊缝观感		15						
	2	搭接焊	焊缝长度	≥5d	10			5～10		30	
			轴线偏差	≤40	10						
			焊缝观感		5						

B. 凡是达不到上述要求的累计分数 60 分为不合格。

C. 考核成绩由指导指导教师做出。

D. 考核时由学生将填写好的《钢筋工实训报告》交指导教师考核填写成绩。

4）工效分值分配

分值分配　　　　　　　　　工效分

竖向电渣压力焊	30 分	5 分钟完 20 分	8 分钟完 15 分
搭接焊	30 分	5 分钟完 20 分	10 分钟完 10 分
质量检测评定	20 分	5 分钟完 20 分	10 分钟完 10 分
出勤状况及安全	15 分	迟到一次扣 5 分	缺勤一次扣 20 分

（2）材料消耗

1）焊工实训每人限量 30 根焊条，考核发 4 根；

2）考核完后的焊接件钢筋可重复利用。

职业训练

实训教学注重培养学生职业技能水平，提高学生动手能力，养成施工管理的意识。通过钢筋焊接实训项目结合教学后，可达预期效果：

（1）对于钢筋电弧焊和电渣压力焊施工工艺的全过程把握。

（2）对于两种钢筋焊接施工流程中各个环节的质量要求理解。

（3）正确运用施工环节所要用到的设备、工具、材料。

（4）掌握钢筋焊接施工所包含理论知识点。

（5）学会处理钢筋焊接施工后出现的常见问题。

任务 4　钢筋机械连接工艺及试作

实训目标

钢筋机械连接是钢筋连接的一种施工方法，钢筋机械连接主要有套筒挤压连接和套筒螺纹连接。本次实训课程学生通过观摩指导老师实际操作机械连接及自己分组试作的方法了解设备工作原理、套筒材料、挤压试件样品等。同时通过本次实训能正确理解《钢筋机械连接通用技术规程》JGJ 107—2003、《带肋钢筋套筒挤压连接技术规程》JGJ 108—96、《钢筋锥螺纹接头技术规程》JGJ 109—96、《镦粗直螺纹钢筋接头》JG 171—2005、《滚扎直螺纹钢筋连接接头》JG 163—2004 等相关规范要求。

实训成果

通过学生观摩及实际操作，要求每一组学生完成以下内容：

（1）直径为 22cm 的 HRB335 级带肋钢筋的套筒挤压连接（每个小组分别完成 2 个）。

（2）直径为 22cm 的 HRB335 级钢筋滚轧直螺纹连接（每个小组分别完成 2 个）。

实训内容与指导

（1）实训内容

1）根据指导教师的要求，两个同学为一组，首先选择符合规格的钢筋。

2）在指导师傅的指导下正确选择并使用钢筋机械连接设备。

3）依据要求正确选择钢筋套筒规格。

4）通过观摩并实际操作完成套筒挤压和直螺纹钢筋连接质量检验工作。并编制实训报告。

5）实训完成后做好成品保护工作。

146

6）实训过程中满足安全环保措施。

（2）实训指导

1）实训准备

在实训之前由指导教师对各位同学进行分组，并进行钢筋机械连接实训前的安全技术交底工作，同时在实训前指导各个小组进行材料认识并要求学生能正确选择相关材料。

2）实训讲解

在学生实训之前首席由指导教师对钢筋连接进行试做的工作。同时在试做过程中要求具体讲解：

A. 套筒挤压连接的原理和特点。

B. 套筒挤压连接施工要点。

C. 锥套筒连接的质量检验等相关知识。

3）学生试作并考评。

实训小结

通过本次实训，应正确掌握钢筋机械连接的实训方法，并掌握焊接后钢筋机械连接之后的质量检测技术。同时通过本次实训能使学生的实际动手能力得到较大提高，并在实训过程中团队协作能力也得到相应提高。

实训考评

钢筋机械连接实训考评表　　　　　　　　　　　　　　表 2-3-5

能力评价内容	考核项目		评价方	评价方法	分值	得分	总分
钢筋机械连接实训	平时表现	出勤率学习态度	指导教师	交流、观察、考勤	5		
				作业批改	5		
	套筒挤压连接		指导教师	实际考核成果	35		
	钢筋滚轧直螺纹连接		指导教师	实际考核成果	35		
	工效控制		指导教师	实际考核成果	20		

职业训练

实训教学注重培养学生职业技能水平，提高学生动手能力，养成施工管理的意识。通过钢筋机械连接实训项目结合教学后，可达预期效果：

（1）对于钢筋机械连接施工工艺的全过程把握。

（2）对于两种钢筋机械连接的原理的质量检查能正确理解。

（3）正确运用并选择机械连接中各个环节所要用到的设备、工具、材料。

（4）掌握钢筋机械连接施工所包含理论知识点。

（5）学会处理钢筋机械连接后出现的常见问题。

实训项目 2 模板架子工

1. 项目实训目标

通过该实习过程，提高学生对模板、脚手架工程的认识和了解，并学会和基本掌握常用模板脚手架施工技术，同时能正确理解模板脚手架工程对混凝土工程施工的作用。该课程属实践性教学环节，是帮助学生在学习和掌握模板脚手架工程这门课时，对该课程中的模板脚手架工程知识有一个感性认识，对掌握模板脚手架工程这门课的理论知识有较好的辅助作用。

（1）知识目标

1）了解和掌握一般构件的模板配件设计。

2）理解和掌握一般构件模板安装，加固原理。

3）了解多立柱双排脚手架的搭设方法。

（2）能力目标

1）能准确进行梁、柱，墙、独立柱基的配板设计。

2）会使用定型组合钢模板进行梁、柱、墙及独立柱基的模板拼装。

3）会加工制作模板对拉铁件及钢木柱箍。

4）会搭设多立柱双排脚手架。

2. 场地环境要求

场地要求平整，学生模板实训正常进行，并且要注意场地材料堆放整齐，整洁，实训结束后，模板，钢管，扣件摆放整齐。

（1）实训专用教室，配备多媒体投影等设施、国家现行规范及标准，便于理实一体化教学。

（2）提供一套完整的模板工、架子工实训的施工图。

（3）学生实际操作过程中场地各个工位需满足要求，不得相互影响作业。

3. 实训任务设计

任务一 模板工实训；

任务二 架子工实训。

任务 1 模板工实训

1. 实训目标

通过该实训过程，提高学生对模板工程的认识和了解，掌握模板系统的作用、基本要求和组成、理解模板系统的种类并学会和基本掌握模板安装加固及模板拆除技术。提高学生对模板工程配板设计的认识，并学会和基本掌握模板设计技术。

2. 实训成果

通过学生实际操作实训，要求每一组学生完成实训以下内容：

（1）通过发放的模板工程实训图纸，编制不同构件的模板配板展开图并进行模板设计计算。

（2）完成独立基础、框架梁、柱、墙等构件的模板搭设并拆除实训工作，并掌握模板拆除顺序、原则等要领。

（3）各个小组做好模板工程质量检查记录并编制实训报告。

3. 实训内容与指导

（1）实训内容

1）配板设计

2）柱模板安装实训

3）框架梁模板实训

4）钢筋混凝土墙模板安装实训

5）独立柱基模板安装实训

（2）实训指导

1）时间分配（表2-3-6）

时间分配　　　　　　　　　　　　　表2-3-6

序号	实　训　内　容	课　　时
1	配板设计训练	提前布置,不占课时
2	柱模板实训	4
3	框架梁、脚手架实训	12
4	钢筋混凝土墙模板实训	8
5	独立柱基模板实训	6
6	合计	30

2）配板设计

模板及其支架应根据工程结构形式、荷载大小、地基土类别、施工设备和材料供应等条件进行设计。对于常用的木模板和定型组合钢模板，不需进行设计或验算。但对于重要结构的模板、形式特殊的模板、超出适用范围的一般模板，应进行模板设计或验算，以保证施工质量与安全和防止浪费。

A. 主要内容

独立柱基，框架梁、柱、墙等基本构件配板设计。

B. 要求

要求学生掌握基本构件配板设计方法，配板设计结果具有实用性，可操作性。（内容提前安排；不占训练周时间）。

3）柱模板安装实训

A. 主要内容

柱对拉件制作，钢木柱箍加工制作，拼装柱模板；支撑加固系统安装。

B. 要求

（A）柱箍，对加拉件加工尺寸计算正确实用。

（B）模板拼装正确。

（C）柱箍安装方法，数量正确，柱校正，支撑加同方法正确实用。

C. 实训讲解

（A）柱模板采用定型组合钢模板拼装，角模连接。

（B）柱箍采用矩钢营夹或选用和改造钢木柱箍进行加固。间距按 600mm 一道。钢木柱箍每一道两个交错夹固。

（C）柱子用线锤吊线后采用抛撑校正加固。如两组相临搭设时，采用钢管支撑体系横向加固校正（最好采用这种方法）。

（D）钢木柱箍的加工制作见样品（已有）尺寸不适应的在师傅指导下进行改造。（木方上钻孔或在 CO_{12} 螺杆上加木块）。

4）框架梁模板实训

A. 主要内容

梯形梁模板及支撑体系安装；矩形梁模板及支撑体系安装：双排脚手架搭设（选项）。

B. 要求

要求学生掌握采用合理的模板配制人梁，支撑体系正确标准，几何尺寸正确，达到实训的目标。

C. 实训讲解

梁模扳安装

（A）确定立柱间距 1m，考虑脚手架搭设方式，由师傅指导完成。

（B）梁与柱的连接按两种情况考虑：

A）阴角模连接。

B）木板或木方连接，注意与钢模板的固定方法。

（C）先安梁底模，后安侧模，底模与侧模连接用连接角模连接，当底板尺寸不符合模数时，建议在梁底模中部适当位置留孔镶木板拼装。注意木板下应加模钢管支撑，防止脱落。

（D）上口应拉通线校正并用钢管或钢木夹具锁口。锁口处应加设木内顶撑，防止梁上口变形。内顶撑央在梁上口，便于浇筑混凝土时取掉。钢木夹具可选用成品以适当改造。

5）钢筋混凝土墙模板安装实训

A. 主要内容

选择长宽高尺寸适宜的钢筋混凝土墙模板安装。

B. 要求

要求学生掌握模板拼装方法，对拉铁什的选择及安装和支撑体系的安装方法。

C. 实训讲解

墙模板安装：

（A）墙模板采用定型组合钢模板，其对拉件形式有两种，可分别选用。一种为有止水片的，一种为对拉片不防水的（见实训中心内样品）。两种对拉片分别适用于地下室墙体和非防水墙体。

（B）模板应错缝接，对拉件按@600 一道（横竖方向）。模板外侧采用钩头螺栓和蝶卡夹住 48 钢管，横竖向间距 1.5m 左右一道加固，以提高棋板的侧向刚度和整体性。

（C）模板校正主要解决两个问题。首先是垂直度校正，其次是平整度和厚度，厚度用对拉件解决，一般按负 5mm 考虑，垂直度可以在邻组的墙模板之间加钢管支撑系统将其校正固定（支撑系统如图 2-3-5 所示）。

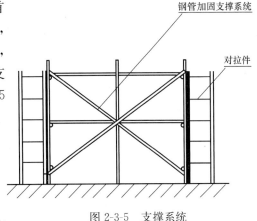

图 2-3-5　支撑系统

6）独立柱基模板安装实训

A. 主要内容

2～3 个台阶的独立柱基模板拼装。

B. 要求

要求学生基本掌握独立柱基的模板安装，对标高控制，基础顶部柱轴线控制和侧板的连接固定及相互关系能正确处理，安装方法正确实用。

C. 实训讲解

独立柱基模板搭设：

（A）独立柱基模板搭设按两种方式进行：

A）利用第二阶一侧的钢模板按长方式架在下阶模板口上。

B）完全利用钢管抬起第二、三阶模板。

（B）注意扣件与模板之间的接触方式，保证钢管和扣件应在台阶混凝土表面。

（C）采用钢管加固，除保证台阶正确外，应注意柱顶面的中心线控制。

（D）柱脚处用模板搭设一段 450mm 左右高的模板用于固定柱钢筋骨架。

实训小结

通过本次实训，应掌握正确掌握模板配板设计的方法和原理，并能熟练进行各种构件模板的安装，同时能学会模板工程质量检测技术。同时通过本次模板工的实训能在实训过程中培养学生的团队协作能力、个人组织协调能力、同时个人交流表达能力也得到相应提高。

实训考评（表 2-3-7）

模板工实训操作质量成绩考核表　　　　　　　　　　表 2-3-7

班级：　　　　　　　　组别：

序号	项目	质量标准及要求	分值	实测结果	实际得分
1	梁、柱模板	支撑及加固正确、合理	10		
		柱箍安装正确合理	5		
		模板配板正确合理	5		
		垂直度偏差≤10mm	10		
2	独立柱基	模板配板正确	10		
		支撑及加固可靠、合理	10		

151

序号	项目	质量标准及要求	分值	实测结果	实际得分
3	混凝土墙	模板配板正确	5		
		支撑及加固规范、合理	10		
		对拉件安装规范	5		
		垂直度≤10mm	10		
4	劳动态度	文明施工、紧张有序	10		
5	劳动纪律	无迟到、早退、旷课	10		

姓名	劳动态度（分）	劳动纪律（分）	施工质量（分）	合计得分	备注

注：(1) 成绩考核评定后，由指导老师填写成绩册报系教务办公室，60 分以上为合格。

(2) 除垂直度检查需要测外，其他项目可观察判定，由指导老师和师傅共同进行。

(3) 劳动态度由指导师傅在过程中观察判定，酌情给定分值。（落实到个人）

(4) 劳动纪律由指导师傅考勤确定，迟到 2h 以上者按旷课处理。

(5) 此训练为集体实作项目，成绩按五级评比，实际得分按五级套用优、良、中、及格、不及格；90 分以上优，80 分以上良，70 分以上中，60 分以上及格。

考核按如下方法进行：

(1) 按考勤状况。

(2) 按劳动态度。

(3) 按完成的质量状况。

(4) 按劳动纪律和遵守安全状况。

(5) 按每组搭建的质量状况评出成绩后，由老师综合上述的条件给出每个人的最后成绩，按优、良、中、及格、不及格五级进行考核。

职业训练

实训教学注重培养学生职业技能水平，提高学生动手能力，养成施工管理的意识。通过现场实训项目教学后，可达预期效果：

(1) 准确把握模板搭设技术要求。

(2) 对于模板工程能进行质量检查评定。

(3) 掌握预模板的分类与模板的配板设计要求。

(4) 学会处理模板工程在施工中的常见问题。

任务 2　架子工实训

实训目标

通过实训能让学生实际操作搭设脚手架，使学生了解脚手架施工的工艺、流程，掌握脚手架的施工方法，熟悉架子工在安装脚手架时容易出现的质量和安全等问题、脚手架施工的有关安全知识。思考今后工作怎样管理。通过训练，积累施工经验，对所学建筑施工技术及安全管理等相关课程的理论转化为能力；懂脚手架施工工艺、懂施工技术规范、会技术交底、会检查和管理。

实训成果

通过架子工实训，完成以下内容：

（1）根据给定的架子工实训施工图，按照施工图合理配置选料单

（2）依据搭设的需要，正确选择并合理使用相关扣件及连接件

（3）根据给定的架子工实训施工图，正确搭设脚手架实物

（4）掌握脚手架质量检查方法，填写质量检测数据，并编制实训报告

实训内容与指导

（1）实训内容

1）双排脚手架的搭设；

2）斜跑道搭设；

3）下料平台搭设；

4）安全通道棚搭设。

（2）实训指导

由老师给出特定的地点，由学生分组，每组按实训内容要求搭设相关的脚手架体，分工合作，有秩序的进行搭设，按施工工艺和流程进行搭设脚手架，最后由指导教师组织进行考评。

1）正确选择材料与工具：

A. 钢管：采用 $\phi48mm$，壁厚 3.5mm 的钢管，其质量符合现行国家标准规定。钢管表面平直光滑，无裂缝、结疤、分层、错位、硬弯、毛刺、压痕和深的划痕。钢管上严禁打孔，钢管在便用前先涂刷防锈漆。扣件材质必须符合《钢管脚手架扣件》GB 15831 规定。

B. 扣件：旋转扣件、直角扣件、对接扣件，扣件均有出厂合格证明。

C. 密目式安全网必须有建设主管部门认证的产品。

D. 脚手架底座，扳手，安全带，防滑鞋，胶手套，安全帽。

2）按指导教师要求正确脚手架设计尺寸

3）双排脚手架的搭设

A. 施工程序及流程

支架搭设步骤：扣件检查→地基处理→安放垫木→垫木调平→底座抄平→铺放垫板→摆放扫地杆（贴近地面的大横杆）→逐根树立立杆，随即与扫地杆扣紧→安第一步大横杆（与各立杆扣紧）→安第二步大横杆→加设临时斜撑杆（上端与第二步大横杆扣紧，脚手架搭完后拆除）→第三步大横杆→外侧加设抛撑→横向剪刀撑→纵向剪刀撑→铺脚手板→挂密目安全网。

B. 搭设要求

（A）确定立杆间距，按 1.5m 进行排列。

（B）排放扫地杆（纵向）用 6m 钢管排列两排，用接头扣件接长。

（C）在扫地杆上连结 4m 的立杆（用十字扣件），在两端先各立一根，扫地杆距地 200mm。扫地杆在立杆外侧（见任务书图），依次安放立杆。立杆搭设三—四根时，在

距地 1.4m 高外扣接纵向水平横杆，并用抛撑将其支稳。

（D）依次立外一排主杆并加抛撑支稳后，立第二排立杆两排立杆之间用小横杆拉接成两排，而后挂尼龙线进行平直度调整，作到横平竖直。

（E）依次搭设第二步架。待第二步架完成后，取消抛撑，在两端头增设剪力撑（解释做法及作用）。

（F）铺设脚手板，要求全部平整对接，接头处在距端头 10～15cm 处板下加小模杆，防止翘头，铺设时要选择搭配，保证满铺不留空隙。

（G）在脚手架内侧安放安全立网，直栏杆顶，立网用铁丝绑扎。

4）斜跑道搭设

A. 跑道宽同双掉脚手架，坡度 1：3；

B. 跑道两侧措设双栏杆，1.1m 高；

C. 满铺脚手板，并钉防滑条，下端用小横杆压稳。

5）下科平台搭设

A. 下料平台按 6～8m，搭设，与脚手架分离。平台按立杆 1m 间距搭设（用 4m 立杆），横杆步距按 1.2m。

B. 平台上满铺脚手板，三方设 1.1m 高双栏杆，平台面高 2.8m。

C. 下了平台三方围安全方网，作法同双排脚手架。

6）安全通道棚搭设

A. 在双排架合适的位置开一通道口，宽 4m，高 2.8m，长 3.6m，进深设剪力撑三道（@1.2m）。

B. 通道棚立柱间距按 1.2m，立杆内侧绑扎斜杆以增加刚度。

C. 通棚上满铺脚手板，脚手板上铺 10mm×2m 竹胶板。

D. 通道棚内侧两边挂放安全立网。

7）脚手架拆除要求

A. 拆架时应划出工作区标志和设置围栏，并派专人看守，严禁行人进入。拆除作业必须由上而下逐层进行，严禁上下同时作业；

B. 拆架时统一指挥，上下呼应，当解开与另一人有关的结扣时，应先行告知对方，以防坠落；

C. 连墙杆必须随脚手架逐层拆除，严禁先将连墙杆整层或数层拆除后再拆脚手架；分段拆除高差不应大于 2 步，如高差大于 2 步，应增设连墙杆加固；

D. 当脚手架采取分段、分立面拆除时，对不拆除的脚手架两端，应先按规范规定设置连墙杆和横向斜撑加固；

E. 各构配件严禁抛掷至地面；

F. 运至地面的构配件应及时检查、整修与保养，并按品种、规格随时码堆存放。

8）注意事项

A. 严禁将外径 48mm 与 51mm 的钢管及其相应扣件混合使用；

B. 在设置第一排连墙件前，应约每隔 6 跨设一道抛撑，以确保架子稳定；

C. 连墙件和剪刀撑应及时设置，不得滞后超过 2 步；

D. 脚手架必须配合施工进度搭设，一次搭设高度不应超过相邻连墙杆以上两步；

E. 杆件端部伸出扣件之外的长度不得小于 100mm；

F. 在顶排连墙件之上的架高（以纵向平杆计）不得多于 3 步，否则应每隔 6 跨架设一道撑拉措施；

G. 对接平板脚手板时，对接处的两侧必须设置间横杆。

实训小结

通过本次实训，应掌握正确钢管扣件式脚手架的搭设方法，有识读脚手架施工图的能力，同时能基本掌握脚手架质量检测方法及要点。除此以外通过此次实训，能增强团队协作能力、个人组织协调能力。

实训考评（表 2-3-8）

考核按如下方法进行：

（1）按考勤状况；

（2）按劳动态度；

（3）按完成的质量状况和选料单编制；

（4）按劳动纪律和遵守安全状况；

（5）按每组搭建的质量状况评出成绩后，由老师综合上述的条件给出每个人的最后成绩，按优、良、中、及格、不及格五级进行考核。

架子工技能实训项目评分表　　　　　　　表 2-3-8

评分教师：　　　　　　　　　　　　　　　　　日期：

小组名称	选料单得分（20分）	搭设成果得分（30分）	小组出勤得分（20分）	劳动态度（20分）	上交成果得分（10）	合计得分（100分）

注：（1）成绩考核评定后，由指导老师填写成绩册报系教务办公室，60 分以上为合格。
（2）除垂直度检查需要测外，其他项目可观察判定，由指导老师和师傅共同进行。
（3）劳动态度由指导师傅在过程中观察判定，酌情给定分值（落实到个人）。
（4）劳动纪律由指导师傅考勤确定，迟到 2h 以上者按旷课处理。
（5）此训练为集体实作项目，成绩按五级评比，实际得分按五级套用优、良、中、及格、不及格；90 分以上优，80 分以上良，70 分以上中，60 分以上及格。

职业训练

通过架子工实训后，学生掌握了很多工程实践中架子工的操作技能，在学生就业过程中，发挥了极大的作用和优势，得到了用人单位的极大肯定，适应了建筑业的发展。

4 钢结构工程实训

实训项目 1 钢结构材料性能及检测实训

项目实训目标

钢结构材料实训是建筑工程技术及相关专业重要的实践性教学环节之一。它是以操作为主，重在培养学生的实际操作能力，真正实现把理论知识转化为实践技能。目的是让学生通过操作，获得一定的技术实践知识和生产技能操作体验，同时也获得一定的职业体验，培养职业素质，也为后续课程或项目学习打下一定的基础，它为实现专业培养目标起着重要的作用。

钢结构材料是钢结构工程的基础，对建筑物的安全性、适用性和耐久性都有着重要的影响。因此，钢结构材料的品种、规格、性能等均应符合现行国家产品标准和设计要求，对某些重要性能指标，还需要依据相关标准进行检测。

本项目通过实体材料及检测量具使学生认识钢结构材料的种类及规格，了解其性能、应用条件、储存，区分不同材料在实际工程中的应用，掌握部分材料的检测方法。同时，在实训过程中，培养学生具备以下能力：

（1）能够对钢结构材料进行外观检验；

（2）能根据不同的工程，合理的选择和使用相关的建筑材料；

（3）能够完成常用钢结构材料的取样；

（4）具有填写钢结构材料实验报告的能力；

（5）对各项钢结构材料科学试验检测结果，具有分析判断的能力；

（6）具有对各种新型材料能较快的熟悉，并用于工程实践的能力；

（7）文字与语言表达能力；

（8）收集信息、查阅资料能力、根据已有知识进行重构和创新的能力；

（9）团队协作能力；

（10）严格要求，细致耐心，较强的逻辑思维能力。

通过以上能力的培养，使学生达到熟练掌握钢结构材料性能及检测技能的水平，提高应用知识与技能解决工程实际问题的能力，从而实现专业教育的培养目标。

场地环境要求

需要建筑面积为 $300m^2$ 钢结构材料与性能检测实训基地，在该建设专用场所放置集中采购的材料和设备。本项目实训场地要求具备钢结构材料室和材料性能检测室，可以单独设置，也可合并设置。

1. 钢结构材料室

（1）完成设备所需电源的改造建设工作、网线的铺设安装工作；

（2）材料专用陈列柜；包括材料质量合格证明文件、中文标志及检验报告等；

（3）规范、规程及标准陈列柜；包括《钢结构施工质量验收规范》GB 50205、《钢结构现场检测技术标准》GB/T 50621、《涂装前钢材表面锈蚀等级和除锈等级》GB 8923 等；

（4）实训操作平台多张，用于小组为单位集中摆放，便于交流研讨；

（5）讲台、黑板、多媒体投影等设施，便于构造类课程理实一体化教学。

2. 材料性能检测室

（1）完成设备所需电源的改造建设工作、网线的铺设安装工作，以及基本的安全防护工作；

（2）划分出检测材料堆放角；

（3）购置检测仪器、设备及量具；

（4）实训操作平台多张，用于小组为单位集中摆放，便于交流研讨；

（5）讲台、黑板、多媒体投影等设施，便于构造类课程理实一体化教学。

实训任务设计

1. 实训任务划分

在钢结构工程中，与结构体系有关的主要建筑材料是钢材、连接材料和围护及涂装材料。因此，该实训项目根据材料的三大类别划分成以下几个任务：

任务 1：钢材认知

任务 2：连接材料认知

任务 3：围护材料认知

任务 4：钢材外观检测

任务 5：钢材性能检测

任务 6：连接材料检测

任务 7：围护材料检测

任务 8：涂装材料检测

2. 实训载体选取

实训材料最好结合本区域工程特点，选取在施工中常用到的材料及检测方法作为手段。

3. 实训时间安排

结合学生的认知规律和学习规律，实训宜遵循"简单到复杂"的原则。任务 1～3 作为基础认知实训项目，宜安排在讲解了钢结构用钢材后，约为 3 学时；任务 4～8 作为检测实训项目，要求学生在具备一定的专业知识基础上完成，宜安排在讲解了钢结构材料性能之后，约为 10 个学时。

4. 实训组织与实施

（1）实训方式

1）成立实训指导小组，全面负责学生实训指导工作；

2）以班级为单位，在实训基地进行训练。

（2）组织管理

1）实训指导小组责任制，实训指导教师对实训内容进行讲解及指导，实训指导小组由校内和校外指导老师共同指导；

2）以班级为单位，班长全面负责，每组学生为4～6人，每组设一名组长，组长负责本组同学各项实习事务工作（包括纪律监督、事务联系、集合等）；

3）实训开展宜以小组为单位进行，由组长负责本组实训任务分工以及实训过程中联络协调工作；实训任务表以小组为单位提交，其他个人提交。

任务1 钢材认知

实训目标

1. 掌握钢结构用钢材的种类；

2. 认知钢结构用钢材中钢板和型钢的规格。

实训成果

1. 实训任务表，见表2-4-1；

2. 实训报告，包括实训问答和实训总结与信息反馈表；

3. 实训成绩评定表（学生填写部分）。

钢材认知任务表   表2-4-1

班级			组长		组号	
成员						
指导老师				时间		
规格		牌号	检验报告编号	外形、尺寸	符号标注	
钢板	厚钢板					
	薄钢板					
	特厚板					
	扁钢					
型钢	工字钢					
	角钢					
	槽钢					
	H型钢					
	T型钢					
	钢管					
	圆钢					
	压型钢板					
	冷弯C或Z型钢					
……	……					
	……					

实训内容与指导

1. 实训内容

（1）薄钢板、厚钢板、特厚板、扁钢等钢板的识别；

逐一观察，检查质量合格证明文件、中文标志及检验报告，填写任务表。

（2）角钢、工字钢、H型钢、槽钢、钢管、冷弯薄壁型钢等型钢的识别；

逐一观察，检查质量合格证明文件、中文标志及检验报告，填写任务表。

（3）钢材分类存放及编号。

逐一观察其存放方式及编号。

2. 实训指导

（1）实训准备阶段

实训开始前，校内实训指导教师要检查学生的预习情况，做好安全教育工作，强调安全注意事项、操作规程以及应急措施。

（2）实训实施阶段

实训开始时，实训指导教师要讲解实训的目的、要求、内容与方法以及注意事项，并进行相关操作的示范。

实训过程中，实训指导教师要做好指导工作，检查学生操作情况，引导学生采取正确的实训方法。

（3）实训考核阶段

实训专业技术老师要协助实训指导教师做好实训的辅导和学生实训表现的评分工作。

实训指导教师要认真批改实训报告，评定其成绩。

（4）实训结束阶段

实训结束后，小组成员共同整理实训场地。

实训小结

1. 实训问答

（1）通过实训掌握钢结构用钢材的种类和规格中的哪些？

（2）它们各自都应用在钢结构的哪些构件中？

（3）不同规格的钢材其符号的表示方法。

（4）钢材是如何存放和编号的？

2. 实训总结及信息反馈表：见表2-4-2。

实训考评

针对学生在实训过程中的具体表现及实训报告填写情况，采取本人自评、小组评价、教师评价相结合的方式构成最终实训成绩。实训成绩评定表，见表2-4-3。

1. 实训成绩评定依据以下几个方面的内容：

（1）实训任务表及实训报告；

（2）实训出勤表；

（3）各实训项目完成情况。

实训总结与信息反馈表　　　　　　　　　　　表 2-4-2

实训名称		指导教师		学时	
班级		组号			
填表人					

1. 本次实训过程中,你在本组内从事哪项具体工作,工作成果有哪些?

2. 你对自己工作成果有何评价,不足之处在哪?

3. 请评价一下你所在工作小组的在实训过程中的表现?

4. 你对组长或组员在实训中的能力与表现有何看法?

实训心得体会:

意见与建议:

　　其中：实训任务表及实训报告　　30%（教师评价）

实训操作　　　　　　　　　　60%（小组评价）

个人在实训中的表现　　　　　10%（自己评价）

2. 实训成绩按五级分评定（优、良、中、及格、不及格）。

3. 学生实习成绩按下列标准进行评定：

（1）评为"优"的条件：

1）实训任务表内容完整,实训报告中对实训内容有非常深刻的认识和体会;

2）能较好地完成全部实训项目。

实训考核成绩评定表　　　　　　　　　　　表 2-4-3

学生姓名：　　　　　　　　组别：　　　　　　　班级：

实训名称		钢材认知		
课时	1 学时	地点		
指导教师		时间		
①过程考核（小组评价）	考核项目	评分标准		得分
	出勤	有无迟到、早退现象（10 分）		
	工作态度	仪器工具轻拿轻放,动作规范（10 分）		
	记录	记录正确、规范（50 分）		
	资料查验	规范、规程核检快速准确（20 分）		
	综合印象	清理及善后工作、文明作业（10 分）		
	分值	100 分		
②本人自评	打分标准	优、良、中、及格、不及格		
③教师评价				
实训成绩				

　　注：计算成绩时,可如下转换：优：95 分；良：85 分；中：75 分；及格：65 分；不及格：60 分以下。

实训成绩＝①×60%＋②×10%＋③×30%

（2）评为"良"的条件：

1）实训任务表内容基本完整；实训报告中对实训内容有深刻的认识和体会；

2）能完成全部的实训项目。

（3）评为"中"的条件：

1）实训任务表内容基本完整；实训报告中对实训内容有认识和体会；

2）基本完成实训项目。

（4）评为"及格"的条件：

1）实训任务表较完整；实训报告中对实训内容认识和体会；

2）能完成大多数实训项目。

（5）具有下列情况之一者定为"不及格"：

1）实训任务表不完整，缺少三分之一以上或者无实训报告。不能参加答辩以不及格处理；

2）不能完成实训项目；实训期间态度不端正、经常迟到早退、不服从现场指导老师安排；

3）在综合实训中严重违纪和弄虚作假，抄袭他人成果的学生。不予答辩，并以不及格论处。

职业训练

（1）利用课余时间去建材市场了解最新钢结构用钢材的信息，同时要辅以相应的图片来说明上述信息；

（2）利用课余时间找一处在建钢结构建筑，然后着重了解材料进场及堆放等信息，同时要辅以相应的图片来说明上述信息；

（3）字数不低于 1000 字，图片数量不低于 10 张。

任务 2　连接材料认知

实训目标

1. 能分辨出钢结构用普通螺栓与高强度螺栓；

2. 能认识钢结构焊条、焊丝、焊剂等焊接材料；

3. 能选用合适的连接材料。

实训成果

1. 实训任务表，见表 2-4-4；

2. 实训报告，包括实训问答和实训总结与信息反馈表；

3. 实训成绩评定表（学生填写部分）。

连接材料认知任务表　　　　　　　　　　　　　表 2-4-4

班级		组长		组号	
成员					
指导老师				时间	
连接材料	牌号(型号)		规格	外观、组成	用途

续表

		焊条				
焊接材料		焊丝				
		焊剂				
连接材料			规格	性能等级	组成、长度	符号标注
紧固件	普通螺栓	粗制螺栓				
		精制螺栓				
	高强度螺栓	大六角型				
		扭剪型				
		摩擦型				
		承压型				
	铆钉					
	锚栓					
……	……					
	……					

实训内容与指导

1. 实训内容

（1）钢结构焊条、焊丝、焊剂的识别及选用；

逐一观察，检查质量合格证明文件、中文标志及检验报告，填写任务表。

（2）普通螺栓与高强度螺栓的识别及选用；

逐一观察，检查质量合格证明文件、中文标志及检验报告，填写任务表。

2. 实训指导

（1）实训准备阶段

实训开始前，校内实训指导教师要检查学生的预习情况，做好安全教育工作，强调安全注意事项、操作规程以及应急措施。

（2）实训实施阶段

实训开始时，实训指导教师要讲解实训的目的、要求、内容与方法以及注意事项，并进行相关操作的示范。

实训过程中，实训指导教师要做好指导工作，检查学生操作情况，引导学生采取正确的实训方法。

（3）实训考核阶段

实训专业技术老师要协助实训指导教师做好实训的辅导和学生实训表现的评分工作。

实训指导教师要认真批改实训报告，评定其成绩。

（4）实训结束阶段

实训结束后，小组成员共同整理实训场地。

实训小结

1. 实训问答

（1）如何区别高强螺栓和普通螺栓？

（2）在钢结构的构件连接中如何选取连接材料？

（3）掌握连接材料的符号含义及区别。

（4）对于不同种类钢材采用焊接连接时，如何选用焊条、焊丝及焊剂？

2. 实训总结及信息反馈表：（同前）。

实训考评

针对学生在实训过程中的具体表现及实训报告填写情况，采取本人自评、小组评价、教师评价相结合的方式构成最终实训成绩。实训成绩评定表，见表 2-4-5。

评定依据、成绩等级、评定标准同任务 1。

实训考核成绩评定表

表 2-4-5

学生姓名：　　　　　　　　组别：　　　　　　　　班级：

实训名称		连接材料认知		
课时	1 学时		地点	
指导教师			时间	
	考核项目	评分标准		得分
	出勤	有无迟到、早退现象（10分）		
	工作态度	仪器工具轻拿轻放、动作规范（10分）		
①过程考核（小组评价）	记录	记录正确、规范（50分）		
	资料查验	规范、规程核检快速准确（20分）		
	综合印象	清理及善后工作、文明作业（10分）		
	分值	100 分		
②本人自评	打分标准	优、良、中、及格、不及格		
③教师评价				
实训成绩				

注：计算成绩时，可如下转换：优：95分；良：85分；中：75分；及：65分；不及：60分以下。

实训成绩＝①×60％＋②×10％＋③×30％

职业训练

（1）利用课余时间去建材市场了解最新钢结构连接材料的信息，同时要辅以相应的图片来说明上述信息；

（2）利用课余时间找一处在建钢结构建筑，然后着重了解该建筑中连接材料的选取等信息，同时要辅以相应的图片来说明上述信息；

（3）字数不低于1000字，图片数量不低于10张。

任务3　围护材料认知

实训目标

1. 能认知钢结构屋面围护材料；

2. 能认知钢结构墙面围护材料。

实训成果

1. 实训任务表，见表 2-4-6；

围护材料认知任务表　　　　　　　　　表 2-4-6

班级			组长		组号	
成员						
指导老师				时间		
围护材料		型号	板厚	断面基本尺寸	有效宽度	重量
屋面围护材料	压型钢板					
	复合板					
	蒸压轻质加气混凝土板					
墙面维护材料	纸面石膏板					
	玻璃纤维增强水泥板					
	粉煤灰轻质墙板					
	压型钢板					
	EPS 夹芯板					
	UBS-V820 大波纹墙板					
	……					
……	……					
	……					

2. 实训报告，包括实训问答和实训总结与信息反馈表；

3. 实训成绩评定表（学生填写部分）。

实训内容与指导

1. 实训内容

（1）压型钢板、复合板、蒸压轻质加气混凝土板等屋面围护材料的识别；

逐一观察，检查质量合格证明文件、中文标志及检验报告，填写任务表。

（2）纸面石膏板、玻璃纤维增强水泥板、粉煤灰轻质墙板、压型钢板和 EPS 夹芯板、UBS-V820 大波纹墙板等墙面围护材料的识别。

逐一观察，检查质量合格证明文件、中文标志及检验报告，填写任务表。

2. 实训指导

（1）实训准备阶段

实训开始前，校内实训指导教师要检查学生的预习情况，做好安全教育工作，强调安全注意事项、操作规程以及应急措施。

（2）实训实施阶段

实训开始时，实训指导教师要讲解实训的目的、要求、内容与方法以及注意事项，并进行相关操作的示范。

实训过程中，实训指导教师要做好指导工作，检查学生操作情况，引导学生采取正确的实训方法。

（3）实训考核阶段

实训专业技术老师要协助实训指导教师做好实训的辅导和学生实训表现的评分

工作。

实训指导教师要认真批改实训报告，评定其成绩。

（4）实训结束阶段

实训结束后，小组成员共同整理实训场地。

实训小结

1. 实训问答

（1）钢结构常用的墙面围护材料有哪些?

（2）钢结构常用的屋面围护材料有哪些?

（3）在不同的钢结构建筑中如何选取围护材料?

（4）不同类型围护材料的主要区别有哪些?

2. 实训总结及信息反馈表（同前）。

实训考评

针对学生在实训过程中的具体表现及实训报告填写情况，采取本人自评、小组评价、教师评价相结合的方式构成最终实训成绩。实训成绩评定表，见表2-4-7。

评定依据、成绩等级、评定标准同任务1。

实训考核成绩评定表   表2-4-7

学生姓名：　　　　　　　组别：　　　　　　　班级：

实训名称	维护材料认知		
课时	1学时	地点	
指导教师		时间	
①过程考核（小组评价）	考核项目	评分标准	得分
	出勤	有无迟到、早退现象（10分）	
	工作态度	仪器工具轻拿轻放，动作规范（10分）	
	记录	记录正确、规范（50分）	
	资料查验	规范、规程核检快速准确（20分）	
	综合印象	清理及善后工作、文明作业（10分）	
	分值	100分	
②本人自评	打分标准	优、良、中、及格、不及格	
③教师评价			
实训成绩			

注：计算成绩时，可如下转换：优：95分；良：85分；中：75分；及：65分；不及：60分以下。

实训成绩＝①×60％＋②×10％＋③×30％

职业训练

（1）利用课余时间去建材市场了解最新围护材料的信息，同时要辅以相应的图片来说明上述信息;

（2）利用课余时间找一处在建钢结构建筑，然后着重了解该建筑中使用的围护材料等信息，同时要辅以相应的图片来说明上述信息;

（3）字数不低于1000字，图片数量不低于10张。

任务 4　钢材外观检测

实训目标

能按照《钢结构工程施工质量验收规范》和《钢结构施工规范》的具体要求对钢材进行名称、数量、规格、尺寸、厚度、表面缺陷、锈蚀程度等项目进行检测。

实训成果

1. 实训任务表，见表 2-4-8～表 2-4-10；

2. 实训报告，包括实训问答和实训总结与信息反馈表；

3. 实训成绩评定表（学生填写部分）。

钢材检测任务表一　　　　　　　　　　　　　　表 2-4-8

班级			组长			组号					
成员											
指导老师							时间				
序号	钢材外观质量检测										
	规格	厚度	尺寸	裂纹	折叠	夹层	锈蚀等级	麻点	划痕	分层	夹渣
构件 1											
构件 2											
构件 3											

结论：

钢材检测任务表二　　　　　　　　　　　　　　表 2-4-9

班级		组长		组号	
成员					
指导老师				时间	
序号	测点	钢板厚度检测				
		检测值	平均值	理论值	偏差	是否满足规范要求
构件 1	1					
	2					
	3					
构件 2	1					
	2					
	3					
构件 3	1					
	2					
	3					
……						

结论：

实训内容与指导

1. 实训内容

(1) 钢材外观质量检测

1) 检测数量：全数检查。

2) 检测器具：放大镜。

3) 检测方法及注意事项：

观察钢材表面是否有裂纹、折叠、夹层，检查钢材端边或断口处是否有分层、夹渣等缺陷。

观察钢材的表面是否有锈蚀、麻点或划痕等缺陷。

目视检测时，眼睛与被检工件的表面距离不得大于60mm，视线与被检工件表面所成的夹角不小于30度，从多个角度对工件进行检查。对细小缺陷进行鉴别时，可使用2～6倍的放大镜。

4) 检测结果评价

当钢材的表面有锈蚀、麻点或划痕等缺陷时，其深度不得大于该钢材厚度负允许偏差值的1/2。

钢材表面的锈蚀等级应符合现行国家标准《涂装前钢材表面锈蚀等级和除锈等级》GB 8923 规定的 C 级及 C 级以上。

钢材端边或断口处不应有分层、夹渣等缺陷。

(2) 钢板厚度检测

1) 检测量：

同一品种和规格的钢板抽查 5 处，并对同一构件 3 个不同部位进行测量，取 3 处测试的平均值作为钢材厚度的代表值。

2) 检测器具：

超声波测厚仪，标准块。超声测厚仪的主要技术指标应符合规范规定。

3) 检测方法及注意事项：

对钢板厚度进行检测前，应清除表面油漆层、氧化皮、锈蚀等，打磨至露出金属光泽。

检测前应用随机标准块对仪器进行校准，经校准后方可进行测试。

将耦合剂涂于被测处，耦合剂可用机油、化学浆糊等。

将探头与被测构件耦合即可测量，接触耦合时间宜保持 1～2s。在同一位置宜将探头转过 90°后做二次测量，取两次的平均值作为该部位的代表值。

测厚仪使用完毕后，应擦去探头及仪器上的耦合剂和污垢，保持仪器的清洁。

4) 检测结果评价

钢材的厚度偏差应以设计图规定的尺寸为基准进行计算，并符合《热轧钢板和钢带的尺寸、外形、重量及允许偏差》GB/T 709—2006 的规定。

(3) 型钢的规格尺寸检测

1) 检测数量：

每一品种、规格的型钢抽查 5 处。并对同一构件 3 个不同部位进行测量，取 3 处测试的平均值作为代表值。

2）检测器具：

游标卡尺、钢尺、放大镜。

3）检测方法及注意事项：

进行检测前，应清除表面油漆层、氧化皮、锈蚀等，打磨至露出金属光泽。

对高度、宽度、厚度、长度和中心偏差分别进行测量。

4）检测结果评价：

型钢尺寸、外形及允许偏差应分别符合《热轧 H 型钢和剖分 T 型钢》GB/T 11263—2010 规范的要求。

2. 实训指导

（1）实训准备阶段

实训开始前，校内实训指导教师要检查学生的预习情况，做好安全教育工作，强调安全注意事项、操作规程以及应急措施。

（2）实训实施阶段

实训开始时，实训指导教师要讲解实训的目的、要求、内容与方法以及注意事项，并进行相关操作的示范。

实训过程中，实训指导教师要做好指导工作，检查学生操作情况，引导学生采取正确的的实训方法。

（3）实训考核阶段

实训专业技术老师要协助实训指导教师做好实训的辅导和学生实训表现的评分工作。

实训指导教师要认真批改实训报告，评定其成绩。

（4）实训结束阶段

实训结束后，小组成员共同整理实训场地。

实训小结

1. 实训问答

（1）钢材的外观质量检查要点有哪些？

（2）对不同规格的钢材检测方法有哪些不同？

（3）在检测的过程中有哪些注意事项？

2. 实训总结及信息反馈表（同前）。

实训考评

针对学生在实训过程中的具体表现及实训报告填写情况，采取本人自评、小组评价、教师评价相结合的方式构成最终实训成绩。实训成绩评定表，见表 2-4-11。

评定依据、成绩等级、评定标准见任务 1。

职业训练

利用课余时间找一处在建钢结构建筑，作为旁站去了解施工和监理人员是如何对进场的钢材进行检测的？同时要辅以相应的图片来说明上述信息；字数不低于 1000 字，图片数量不低于 10 张。

钢材检测任务表三

表 2-4-10

班级		组长		组号	
成员					
指导老师		时间			

序号	测点	型钢规格尺寸检测										
		高度			宽度			厚度			长度		
		检测值	平均值	偏差	检测值	平均值	偏差	检测值	平均值	偏差	检测值	平均值	偏差
构件 1	1												
	2												
	3												
构件 2	1												
	2												
	3												
构件 3	1												
	2												
	3												
构件 4	1												
	2												
	3												
…													

结论：

实训考核成绩评定表　　　　　　　表 2-4-11

学生姓名：　　　　　　　　组别：　　　　　　　　班级：

实训名称	钢材外观检测		
课时	2 学时	地点	
指导教师		时间	
①过程考核（小组评价）	考核项目	评 分 标 准	得分
	出勤	有无迟到、早退现象（10 分）	
	工作态度	仪器工具轻拿轻放，动作规范（10 分）	
	检测	检测方法步骤正确（30）	
	记录	记录正确、规范（20 分）	
	资料查验	规范、规程核检快速准确（20 分）	
	综合印象	清理及善后工作、文明作业（10 分）	
	分值	100 分	
②本人自评	打分标准	优、良、中、及格、不及格	
③教师评价			
实训成绩			

注：计算成绩时，可如下转换：优：95 分；良：85 分；中：75 分；及格：65 分；不及格：60 分以下。
　　实训成绩＝①×60％＋②×10％＋③×30％

任务 5　钢材性能检测

实训目标

能按照《钢结构工程施工质量验收规范》GB 50205 和《钢结构施工规范》GB 50755—2012 的具体要求，对钢材进行取样及化学成分分析，对钢材的抗拉强度和弯曲性能进行检测。

实训成果

1. 实训任务表，见表 2-4-12、表 2-4-13；

2. 实训报告，包括实训问答和实训总结与信息反馈表；

3. 实训成绩评定表（学生填写部分）。

实训内容与指导

1. 实训内容

（1）对型钢进行取样及化学成分分析

1）取样部位

在钢材具有代表性的部位选取。

2）取样器具

钻头或者取样工具机。

3）取样注意事项

取样时，不能用水、油或其他润滑剂，并应去除表面氧化铁皮和脏物。成品钢材还应除去脱碳层、渗碳层、涂层、镀层金属或其他外来物质。

表 2-4-12

钢材性能检测任务表一

班级		组长		组号	
成员					
指导老师			时间		

化学成分分析

检测材料	牌号	碳(%)			锰(%)			硅(%)			硫(%)			磷(%)		
		实测	理论	偏差	实测	理论	偏差	实测	理论	偏差	实测	理论	偏差	实测	理论	偏差

结论：

注：此表针对普通碳素结构钢，对于低合金结构钢还应增加钒、镍、钛的检测。

钢材性能检测任务表二   表 2-4-13

班级					组长			组号		
成员										
指导老师							时间			
检测材料	抗拉性能									
	牌号	直径	标距	屈服点			抗拉强度			伸长率
				实测	理论	偏差	实测	理论	偏差	实测	理论	偏差
钢板1										
钢板2										
……										
圆钢1										
……										
型钢1										
……										

结论：

钢材性能检测任务表三   表 2-4-14

班级				组长		组号		
成员								
指导老师						时间		
检测材料	弯曲性能							
	牌号	直径	厚度	试样方向	冷弯角度	弯心直径	裂纹或分层	
							实测	理论	偏差
钢板1								
钢板2								
……								
圆钢1								
……								
型钢1								
……								

结论：

当用钻头采取试样时，对熔炼分析或小断面钢材成品分析，钻头直径应尽可能地大，至少不应小于6mm；对大断面钢材成品分析，钻头直径不应小于12mm。

供仪器分析用的试样样块，使用前应根据分析仪器的要求，适当地予以磨平或抛光。

4）化学成分检测器具

天平、分光光度计、碳硫分析仪

5）检测方法及注意事项

按现行国家标准 GB/T 223 进行。

6）检测结果评价

化学成分偏差应满足《钢的成品化学成分允许偏差》GB/T 222—2006 的要求。

（2）对钢板进行抗拉性能检测

1）取样

试样有纵向和横向试样两类，具体的取样方法及位置参见《钢材力学及工艺性能试验取样规定》GB 2975。

2）检测器具

万能试验机或者拉伸试验机。试验机应按照《拉力试验机》GB/T 16825 进行检验。

3）检测方法及注意事项：

试验在室温下进行，试验为缓慢加载，加载速率满足《金属材料拉伸试验方法》GB/T 228。通过该试验，可以检测钢材的屈服强度、抗拉强度及伸长率。

4）检测结果评价

检测的力学性能指标都必须满足国家标准《碳素结构钢》GB 700、《低合金高强度结构钢》GB/T 1591、《部分优质碳素结构钢的力学性能》GB/T 699。

（3）对钢板进行弯曲性能检测

1）取样

试样有纵向和横向试样两类，具体的取样方法及位置参见《钢材力学及工艺性能试验取样规定》GB 2975。

2）检测器具

弯曲试验机或配备弯曲装置的万能试验机。试验机应按照《拉力试验机》GB/T 16825 进行检验。

3）检测方法及注意事项

试验在室温下进行，按照规定的弯心直径，将试验弯至规定的角度，具体方法应按照《金属材料弯曲试验方法》GB/T 232 进行。通过该试验，观察试样弯曲处表面有无肉眼可见的裂纹和分层。

4）检测结果评价

试样弯曲处表面无肉眼可见的裂纹和分层则合格，试样弯曲处表面有肉眼可见的裂纹和分层则不合格。

2. 实训指导

（1）实训准备阶段

实训开始前，校内实训指导教师要检查学生的预习情况，做好安全教育工作，强调安全注意事项、操作规程以及应急措施。

（2）实训实施阶段

实训开始时，实训指导教师要讲解实训的目的、要求、内容与方法以及注意事项，并进行相关操作的示范。

实训过程中，实训指导教师要做好指导工作，检查学生操作情况，引导学生采取正确的实训方法。

（3）实训考核阶段

实训专业技术老师要协助实训指导教师做好实训的辅导和学生实训表现的评分工作。

实训指导教师要认真批改实训报告，评定其成绩。

（4）实训结束阶段

实训结束后，小组成员共同整理实训场地。

实训小结

1. 实训问答

（1）对大断面钢材与小断面钢材取样的选取有什么不同？应如何选取？

（2）对不同的力学性能，检测方法有哪些不同？

（3）在检测的过程中有哪些注意事项？

2. 实训总结及信息反馈表（同前）。

实训考评

针对学生在实训过程中的具体表现及实训报告填写情况，采取本人自评、小组评价、教师评价相结合的方式构成最终实训成绩。实训成绩评定表，见表 2-4-15。

实训考核成绩评定表　　　　　　　　　　　　　　表 2-4-15

学生姓名：　　　　　　　　组别：　　　　　　　　班级：

实训名称	钢材性能检测		
课时	1 学时	地点	
指导教师		时间	
	考核项目	评分标准	得分
①过程考核（小组评价）	出勤	有无迟到、早退现象（10 分）	
	工作态度	仪器工具轻拿轻放，动作规范（10 分）	
	检测	检测方法步骤正确（30）	
	记录	记录正确、规范（20 分）	
	资料查验	规范、规程核检快速准确（20 分）	
	综合印象	清理及善后工作、文明作业（10 分）	
	分值	100 分	
②本人自评	打分标准	优、良、中、及格、不及格	
③教师评价			
实训成绩			

注：计算成绩时，可如下转换：优：95 分；良：85 分；中：75 分；及格：65 分；不及格：60 分以下。

实训成绩＝①×60％＋②×10％＋③×30％

评定依据、成绩等级、评定标准同任务 1。

职业训练

（1）利用课余时间找一处在建钢结构建筑，作为旁站去观察施工和监理人员是如何对进场的钢材进行取样的？同时要辅以相应的图片来说明上述信息；

（2）学院组织去质量检查站，观测钢材其他性能的检测。同时要辅以相应的图片来说明上述信息；

（3）字数不低于 1000 字，图片数量不低于 10 张。

任务 6 连接材料检测

实训目标

能根据现行《钢结构工程施工质量验收规范》GB 50205 和《钢结构施工规范》GB 50755—2012 的具体要求，进行普通螺栓、高强螺栓、焊条、焊丝等材料的外观检测。

实训成果

1. 实训任务表，见表 2-4-16～表 2-4-19；

2. 实训报告，包括实训问答和实训总结与信息反馈表；

3. 实训成绩评定表（学生填写部分）。

实训内容与指导

1. 实训内容

（1）普通螺栓最小拉力载荷试验检测

1）检测数量

随机选取，每种规格螺栓抽查 8 个。

2）检测器具

拉力试验机。

普通螺栓最小拉力载荷检测任务表　　　　　　　表 2-4-16

班级			组长		组号	
成员						
指导老师				时间		
序号	螺栓规格	性能等级	拉力载荷实测值	拉力载荷理论值	偏差	结论
1						
2						
3						
4						
5						
6						
…						

总结：

175

大六角头高强螺栓扭矩系数检测任务表   表 2-4-17

班级				组长		组号	
成员							
指导老师					时间		
序号	螺栓规格	性能等级	扭矩系数实测值	终拧扭矩计算值	终拧扭矩理论值	偏差	结论
1							
2							
3							
4							
5							
6							
7							
……							

总结：

扭剪型高强度螺栓连接副预拉力检测任务表   表 2-4-18

班级			组长		组号	
成员						
指导老师				时间		
序号	螺栓规格	性能等级	预拉力实测值	预拉力理论值	偏差	结论
1						
2						
3						
4						
5						
…						

结论：

3）检测方法及注意事项：

用专用卡具将螺栓实物置于拉力试验机上进行拉力试验，为避免试件承受横向载荷，试验机的夹具应能自动调正中心，试验时夹头张拉的移动速度不应超过 25mm/min。螺栓实物的抗拉强度应根据螺纹应力截面积（As）计算确定，进行试验时，承受拉力载荷的未旋合的螺纹长度应为 6 倍以上螺距；当试验拉力达到现行国家标准《紧固件机械性能螺栓、螺钉和螺柱》GB 3098.1 中规定的最小拉力载荷值时不得断裂。当超过最小拉力载荷直至拉断时，断裂应发生在杆部或螺纹部分，而不应发生在螺头与杆部的交接处。

表 2-4-19

焊接材料外观检测任务表

班级		组号	
成员		组长	
指导老师		时间	

材料类型	型号	直径			长度			检测项目						
		实测	理论	偏差	实测	理论	偏差	毛刺	凹陷	裂纹	氧化皮	麻点	划痕	镀层脱落
焊条 1														
焊条 2														
……														
焊丝 1														
焊丝 2														
……														

结论：

4）检测结果评价

最小拉力载荷试验检测值应在现行国家标准《紧固件机械性能螺栓、螺钉和螺柱》GB 3098.1 的规定范围内。

（2）大六角头高强螺栓扭矩系数试验

1）检测数量：

随机选取，每种规格螺栓抽查 8 个。

2）检测器具：

扭矩扳手。

3）检测方法及注意事项：

每套连接副只应做一次试验，不得重复使用，在紧固中垫圈发生转动时，应更换连接副，重新试验。

连接副扭矩系数的复验应将螺栓穿入轴力计，在测出螺栓预拉力 P 的同时，应测定施加于螺母上的施拧扭矩值 T，并按下式计算。

扭矩系数 $$K = T/pd$$

式中　T——施拧扭矩（N•m）；

d——高强度螺栓的公称直径（mm）；

p——螺栓预拉力（kN）。

4）检测结果评价

测定螺栓实物的扭矩系数是否满足现行国家规范《钢结构工程施工质量验收规范》GB 50205 高强度大六角头螺栓连接副扭矩系数平均值应为 0.110～0.150，标准偏差小于或等于 0.010。高强度螺栓终拧扭矩的实测值在 $0.9T_c$～$1.1T_c$ 范围内。

（3）扭剪型高强度螺栓连接副预拉力试验：

1）检测数量：

随机抽取，每种规格螺栓抽查 8 个。

2）检测器具

电测轴力计、油压轴力计、电阻应变仪、扭矩扳手等，其误差不得超过 2%。

3）检测方法及注意事项

采用轴力计方法复验连接副预拉力时，应将螺栓直接插入轴力计，紧固螺栓力初拧、终拧两次进行，初拧应采用手动扭矩扳手或专用定扭电动扳手；初拧值应为预拉力标准值的 50% 左右。终拧应采用专用电动扳手，至尾部梅花头拧掉，读出预拉力值。

每套连接副只应做一次试验，不得重复使用。在紧固中垫圈发生转动时，应更换连接副，重新试验。

4）检测结果评价

试验检测值应在现行国家标准《紧固件机械性能螺栓、螺钉和螺柱》GB 3098.1 的规定范围内。

（4）焊条、焊丝的外观检验。

1）检测数量

随机抽取，焊条抽查 10 包。

2）检验器具

放大镜，游标卡尺。

3）检测方法及注意事项

观察焊条和焊丝的表面是否光滑，有没有毛刺、凹陷、裂纹、折痕、氧化皮等缺陷或其他不利于焊接操作以及对焊缝金属性能有不利影响的外来物质。

用卡尺检测焊条的直径和长度以及焊丝的直径。

目视检测时，眼睛与被检工件的表面距离不得大于 60mm，视线与被检工件表面所成的夹角不小于 30°，从多个角度对工件进行检查。对细小缺陷进行鉴别时，可使用 2～6 倍的放大镜。

4）检测结果评价

当焊条的表面有锈蚀、麻点或划痕等缺陷时，其深度不得大于该焊条或焊丝直径允许偏差值的 1/2。偏差值参见《碳钢焊条》GB/T 5117、《低合金钢焊条》GB/T 5117 和《气体保护电弧焊用碳钢、低合金钢焊条》GB/T 8110。

2. 实训指导

（1）实训准备阶段

实训开始前，校内实训指导教师要检查学生的预习情况，做好安全教育工作，强调安全注意事项、操作规程以及应急措施。

（2）实训实施阶段

实训开始时，实训指导教师要讲解实训的目的、要求、内容与方法以及注意事项，并进行相关操作的示范。

实训过程中，实训指导教师要做好指导工作，检查学生操作情况，引导学生采取正确的实训方法。

（3）实训考核阶段

实训专业技术老师要协助实训指导教师做好实训的辅导和学生实训表现的评分工作。

实训指导教师要认真批改实训报告，评定其成绩。

（4）实训结束阶段

实训结束后，小组成员共同整理实训场地。

实训小结

1. 实训问答

（1）进行焊条、焊丝、焊剂的外观质量检测包括哪些内容？

（2）普通螺栓最小拉力载荷试验在检测的过程中有哪些注意事项？

（3）扭剪型高强度螺栓连接副预拉力的检测方法？

（4）大六角头高强螺栓的最终扭矩不满足规范要求该如何处理？

2. 实训总结及信息反馈表（同前）。

实训考评

针对学生在实训过程中的具体表现及实训报告填写情况，采取本人自评、小组评价、教师评价相结合的方式构成最终实训成绩。实训成绩评定表，见表2-4-20。

实训考核成绩评定表 表 2-4-20

学生姓名：　　　　　　　　组别：　　　　　　　　班级：

实训名称		连接材料检测		
课时		1 学时	地点	
指导教师			时间	
①过程考核 （小组评价）	考核项目	评分标准		得分
	出勤	有无迟到、早退现象(10 分)		
	工作态度	仪器工具轻拿轻放，动作规范(10 分)		
	检测	检测方法步骤正确(30)		
	记录	记录正确、规范(20 分)		
	资料查验	规范、规程核检快速准确(20 分)		
	综合印象	清理及善后工作、文明作业(10 分)		
	分值	100 分		
②本人自评	打分标准	优、良、中、及格、不及格		
③教师评价				
实训成绩				

注：计算成绩时，可如下转换：优：95 分；良：85 分；中：75 分；及格：65 分；不及格：60 分以下。
实训成绩＝①×60％＋②×10％＋③×30％

评定依据、成绩等级、评定标准同任务 1。

职业训练

（1）利用课余时间找一处在建钢结构建筑，作为旁站去观察施工和监理人员是如何对进场的焊接材料进行检验的？同时要辅以相应的图片来说明上述信息；

（2）学院组织去质量检查站，观测螺栓性能的检测。同时要辅以相应的图片来说明上述信息；

（3）字数不低于 1000 字，图片数量不低于 10 张。

任务 7 围护材料检测

实训目标

能根据现行《钢结构工程施工质量验收规范》GB 50205 和《钢结构施工规范》GB 50755—2012 的具体要求，对钢结构中常用的压型金属板板等围护材料的尺寸及表面质量进行检测。

实训成果

（1）实训任务表，见表 2-4-21；

（2）实训报告，包括实训问答和实训总结与信息反馈表；

（3）实训成绩评定表（学生填写部分）。

实训内容与指导

1. 实训内容

压型金属板外观质量检测。

（1）检测数量

随机抽取，抽查不少于 10 件。

（2）检验器具

放大镜，拉线，钢尺。

（3）检测方法及注意事项

观察压型金属板的基板有没有裂纹，表面有没有明显凹凸和皱褶。

围护材料外观检测任务表 表 2-4-21

班级							组长			组号	
成员											
指导老师								时间			
压型金属板序号	检测项目										
	型号	波高			波距			皱褶	凹陷	裂纹		镀层剥落	镀层擦痕
		实测	理论	偏差	实测	理论	偏差			基层	镀层		
1													
2													
3													
……													
结论：													

有涂层、镀层压型金属板成型后，涂、镀层有没有肉眼可见的裂纹、剥落和擦痕等缺陷。

检测压型金属板的尺寸是否在允许的偏差范围内（图 2-4-1）。

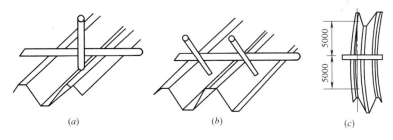

图 2-4-1 压型金属板的几何尺寸测量

（a）测量波高；（b）测量波距；（c）测量侧向弯曲

目视检测时，眼睛与被检工件的表面距离不得大于 60mm，视线与被检工件表面所成的夹角不小于 30°，从多个角度对工件进行检查。对细小缺陷进行鉴别时，可使用 10 倍的放大镜。

（4）检测结果评价

压型金属板的尺寸偏差应符合《钢结构工程施工质量验收规范》GB 50205 的要求。

2. 实训指导

（1）实训准备阶段

实训开始前，校内实训指导教师要检查学生的预习情况，做好安全教育工作，强调安全注意事项、操作规程以及应急措施。

（2）实训实施阶段

实训开始时，实训指导教师要讲解实训的目的、要求、内容与方法以及注意事项，并进行相关操作的示范。

实训过程中，实训指导教师要做好指导工作，检查学生操作情况，引导学生采取正确的实训方法。

（3）实训考核阶段

实训专业技术老师要协助实训指导教师做好实训的辅导和学生实训表现的评分工作。

实训指导教师要认真批改实训报告，评定其成绩。

（4）实训结束阶段

实训结束后，小组成员共同整理实训场地。

实训小结

1. 实训问答

（1）压型金属板的外观检测项目有哪些？

（2）当检测后发现压型金属板的波高不符合要求该如何处理？

（3）在检测的过程中有哪些注意事项？

2. 实训总结及信息反馈表（同前）。

实训考评

针对学生在实训过程中的具体表现及实训报告填写情况，采取本人自评、小组评价、教师评价相结合的方式构成最终实训成绩。实训成绩评定表，见表 2-4-22。

实训考核成绩评定表

表 2-4-22

学生姓名：　　　　　　　组别：　　　　　　　班级：

实训名称	围护材料的外观检测			
课时	1 学时		地点	
指导教师			时间	
①过程考核 （小组评价）	考核项目	评分标准		得分
	出勤	有无迟到、早退现象（10 分）		
	工作态度	仪器工具轻拿轻放,动作规范（10 分）		
	检测	检测方法步骤正确（30）		
	记录	记录正确、规范（20 分）		
	资料查验	规范、规程核检快速准确（20 分）		
	综合印象	清理及善后工作、文明作业（10 分）		
	分值	100 分		
②本人自评	打分标准	优、良、中、及格、不及格		
③教师评价				
实训成绩				

注：实训成绩=①×60%+②×10%+③×30%

评定依据、成绩等级、评定标准同任务 1。

职业训练

利用课余时间找一处在建钢结构建筑，去观察施工和监理人员是如何对进场的围护材料进行检验的？同时要辅以相应的图片来说明上述信息；字数不低于 1000 字，图片数量不低于 10 张。

任务 8　涂装材料检测

实训目标

能够根据现行《钢结构工程施工质量验收规范》及《钢结构施工规范》GB 50755—2012 的具体要求，对钢结构中常见的防腐涂料、防火涂料进行质量以及涂层厚度的检测。

实训成果

(1) 实训任务表，见表 2-4-23～表 2-4-29；

(2) 实训报告，包括实训问答和实训总结与信息反馈表；

(3) 实训成绩评定表（学生填写部分）。

实训内容与指导

1. 实训内容

(1) 防腐涂料质量检测

1) 检测数量

表面除锈同类构件不应少于 3 件；外观检测随机抽取构件，全数检查。

2) 检测器具

表面除锈用铲刀检查，外观用肉眼观察。

3) 检测方法及注意事项

检测前清除测试点表面的防火涂层、灰尘、油污等。

4) 检测结果评价

涂装完成后，构件的标志、标记和编号应清晰完整。

涂装材料检测任务表一　　　　　　　　　　表 2-4-23

班级			组长			组号	
成员							
指导老师					时间		
序号	防腐涂料外观质量检测									
	标志	标记	编号	漏涂、误涂	脱皮返锈	皱皮	流坠	针眼	气泡
构件 1									
构件 2									
构件 3									
...									

结论：

涂装材料检测任务表二 表 2-4-24

班级			组长		组号	
成员						
指导老师				时间		
序号	防腐涂料除锈检测					
	实际图片		规范图片			除锈等级
构件 1						
构件 2						
构件 3						
...						

结论：

涂装材料检测任务表三 表 2-4-25

测点序号	防腐涂料厚度检测							
	室内构件				室外构件			
	设计值	检测值	偏差	是否满足规范要求	设计值	检测值	偏差	是否满足规范要求
1								
2								
3								
4								
5								
6								
7								
8								
9								
...								

班级		组长		组号	
成员					
指导老师				时间	

结论：

涂装材料检测任务表四 表 2-4-26

班级		组长		组号	
成员					
指导老师				时间	

序号	防火涂料外观质量检测							
	油污灰尘泥砂	误涂、漏涂	脱层	空鼓	凹陷	粉化松散	浮浆	乳突
构件 1								
构件 2								
构件 3								
...								

结论：

涂装材料检测任务表五   表 2-4-27

班级			组长		组号			
成员								
指导老师					时间			
序号	防火涂料裂纹宽度检测							
	厚涂型				薄涂型			
	理论值	检测值	偏差	是否满足规范要求	理论值	检测值	偏差	是否满足规范要求
构件 1								
构件 2								
构件 3								
...								

结论:

涂装材料检测任务表六   表 2-4-28

班级		组长		组号	
成员					
指导老师				时间	
序号	防火涂料除锈检测				
	实际图片		规范图片		除锈等级
构件 1					
构件 2					
构件 3					
...					

结论:

涂装材料检测任务表七   表 2-4-29

班级			组长		组号			
成员								
指导老师					时间			
测点序号	防火涂料厚度检测							
	楼板(墙体)				梁(柱)			
	设计值	检测值	偏差	是否满足规范要求	设计值	检测值	偏差	是否满足规范要求
1								
2								
3								
4								
...								

结论:

构件表面不应误涂、漏涂，涂层不应脱皮和返锈等。涂层应均匀、无明显皱皮、流坠、针眼和气泡等。

表面除锈与现行国家标准《涂装前钢材表面锈蚀等级和除锈等级》GB 8923 规定的图片对照观察检查。

（2）防腐涂层厚度检测

1）检测数量

随机抽取构件，同一构件应检测 5 处，每处检测 3 个相距 50mm 的测点。

2）检测器具

涂层测厚仪，测厚仪的最大量程不应小于 $1200\mu m$，最小分辨率不应大于 $2\mu m$，示值相对误差不应大于 3%。

3）检测方法及注意事项

检测时构件的表面不应有结露。确定的检测位置应有代表性，在检测区内分布宜均匀。检测前清除测试点表面的防火涂层、灰尘、油污等。

检测前对仪器应进行校准。校准宜采用两点校准，经校准后方可测试。检测期间关机再开机应对仪器再次校准。涂层测厚仪检测时，应避免电磁干扰。

测试时，测点距构件边缘或内转角处的距离不宜小于 20mm。探头与测点表面应垂直接触，接触时间宜保持 $1\sim2s$。

4）检测结果评价

每处 3 个测点的涂层厚度平均值不应小于设计厚度的 85%，同一构件上 15 个测点的涂层厚度平均值不应小于设计厚度。

当设计对涂层无要求时，涂层干漆膜总厚度：室外应为 $150\mu m$，室内应为 $125\mu m$，其允许偏差应为 $-25\mu m$。

（3）防火涂料质量检测

1）检测数量

表面除锈同类构件不应少于 3 件；外观和裂缝宽度检测随机抽取构件，全数检查。

2）检测器具

裂纹宽度用观察和用尺量检查，表面除锈用铲刀检查，外观用肉眼观察。

3）检测方法及注意事项

检测前清除测试点表面的灰尘、附着物等，并应避开构件的连接部位。

4）检测结果评价

防火涂料涂装基层不应有油污、灰尘和泥砂等污垢。

防火涂料不应有误涂、漏涂，涂层应闭合无脱层、空鼓、明显凹陷、粉化松散和浮浆等外观缺陷，乳突已剔除。

表面除锈与现行国家标准《涂装前钢材表面锈蚀等级和除锈等级》GB 8923 规定的图片对照观察检查。

薄涂型防火涂料涂层表面裂纹宽度不应大于 0.5mm；厚涂型防火涂料涂层表面裂纹宽度不应大于 1mm。

（4）防火涂层厚度检测。

1）检测数量

楼板和墙体的防火涂层厚度检测，可选两相邻纵、横轴线相交的面积为一个构件，在其对角线上，可按每米长度选1个测点，每个构件不应少于5个测点。

梁、柱构件的防火涂层厚度检测，在构件长度内每隔3m取一个截面，且每个构件不应少于2个截面，对梁、柱构件的检测截面宜按《钢结构现场检测技术标准》中的要求选取。

2）检测器具

探针和卡尺，用于检测的卡尺尾部应有可外伸的窄片。测量设备的量程应大于北侧的防火涂层厚度。探针的分辨率不应低于0.5mm。

3）检测方法及注意事项

检测前清除测试点表面的灰尘、附着物等，并应避开构件的连接部位。

在测点处，应将仪器的探针或窄片垂直插入防火涂层至钢材防腐涂装表面，并记录标尺读数，测试值应精确到0.5mm。

当探针不易插入防火涂层内部时，可采取防火涂层局部剥除的方法进行检测。剥除面积不宜大于15mm×15mm。

4）检测结果评价

同一截面上各测点厚度的平均值不应小于设计厚度的85%，构件上所有测点厚度的平均值不应小于设计厚度。

2. 实训指导

（1）实训准备阶段

实训开始前，校内实训指导教师要检查学生的预习情况，做好安全教育工作，强调安全注意事项、操作规程以及应急措施。

（2）实训实施阶段

实训开始时，实训指导教师要讲解实训的目的、要求、内容与方法以及注意事项，并进行相关操作的示范。

实训过程中，实训指导教师要做好指导工作，检查学生操作情况，引导学生采取正确的实训方法。

（3）实训考核阶段

实训专业技术老师要协助实训指导教师做好实训的辅导和学生实训表现的评分工作。

实训指导教师要认真批改实训报告，评定其成绩。

（4）实训结束阶段

实训结束后，小组成员共同整理实训场地。

实训小结

1. 实训问答

（1）防腐涂料外观检测与防火涂料外观检测有什么不同？

（2）防腐涂料的除锈等级是如何划分的？

（3）在防腐涂料的厚度检测的过程中有哪些注意事项？

（4）在防火涂料的厚度检测的过程中有哪些注意事项？

2. 实训总结及信息反馈表（同前）。

实训考评

针对学生在实训过程中的具体表现及实训报告填写情况，采取本人自评、小组评价、教师评价相结合的方式构成最终实训成绩。实训成绩评定表，见表 2-4-30。

实训考核成绩评定表

表 2-4-30

学生姓名：　　　　　　　　组别：　　　　　　　　班级：

实训名称		涂装材料检测		
课时	1 学时	地点		
指导教师		时间		
	考核项目	评分标准		得分
①过程考核 （小组评价）	出勤	有无迟到、早退现象（10分）		
	工作态度	仪器工具轻拿轻放，动作规范（10分）		
	检测	检测方法步骤正确（30）		
	记录	记录正确、规范（20分）		
	资料查验	规范、规程核检快速准确（20分）		
	综合印象	清理及善后工作、文明作业（10分）		
	分值	100 分		
②本人自评	打分标准	优、良、中、及格、不及格		
③教师评价				
实训成绩				

注：计算成绩时，可如下转换：优：95 分；良：85 分；中：75 分；及格：65 分；不及格：60 分以下。

实训成绩＝①×60％＋②×10％＋③×30％

评定依据、成绩等级、评定标准同任务 1。

职业训练

（1）利用课余时间去钢结构加工厂，去观察技术工人是如何对钢结构构件进行涂装的？同时要辅以相应的图片来说明上述信息；

（2）学院组织去质量检查站，观测防腐及防火涂层厚度的检测。同时要辅以相应的图片来说明上述信息；

（3）字数不低于 1000 字，图片数量不低于 10 张。

实训项目 2　钢结构连接实训

项目实训目标

通过对钢结构焊接、螺栓连接的实训模型观察、实际操作、规范图集阅读，使学生熟悉钢结构连接形式，掌握不同连接的图纸表达，能够进行常见的焊接、螺栓连接操作，主要目的如下：

（1）熟悉手工电弧焊、埋弧焊、CO_2 气体保护焊焊接工艺，了解电渣焊焊接工艺；

（2）掌握普通螺栓、高强度螺栓连接工艺；

（3）掌握焊接、螺栓连接常见连接形式构造特点；

（4）掌握焊接、螺栓连接常见形式的图纸表达；

（5）能够正确理解、表达施工图纸中节点连接形式、连接符号所表示含义；

（6）能够进行手工电弧焊或 CO_2 气体保护焊的焊接操作；

（7）能够使用专用扳手进行普通螺栓、高强度螺栓的紧固施工；

（8）能够进行焊接、螺栓连接的施工质量检验；

（9）实训过程中，训练资料、信息的收集、分析、总结能力；

（10）实训过程中，训练团队协作能力、个人组织与管理能力、个人口头表达能力等。

场地环境要求

本项目实训在钢结构连接实训室进行，钢结构连接实训室条件如下：

（1）具备手工电弧焊、埋弧焊、CO_2 气体保护焊焊接工艺展示挂图；

（2）具备对接焊缝、角接焊缝、不同方位（平、立、仰、横、俯）等多种形式的焊接模型；

（3）具备钢结构焊接、螺栓连接相关的国家规范、标准、图集；

（4）具备手工电弧焊、CO_2 气体保护焊焊接设备、焊接材料，埋弧焊焊接材料等，具备钢结构普通螺栓、高强度螺栓实物、紧固扳手等工具，具备焊缝检验尺、超声波探伤仪等焊缝检测设备；

（5）具备连接实训操作台，便于螺栓紧固实训，具备分隔设置的焊接操作区，便于焊接实训操作；

（6）建议具备按照1∶3制作的门式刚架模型，刚架不少于5榀，用于高强度螺栓连接施工实训，同时也作为专业安装综合实训模型用，不同院校可酌情选择；

（7）具备桌椅，以及绘图图板、T形尺、讲台、黑板、多媒体投影设备等设施，实训桌椅摆放可按照小组为单位集中摆放，便于交流研讨；

（8）具备多媒体教学设备，便于构造类课程理实一体化教学。

实训任务设计

1. 实训任务划分

任务1：钢结构焊接认识实训；

任务2：钢结构螺栓连接认识实训；

任务3：钢结构焊接识图实训；

任务4：钢结构螺栓连接识图实训；

任务5：钢结构焊接操作与检验实训；

任务6：钢结构螺栓连接施工与检验实训。

2. 工程实例（实训载体）选取

实训图纸必须选取工程实例，最好结合本区域工程特点，选取正在施工或者已经施工完毕的厂房施工图作为实训载体，以便于采取现场观摩和实训室实训相结合的方法。需要注意的是，获取资料时，最好获取该工程的全套资料（设计图、施工详图、施工图、施工组织方案、工程预算书、工程竣工验收资料等），钢结构专业系列实训均采用该工程为实训载体，可以使学生系统地掌握该结构形式从设计-制作-安装-验收整个建筑生产流程，可有效提高实训效果。

3. 实训时间安排

结合学生的认知规律和学习规律，实训宜遵循"简单到复杂，局部到整体"的原则。任务 1、2、3 作为焊接实训项目，可以采取课堂实训方式，单独进行，也可以实训周的形式集中进行，时间总计为 1 周（30 学时）；任务 4、5、6 为螺栓连接实训项目，可以采取课堂实训方式，单独进行，也可以实训周的形式集中进行，时间总计为 1 周（30 学时）。

4. 实训组织与实施

实训开展宜以小组为单位进行，每组学生为 4～6 人，组长一名。由组长负责本组实训任务分工以及实训过程中联络协调工作；实训过程可以采取钢结构制作车间观摩、读图实训室研讨、实际动手操作多种方式结合；实训成果以小组为单位提交，组员均参与实训答辩，并推选一名代表作为实训成果汇报人。实训考核采取本人自评、小组评价、教师评价相结合的方式，学生实训成绩以本组实训成果为重要参考，并结合本人表现综合评定。

任务 1　钢结构焊接连接认识实训

实训目标

通过对钢结构焊接方法的认识实训，掌握手工焊、埋弧焊、气体保护焊、电渣焊等焊接方法的特点、适用范围、采用的焊接材料、焊接设备，操作步骤和注意事项等，能够正确的区分并合理的选择焊接方法，具体目标如下：

（1）熟悉建筑钢结构常用焊接方法的特点、适用范围；

（2）掌握手工焊采用的焊接材料、焊接设备、操作步骤和注意事项；

（3）掌握埋弧焊采用的焊接材料、焊接设备、操作步骤和注意事项；

（4）掌握气体保护焊采用的焊接材料、焊接设备、操作步骤和注意事项；

（5）掌握电渣焊采用的焊接材料、焊接设备、操作步骤和注意事项；

（6）训练工程相关信息的收集、汇总、分析、处理能力；

（7）训练团队协作能力、个人组织与管理能力、个人口头表达能力等。

实训成果

（1）根据实训内容，填写钢结构焊接方法对比记录表，见表 2-4-31；

（2）绘制手工焊、埋弧焊、气体保护焊、电渣焊的焊接原理图。

实训内容与指导

1. 实训内容

（1）认识建筑钢结构焊接方法，了解其相应的焊接材料和仪器设备；

（2）通过视频观看总结手工焊、埋弧焊、气体保护焊、电渣焊的操作方法和注意事项；

（3）实训场观看手工焊、埋弧焊、气体保护焊、电渣焊过程，总结各自特点。

2. 实训指导

（1）实训准备阶段

钢结构焊接方法对比记录表

表 2-4-31

组号及成员			组长	
手工焊	特点			
	适用范围			
	焊接材料			
	焊接仪器			
	操作步骤			
	注意事项			
埋弧焊	特点			
	适用范围			
	焊接材料			
	焊接仪器			
	操作步骤			
	注意事项			
气体保护焊	特点			
	适用范围			
	焊接材料			
	焊接仪器			
	操作步骤			
	注意事项			
电渣焊	特点			
	适用范围			
	焊接材料			
	焊接仪器			
	操作步骤			
	注意事项			
自评成绩		互评成绩	教师评定成绩	

分组并推选组长，由组长根据实训内容进行分工；准备或领取实训任务书；准备实训所需纸、笔、尺等工具。

（2）实训实施阶段

每组成员针对不同的焊接方法进行分析判断，归纳其特点、操作要点和注意事项，并填写钢结构焊接方法对比记录表。

（3）实训考核阶段

组员全体参加实训答辩，推选出一名同学作为本组发言人，进行实训成果汇报并回答指导教师问题。实训考核采取本人自评、小组评价、教师评价相结合的方式，学生实训成绩以本组实训成果为重要参考，并结合本人表现综合评定。

（4）实训结束阶段

实训结束后，小组成员共同整理实训场地，上交所有实训资料。

实训小结

通过本次实训，每位同学应该熟悉钢结构焊接的特点和适用范围；能够正确掌握手工焊、埋弧焊、气体保护焊的焊接工艺；在实训过程中团队协作能力、个人组织协调能力、个人交流表达能力得到相应提高。请每位同学结合本次实训目标，填写实训总结与信息反馈表同前。

实训考评

组员全体参加实训答辩，推选出一名同学作为本组发言人，进行实训成果汇报并回答指导教师问题。实训考评主要是从完成进度、焊接方法区分、焊接工艺掌握、团队协作、回答问题等方面评价，分优、良、中、及格、不及格五档打分，学生实训考核采取本人自评、小组评价、教师评价相结合的方式，学生实训成绩以本组实训成果为重要参考，并结合本人表现综合评定。实训考核成绩评定表，见表2-4-32。

实训考核成绩评定表　　　　　　　　　　　　　　　　　表 2-4-32

项目任务　　　　　　　小组编号　　　　　　　组长　　　　　　　日期

工作内容		标准					
		①是否及时完成	②焊接方法区分	③焊接工艺掌握	④团体协作意识	⑤回答问题	⑥最终成绩
	分值\n\n姓名	A优　B良\nC中　D及格\nE不及格	A优　B良\nC中　D及格\nE不及格	A优　B良\nC中　D及格\nE不及格	A优　B良\nC中　D及格\nE不及格	A优　B良\nC中　D及格\nE不及格	
		个人评价 / 组长评价	个人评价 / 组长评价	个人评价 / 组长评价	个人评价 / 组长评价	个人评价 / 组长评价	教师评价
钢结构焊接连接认识实训	组长						
	A						
	B						
	C						
	D						
	E						

职业训练

（1）查找相应的焊接规范，了解焊接操作要点；

（2）了解焊接材料的存放和使用要求；

（3）区分不同焊接方法采用的仪器及要求。

任务 2　钢结构螺栓连接认识实训

实训目标

通过对钢结构螺栓连接的螺栓等材料的认识，了解钢结构用普通螺栓和高强度螺栓的外形、组成、规格、材质、性能、受力等，并且能够正确区分其类型和应用。具体目标如下：

（1）了解常见钢结构用普通螺栓、高强度螺栓的应用范围；

（2）熟悉常见钢结构用普通螺栓、高强度螺栓的受力特点；

（3）能够正确认识与区分设计使用的常见钢结构用普通螺栓、高强度螺栓；

（4）能够了解和检测螺栓外观性能等是否合格；

（5）训练相关信息的收集、汇总、分析、处理能力；

（6）训练团队协作能力、个人组织与管理能力、个人口头表达能力等。

实训成果

对照所给节点模型或图集，填写钢结构螺栓连接认识实训任务书见表2-4-33。

钢结构螺栓连接认识实训任务书　　　　　　　　表 2-4-33

组号及成员					组　长		
图纸编号					图集编号		
节点位置					结构类型		
节点编号及对应位置	节点受力类型	螺栓类型	螺栓数量	螺栓直径实测	螺母直径实测	垫片数量规格实测	是否合格
1							
2							
3							
4							
5							
6							
7							
8							
9							
10							
11							
自评成绩		互评成绩		教师评定成绩			

使用说明：1. 附钢结构及节点图；引自国标图集或有关工程图纸电子版，供教师学生选用。

　　　　　2. 小组成员随机抽签决定图集、图纸等（一般不得重复），每人至少选择 3 个以上不同类型的典型节点进行螺栓认识与外观检测。

实训内容与指导

1. 实训内容

（1）认识钢结构螺栓连接节点的螺栓类型；

（2）能正确区分使用不同类型的螺栓；

（3）阅读本区域某钢结构图纸螺栓连接节点，重点认清螺栓形式及规格，并能分析其受力特点；

（4）能利用所学知识正确检测螺栓外观并判定是否合格。

2. 实训指导

（1）实训准备阶段

分组并推选组长，由组长根据实训内容进行分工；准备或领取实训任务书、工程图纸、节点图集、节点模型、螺栓材料；准备识图所需纸、笔、尺等工具。

（2）实训实施阶段

每组成员针对所发图纸、图集中的具体页面，对照结构、节点模型进行读图分析，找到节点，进一步分析判断其螺栓类型及具体符号含义，分析、判断、归纳，检测螺栓外观，并填写实训任务书。

（3）实训考核阶段

组员全体参加实训答辩，推选出一名同学作为本组发言人，进行实训成果汇报并回答指导教师问题。实训考核采取本人自评、小组评价、教师评价相结合的方式，学生实训成绩以本组实训成果为重要参考，并结合本人表现综合评定。

（4）实训结束阶段

实训结束后，小组成员共同整理实训场地，上交所有实训资料。

实训小结

通过本次实训，每位同学应该熟悉钢结构螺栓节点的螺栓类型与性能特点；能够正确区分判断螺栓类型并熟悉其外观检测方法与合格判定；在实训过程中团队协作能力、个人组织协调能力、个人交流表达能力得到相应提高。请每位同学结合本次实训目标，填写实训总结与信息反馈表同前。

实训考评

组员全体参加实训答辩，推选出一名同学作为本组发言人，进行实训成果汇报并回答指导教师问题。针对学生在螺栓认识实训过程中的具体表现及表格填写情况等，由每组自评加教师评价构成最终实训成绩，填写小组成员实训成绩表，见表 2-4-34。

职业训练

（1）利用课余时间上网、利用多媒体查询或仔细观察一处或多处钢结构螺栓连接节点，然后写出其所在位置、螺栓类型、数量、组成、受力特点等重要信息，同时要辅以相应的图片来说明上述信息。

（2）图书馆或者网上收集相关螺栓性能缺陷引起的质量事故，要求数量不低于两个，同时要加入自己的观点。

任务 3　钢结构焊接识图实训

实训目标

通过对钢结构厂房（可选用门式刚架结构）焊接节点的认识和施工图的识读，了解钢结构对接焊缝和角焊缝的图纸表达符号及含义，包括具体位置、作用、类别、焊缝尺寸、质量等级等，具体目标如下：

小组成员成绩表　　　　　　　　　　　　　　　　表 2-4-34

| 项目任务 | | 小组编号 | | 组长 | | | 日期 | | | |

工作内容		标准									⑥最终成绩
		①是否按时完成任务		②认识螺栓方法速度高低		③是否按要求进行外观检测		④团体协作意识		⑤合计	
	分值	A优　B良 C中　D及格 E不及格		A优　B良 C中　D及格 E不及格		A优　B良 C中　D及格 E不及格		A优　B良 C中　D及格 E不及格		A优　B良 C中　D及格 E不及格	
	姓名	个人评价	组长评价	个人评价	组长评价	个人评价	组长评价	个人评价	组长评价	个人评价	组长评价	教师评价
钢结构螺栓连接认识实训	组长										
	A										
	B										
	C										
	D										
	E										

（1）熟悉对接焊缝和角焊缝的图纸表达方法和含义；

（2）掌握钢结构焊接连接的构造特点；

（3）能够正确识读钢结构焊接节点图；

（4）训练平面和三维图形之间的空间转换能力；

（5）训练工程相关信息的收集、汇总、分析、处理能力；

（6）训练团队协作能力、个人组织与管理能力、个人口头表达能力等。

实训成果

（1）对照所给节点模型或图集，填写钢结构厂房焊接节点构造识读任务书，见表 2-4-35；

（2）通过阅读所给钢结构厂房施工图，填写钢结构施工图焊接节点识读记录表。

实训内容与指导

1. 实训内容

（1）认识钢结构厂房焊接节点模型，熟悉节点构造及连接形式。

（2）阅读节点图集中焊接节点，熟悉常用的节点连接形式。

（3）阅读本区域某钢结构厂房工程施工图，重点阅读主要焊接节点的构造形式，并能分析其形式特点；能够实现工程平面与立体之间的相互转化；在工地中，能够针对图纸中表达的具体内容找出工程实体位置。

2. 实训指导

（1）实训准备阶段

分组并推选组长，由组长根据实训内容进行分工；准备或领取实训任务书、工程图纸、节点图集、节点模型；准备识图所需纸、笔、尺等工具。

（2）实训实施阶段

每组成员针对所发图纸、图集中的具体页面，对照节点模型进行读图分析，找到节点，进一步分析判断其结构及节点构造组成及具体符号含义，分析、判断、归纳，并填写识读任务书。

（3）实训考核阶段

组员全体参加实训答辩，推选出一名同学作为本组发言人，进行实训成果汇报并回答指导教师问题。实训考核采取本人自评、小组评价、教师评价相结合的方式，学生实训成绩以本组实训成果为重要参考，并结合本人表现综合评定。

（4）实训结束阶段

实训结束后，小组成员共同整理实训场地，上交所有实训资料。

实训小结

通过本次实训，每位同学应该熟悉钢结构厂房焊接节点组成形式及特点；钢结构厂房焊接节点平面图纸与空间实体相互转化的能力有较大提高；在实训过程中团队协作能力、个人组织协调能力、个人交流表达能力得到相应提高。请每位同学结合本次实训目标，填写实训总结与信息反馈表同前。

实训考评

组员全体参加实训答辩，推选出一名同学作为本组发言人，进行实训成果汇报并回答指导教师问题。实训考评主要从是从完成进度、识图速度、识图规范、团队协作、回答问题等方面评价，分优、良、中、及格、不及格五档打分，学生实训考核采取本人自评、小组评价、教师评价相结合的方式，学生实训成绩以本组实训成果为重要参考，并结合本人表现综合评定。实训成绩评定表，见表 2-4-36。

职业训练

利用课余时间仔细观察一处钢结构厂房建筑，然后写出其建筑概况，要求写明所在位置、用途、结构形式、高度、主要焊接节点形式等重要信息，同时要辅以相应的图片来说明上述信息。

钢结构厂房焊接节点构造识读任务书　　　　　　　表 2-4-35

组号及成员		组 长	
图纸编号		图集代号	
节点位置		结构类型	
节点编号 及对应位置	节点构造详细说明 （详述节点具体组成、焊接连接做法等）		
1			
2			
3			
4			
5			
自评成绩		互评成绩		教师评定成绩	

使用说明：1. 附门式刚架结构及节点图：引自国标图集或有关工程图纸电子版，供教师学生选用。

2. 小组成员随机抽签决定图集、图纸等（一般不得重复），每人除识读图纸外，至少选择 3 个以上不同类型的典型节点进行具体构造描述。

实训考核成绩评定表　　　　　表 2-4-36

项目任务　　　　　小组编号　　　　　组长　　　　　日期

工作内容		标准					⑥最终成绩
		①是否按时完成任务	②认识焊接构造速度高低	③是否按要求进行焊接构造识图	④团体协作意识	⑤回答问题	
	分值	A优B良C中D及格E不及格	A优B良C中D及格E不及格	A优B良C中D及格E不及格	A优B良C中D及格E不及格	A优B良C中D及格E不及格	
钢结构焊接识图实训	姓名	个人评价 / 组长评价	个人评价 / 组长评价	个人评价 / 组长评价	个人评价 / 组长评价	个人评价 / 组长评价	教师评价
	组长						
	A						
	B						
	C						
	D						
	E						

197

任务 4　钢结构螺栓连接识图

实训目标

通过对钢结构螺栓连接节点模型及图纸的认识和识读，了解钢结构用普通螺栓和高强度螺栓的外形、组成、规格、材质等图纸表达，并且能够正确区分描述节点连接类型和构造做法。具体目标如下：

(1) 了解常见钢结构用普通螺栓、高强度螺栓连接节点的施工图；

(2) 熟悉常见钢结构用普通螺栓、高强度螺栓的节点构造组成；

(3) 能够正确识读常见钢结构用普通螺栓、高强度螺栓的节点详图；

(4) 训练相关信息的收集、汇总、分析、处理能力；

(5) 训练团队协作能力、个人组织与管理能力、个人口头表达能力等。

实训成果

对照所给节点模型或图集，填写钢结构螺栓连接识图实训任务书，见表 2-4-37。

实训内容与指导

1. 实训内容

(1) 认识钢结构螺栓连接节点图的组成特点。

(2) 能正确识读钢结构螺栓连接节点的节点构造。

(3) 阅读本区域某钢结构图纸螺栓连接节点，重点认清螺栓形式及规格，并能分析其受力特点。

2. 实训指导

(1) 实训准备阶段

分组并推选组长，由组长根据实训内容进行分工；准备或领取实训任务书、工程图纸、节点图集、节点模型；准备识图所需纸、笔、尺等工具。

钢结构螺栓连接识图实训任务书　　　　　　　　　　　　　表 2-4-37

组号及成员		组　长	
图纸编号		图集代号	
节点位置		结构类型	
节点编号 及对应位置	节点构造详细说明 （详述节点具体组成、螺栓连接做法等）		
1			
2			
3			
4			
自评成绩		互评成绩	教师评定成绩

使用说明：1. 附钢结构及节点图：引自国标图集或有关工程图纸电子版，供教师学生选用。

　　　　　2. 小组成员随机抽签决定图集、图纸等（一般不得重复），每人至少选择 3 个以上不同类型的典型节点进行螺栓连接构造识图。

（2）实训实施阶段

每组成员针对所发图纸、图集中的具体页面，对照结构、节点模型进行读图分析，找到典型的螺栓连接节点，进一步分析判断其螺栓类型及具体符号含义，分析、判断、归纳，形成正确的节点构造组成认识，并填写实训任务书。

（3）实训考核阶段

组员全体参加实训答辩，推选出一名同学作为本组发言人，进行实训成果汇报并回答指导教师问题。实训考核采取本人自评、小组评价、教师评价相结合的方式，学生实训成绩以本组实训成果为重要参考，并结合本人表现综合评定。

（4）实训结束阶段

实训结束后，小组成员共同整理实训场地，上交所有实训资料。

实训小结

通过本次实训，每位同学应该熟悉钢结构螺栓节点的螺栓类型、符号表达等特点；能够正确描述螺栓连接节点组成；在实训过程中团队协作能力、个人组织协调能力、个人交流表达能力得到相应提高。请每位同学结合本次实训目标，填写实训总结与信息反馈表同前。

实训考评

组员全体参加实训答辩，推选出一名同学作为本组发言人，进行实训成果汇报并回答指导教师问题。针对学生在螺栓识图实训过程中的具体表现及表格填写情况等，由每组自评加教师评价构成最终实训成绩，填写小组成员成绩表，见表 2-4-38。

小组成员成绩表　　　　　　　　　　　　表 2-4-38

项目任务		小组编号			组长		日期			
工作内容		**标准**								
		①是否按时完成任务		②识读螺栓连接节点图快慢		③识图结果正确性		④团体协作意识		⑤合计	⑥最终成绩
钢结构螺栓连接识图实训	分值	A优B良C中D及格E不及格		A优B良C中D及格E不及格		A优B良C中D及格E不及格		A优B良C中D及格E不及格		A优B良C中D及格E不及格	
	姓名	个人评价	组长评价	个人评价	组长评价	个人评价	组长评价	个人评价	组长评价	个人评价 组长评价	教师评价
	组长										
	A										
	B										
	C										
	D										
	E										

199

职业训练

利用课余时间上网、利用多媒体查询或仔细观察一处或多处钢结构螺栓连接节点或施工图纸等，然后写出其所在位置、螺栓类型、数量、组成、受力特点等重要信息，同时要辅以相应的图片来说明上述信息。

任务5　钢结构焊接实训

实训目标

通过利用手工电弧焊、对钢结构不同位置（平焊、立焊、横焊）、不同接头（平接、T形连接、搭接）的焊接操作，掌握焊接的基本操作步骤、工艺参数、注意事项等，能够熟练掌握钢结构焊接方法；通过对钢结构焊接节点的认识，以及焊接的具体操作，了解钢结构焊缝的常见缺陷，掌握不同质量等级的焊缝检验方法，并且能够提出减少焊缝缺陷的措施及处理方法，具体目标如下：

（1）熟悉平焊、立焊、横焊的焊接操作步骤、工艺参数及注意事项；

（2）熟悉平接、T形连接、搭接的焊接要点；

（3）掌握钢结构焊接的具体流程；

（4）能够进行不同位置、不同接头的焊接操作技术；

（5）了解钢结构焊缝的常见缺陷；

（6）熟悉减少焊缝缺陷的措施及处理方法；

（7）掌握不同质量等级焊缝检验的方法；

（8）训练工程相关信息的收集、汇总、分析、处理能力；

（9）训练团队协作能力、个人组织与管理能力、个人口头表达能力等。

实训成果

(1) 绘制焊接工艺流程图及平焊、立焊、横焊的焊接示意图，见表 2-4-39；

焊接工艺流程图　　　　　　　　　　　　　表 2-4-39

组号及成员		组 长	
焊接工艺流程图：	立焊焊接示意图：		
	平焊焊接示意图：		
	横焊焊接示意图：		
自评	组长评价	教师评价	

(2) 针对不同焊缝，选择焊接方法，填写焊接任务书，见表 2-4-40；

(3) 针对图纸或图集中不同的焊接节点，根据其焊缝质量等级制定焊缝质量检验方法，见表 2-4-41；

(4) 对照所给焊接节点，填写钢结构焊缝质量评价记录表，见表 2-4-42。

实训内容与指导

1. 实训内容

(1) 平焊焊接搭接接头；

(2) 立焊焊接 T 形接头；

(3) 横焊焊接平接接头；

(4) 通过外观检验的方法检测三级焊缝质量；

(5) 通过外观检验和无损探伤检验的方法检测一、二级焊缝质量；

(6) 判断检测焊缝质量是否合格，提出处理方案。

2. 实训指导

(1) 实训准备阶段

分组并推选组长，由组长根据实训内容进行分工；领取实训任务书、工程图纸、不同质量等级的焊接节点；准备焊接所需焊接材料（钢板、焊材）、焊接设备、探伤仪、焊缝检验尺、纸、笔等工具。

(2) 实训实施阶段

每组成员针对所发图纸、图集中的焊接节点，分别采用平焊、立焊、横焊的方法进行不同接头的焊接，注意焊接的工艺参数、操作要点及注意事项；针对焊缝质量等级，制定焊缝检测方案，对其进行质量检验，并进行判断，填写钢结构焊缝质量评价记录表。

钢结构手工电弧焊任务书　　　　　　　表 2-4-40

任务名称	手工电弧焊	序号		日期	
学生姓名		学号		班级	
任务载体	钢板和钢构件的焊条电弧焊				
任务要求	钢构件进行焊条电弧焊时焊条的选择、焊接参数的确定、引弧、运条和收弧的操作方法、检查焊缝的方法。				

一、资讯

1. 电弧产生和维持的两个必要条件是_____和_____。

2. 逸出功是指_____,单位是_____。逸出功数值越大,表示发射电子越_____。

3. 气体电离是指_____,电离功是指_____,单位是_____。
电离功数值越小,表示电离越_____。

4. 电弧产生和维持的两个必要条件是_____和_____。

5. 电弧引燃有_____和_____两种方法。

6. 什么叫电弧的静特性? 绘制电弧的 U-I 图。

7. 根据焊接电弧的构造图,请指出数字序号代表的区域。

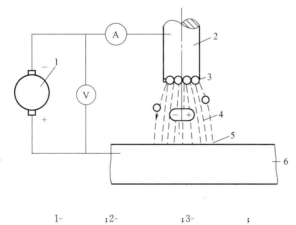

1-　　　　　;2-　　　　　　;3-　　　　　;
4-　　　　　;5-　　　　　;6-　　　　　。

8. 什么是焊接熔池? 请指出字母代表的含义。

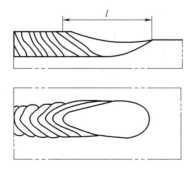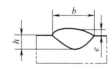

b-　　　　　;e-　　　　　　;h-　　　　;l-　　　　　　。

9. 简述焊条金属的熔滴过渡过程。

10. 简述"氧化"、"氮化"、"氢化"的冶金缺陷。

11. 为了防止焊接过程中液体金属的氧化和氮化,可以采用哪些冶金保护措施?

12. 指出数字代表焊缝金属的热影响区,并指出其力学性能。

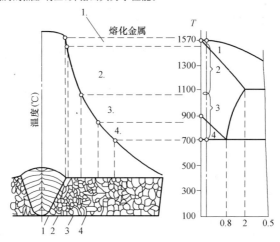

　　　　　　　1-　　　　　;2-　　　　　　　　;3-　　　　;4-　　　　　　　。

13. 检查焊接接头缺陷的金相试验分为哪两种?

14. 简述交流电弧的特点。

15. 为了使交流电弧稳定地连续燃烧,应当采取哪些措施?

16. 根据下图回答问题。

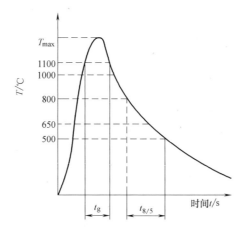

①这是什么图形?

②解释符号代表的含义:

t_g:

$t_{8/5}$:

17. 影响焊接热循环的因素有：

18. 焊条电弧焊对弧焊电源的基本要求是：

19. 影响焊接热循环的三个参数是：

20. 焊接前需要预热的目的是什么？

21. 为了使电弧稳定燃烧，对弧焊电源有哪些要求？

22. 指出下图中数字代表的含义。

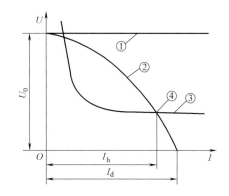

①-　　　　；②-　　　　　　　；③-　　　　；④-　　　　；
U_0-　　　　　　　；I_h-　　　　　　　；I_d-　　　　　。

23. 弧焊变压器可以分为两类：_____、_____。请解释下列弧焊变压器符号代表的含义。

　　BX1-300：

　　BX2-1000：

　　BX6-250：

24. 焊条电弧焊常用的辅助设备和工具有：

25. 焊条是由_____和_____组成的。

26. 焊条药皮的作用是什么？它的成分有哪些？

27. 对号入座。

酸性焊条(　　　　　　　　)；碱性焊条(　　　　　　　　)。

(A)药皮的成分主要是大理石和萤石。

(B)药皮的主要成分是氧化铁、氧化锰、氧化钛等。

(C)脱氧不完全。

(D)脱氧较完全。

(E)适用于一般钢结构工程。

续表

(F)适用于重要钢结构工程。

(G)只能用直流电源进行焊接。

(H)可用交流电源进行焊接。

28. 解释下列符号代表的含义。

　　　E4303：

　　　E5015：

　　　H08A：

29. 焊条如何存放？焊条应如何使用？

30. 请指出下列焊条电弧焊的焊接位置。

   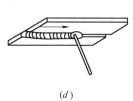

　　　　(a)　　　　　　　　　(b)　　　　　　(c)　　　　　　　(d)

　　　　(a)-　　　　；(b)-　　　　；(c)-　　　　；(d)-　　　　　　　。

31. 焊条电弧焊操作分为：

32. 焊条电弧焊的工艺参数有：

33. 给出图示电弧焊各数字代表的设备或工具。

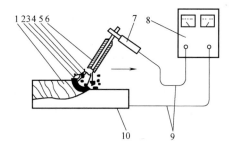

1 _____；2 _____；3 _____；

4 _____；5 _____；6 _____；

7 _____；8 _____；9 _____；

10 _____。

34. 焊接电源：正接是指焊接件接电源（正极、负极）、焊钳接电源（正极、负极）；反接是指焊接件接电源（正极、负极）、焊钳接电源（正极、负极）。（将错误的答案划去即可）

35. 采用直流电源，在使用酸性焊条时，如果焊接厚钢板，可采用（直流反接、直流正接），目的是_____；而在焊接薄钢板，可采用（直流反接、直流正接），目的是_____；如果在焊接重要结构使用碱性焊条时，无论焊接厚板还是薄板，均应采用（直流反接、直流正接），目的是_____。

36. 焊条端部未涂药皮的焊芯部分长为＿＿＿＿＿＿＿，作用是＿＿＿＿＿＿＿＿＿＿＿。在焊条前端药皮有＿＿＿＿＿度左右倾角，作用是＿＿＿＿＿＿＿＿＿＿＿。常用的焊条直径有＿＿＿＿＿＿＿＿＿。

37. 接触引弧的方法分为哪两种？

二、计划和决策

1. 请制定人员分工

组长组号组员

2. 本次实训采用的电源类型是(　　　　　　　)？(交流电源、直流正接、直流反接)

3. 焊条种类和牌号应如何选择？

本次实训使用的焊条的型号是什么？

属于哪种焊条(酸性还是碱性)？

焊条直径为多少？

焊芯的直径是多少？

采用的焊接电流是多少(A)？

4. 本次电弧焊实训采用的电源型号是什么？它具有什么外形特性和特点？

三、实施

(一)引弧就是引燃焊接电弧的过程，是焊条电弧焊操作中最基本的动作，其步骤是：

1. 穿好，戴好。

2. 准备好。

3. 清理干净，以避免产生气孔和夹渣。

4. 检查是否良好。

5. 点检无误后、启动并调节。

6. 把与相连接并将把放到支架上。

7. 从焊条筒中取出焊条，用拇指按下焊钳弯臂打开，把焊条夹持端放到焊钳口中，松开焊钳弯臂。

8. 右手握住，左手持。

9. 找准处手保持稳定，用遮住面部，准备引弧。

10. 引弧方法有两种：＿＿＿＿＿＿和＿＿＿＿＿＿。

11. 为了便于引弧，焊条末端应清洁，若焊条端部有药皮套筒可戴焊工手套捏除。

12. 引弧中焊条与焊接件接触后提起速度要适当。

13. 引弧中如果焊条与焊件粘在一起，可进行脱离。

(二)引燃电弧后即转入运条，运条是整个焊接过程中最重要的环节，它直接影响焊缝的外表形成和内在质量。

1. 运条：电弧引燃后，焊条一般有三个基本动作，即＿＿＿＿＿＿、＿＿＿＿＿＿、＿＿＿＿＿＿。

①焊条朝熔池方向逐渐送进是焊条熔化金属向熔池过渡，焊条运送是为了保持一定的电弧长度，故焊条必须向熔池送进还要保持送进速度与焊条熔化速度相等。

②焊条沿焊接方向移动逐渐形成一条焊道，焊条向前移动速度过快会出现＿＿＿＿＿＿现象。焊条向前移动速度过慢会出现＿＿＿＿＿＿现象。

③焊条的横向摆动是为了得到一定宽度的焊缝。

其摆动的范围是根据＿＿＿＿＿＿、＿＿＿＿＿＿、＿＿＿＿＿＿等来决定。

以上三个动作不能机械的分开，而应相互协调融合在一起才能得到美观、合格的焊缝。

2. 常用的运条方法有：＿＿＿＿＿＿、＿＿＿＿＿＿、＿＿＿＿＿＿、＿＿＿＿＿＿等。

(三)焊道的连接：

一条完整的焊缝，由于受焊条长度限制需用若干根焊条焊接而成，这就出现了焊道连接问题。为了保证焊道连接质量,使焊道连接均匀,要求焊工在焊道连接时选用适当的方式并熟练掌握。接头方法是在先焊焊道弧坑前面约10mm处引弧,拉长电弧移到原弧坑2/3处、压低电弧、焊条做微微转动,待填满弧坑后即向前移动进入正常焊接。

(四)焊道的收尾:

一条焊缝焊完后如何填满弧坑。收尾动作不仅是熄弧,还须填满弧坑,常用收尾方法有:

1. 画圈收尾法:当焊至终点时,焊条在熔池内做圆圈运动,直到填满弧坑再熄弧。

2. 反复断弧(灭弧法)收尾法:当焊至终点时,焊条在弧坑处反复熄弧——引弧数次,直到填满弧坑为止。

3. 回焊收尾法:当焊至终点时,焊条停止但不熄弧,而是适当改变回焊角度,向回焊一小段(约10mm)距离,等填满弧坑以后,缓慢拉断电弧。

四、检查

1. 将焊接缺陷的图形和名称对号入座。

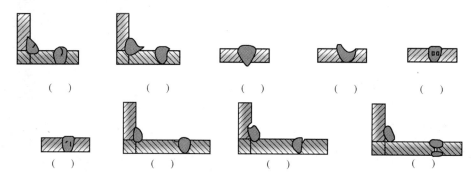

(　)　　　　(　)　　　　(　)　　　　(　)　　　　(　)

(　)　　　　(　)　　　　(　)　　　　(　)

(A)弧坑;(B)咬边;(C)焊瘤;(D)未焊透;(E)裂纹;

(F)夹渣;(G)未熔合;(H)气孔;(I)烧穿;

2. 用超声检查。

五、评估

评估项目	自我评估	小组评估	教师评估
资讯 5			
计划 5			
实施 5			
检查 5			
合计 20			
总评 5			

教师签字

钢结构节点焊缝质量检验表 表 2-4-41

组号及成员			组 长	
节点位置				
节点编号 及对应位置	焊缝质量等级		焊缝检验方法 （外观检验、无损探伤检验长度）	
1				
2				
3				
4				
5				
自评成绩		互评成绩	教师评定成绩	

钢结构焊缝质量评价记录表 表 2-4-42

组号及组员			组长	
焊缝类型			节点编号	
焊缝编号	检测内容		是否合格	处理方法
1	表面是否有焊瘤			
	表面是否有烧穿			
	表面是否有气孔			
	焊缝咬边深度≤0.5mm			
	总长度不超过焊缝有效长度的15％			
	未焊透深度≤15％δ且≤1.5mm			
	总长度不超过焊缝有效长度的10％			
	背面凹坑深度≤25％δ且≤1mm			
	总长度不超过焊缝有效长度的10％			
	双面焊缝余高 0～3mm			
	宽度比坡口每侧增宽 0.5～2.5mm			
	宽度误差≤3mm			
	错边≤10％δ			
	焊后角变形误差≤3			
	无损探伤检验			
2	表面是否有焊瘤			
	表面是否有烧穿			
	表面是否有气孔			
	焊缝咬边深度≤0.5mm			
	总长度不超过焊缝有效长度的15％			
	未焊透深度≤15％δ且≤1.5mm			
	总长度不超过焊缝有效长度的10％			
	背面凹坑深度≤25％δ且≤1mm			
	总长度不超过焊缝有效长度的10％			
	双面焊缝余高 0～3mm			
	宽度比坡口每侧增宽 0.5～2.5mm			
	宽度误差≤3mm			
	错边≤10％δ			
	焊后角变形误差≤3			
	无损探伤检验			
质检人				
复检人				
评价人				
自评成绩		互评成绩	教师评定成绩	

（3）实训考核阶段

组员全体参加实训答辩，推选出一名同学作为本组发言人，进行实训成果汇报并回答指导教师问题。实训考核采取本人自评、小组评价、教师评价相结合的方式，学生实训成绩以本组实训成果为重要参考，并结合本人表现综合评定。

（4）实训结束阶段

实训结束后，小组成员共同整理实训场地，上交所有实训资料。

实训小结

通过本次实训，每位同学应该掌握不同位置、不同接头的焊接步骤及注意事项；掌握焊接工艺参数的选择及焊接设备的操作方法；应该熟悉焊缝常见缺陷及其检测方法；在实训过程中团队协作能力、个人组织协调能力、个人交流表达能力得到相应提高。请每位同学结合本次实训目标，填写实训总结与信息反馈表同前。

208

实训考评

组员全体参加实训答辩，推选出一名同学作为本组发言人，进行实训成果汇报并回答指导教师问题。针对学生在焊接实训过程中的具体表现及表格填写情况等，由每组自评加教师评价构成最终实训成绩，填写焊接实训项目评价表，见表 2-4-43。

焊接实训项目评价表　　　　　　　　　　　　　　　表 2-4-43

班级			组长					
组号及组员								
实训项目								
序号	考核内容	考核要点	评分标准		配分	学生自测 20%	教师检测 80%	得分
1	焊前准备	劳保着装及工具准备齐全，并符合要求，参数设置、设备调试正确	工具及劳保着装不符合要求，参数设置、设备调试不正确有一项扣 1 分		5			
2	焊接操作	定位及操作方法正确	任何一项定位不对及操作不准确不得分		10			
3	焊缝外观	两面焊缝表面不允许有焊瘤、气孔、烧穿等缺陷	出现任何一种缺陷不得分		20			
		焊缝咬边深度≤0.5mm，两侧咬边总长度不超过焊缝有效长度的 15%	1. 咬边深度≤0.5mm （1）累计长度每 5mm 扣一分 （2）累计长度超过焊缝有效长度的 15% 不得分 2. 咬边深度＞0.5mm 不得分		10			
		未焊透深度≤15%δ 且≤1.5mm 总长度不超过焊缝有效长度的 10%（氩弧焊打底的试件不允许未焊透）	1. 未焊透深度≤15%δ，且≤1.5mm 累计长度超过焊缝有效长度的 10% 不得分 2. 未焊透深度超标不得分		10			

序号	考核内容	考核要点	评分标准	配分	学生自测 20%	教师检测 80%	得分
3	焊缝外观	背面凹坑深度≤25%δ且≤1mm；除仰焊位置的板状试件不作规定外，总长度不超过有效长度的10%	1. 背面凹坑深度≤25%δ且≤1mm；背面凹坑长度每5mm扣一分 2. 背面凹坑深度>1mm时不得分	10			
		双面焊缝余高0～3mm，焊缝宽度比坡口每侧增宽0.5～2.5mm，宽度误差≤3mm	每种尺寸超差一处扣2分，扣满10分为止	15			
		错边≤10%	超差不得分	5			
		焊后角变形误差≤3	超差不得分	5			
4	其他	安全文明生产	设备、工具复位，试件、场地清理干净，有一处不符合要求扣1分	10			
	合计			100			

209

职业训练

（1）利用课余时间仔细观察一处钢结构厂房建筑焊接节点，然后写出其主要焊接节点质量是否符合要求等信息，同时要辅以相应的图片来说明上述信息。字数不低于800字，图片数量不低于5张。

（2）图书馆或者网上收集相关焊缝缺陷引起的质量事故，要求数量不低于两个，同时要加入自己的观点。

任务6 钢结构螺栓连接实训

实训目标

通过完成门式刚架模型中1榀刚架中梁柱间的高强度螺栓连接施工这一典型的工作任务，掌握高强螺栓紧固工艺，熟练使用高强螺栓紧固工具，正确进行高强螺栓的紧固施工；具备高强度螺栓连接施工与技术指导能力。主要目标如下：

1. 施工工具的选择与使用

（1）能够正确选择高强度螺栓连接施工工具与质量检验工具；

（2）能够对施工工具与质量检验工具进行校准；

（3）能够正确使用高强度螺栓连接施工工具与质量检验工具。

2. 高强度螺栓在施工前的复检

（1）能够统计螺栓的数量、规格；

（2）能够计算高强度螺栓的长度；

（3）能够检验高强度螺栓的材料质量；

（4）能够检验高强度螺栓连接摩擦面的质量；

(5) 能够检验螺栓孔的制作质量。

3. 高强度螺栓连接施工

(1) 能够正确的安装临时螺栓;

(2) 能够掌握高强度螺栓连接施工的方法;

(3) 能够掌握高强度螺栓拧紧的顺序和方法。

4. 高强度螺栓连接质量检验

(1) 能够测定高强度螺栓的终拧扭矩;

(2) 能够检验高强度螺栓的外露丝扣。

5. 个人职业素养

(1) 能够按照施工方案进行施工;

(2) 能够遵守施工现场规章制度;

(3) 能够根据自己的能力进行合理的定位;

(4) 能够树立以服务为中心的工作理念。

6. 组织管理能力

(1) 能够编制高强度螺栓连接施工方案;

(2) 能够进行组织协调工作;

(3) 能够对问题进行归纳总结,并能流利表达交流。

7. 团体协作能力

(1) 能够与他人进行良好的合作;

(2) 能够正确处理个人与集体利益的关系。

实训成果

详见表 2-4-44 所列各项:

表 2-4-44

编号	表格名称	编号	备注
	小组成员各阶段任务分工及进度控制表	附表 1	共 2 页,组长填写
1	小组成员各工作步骤成绩评定表	附表 2	注:此表格由各组组员先填写,然后组长填写,任务完成后由组长交给指导教师
2	项目任务质量验收项目表	附表 3-1	质量验收小组成员填写,组长对本组项目质量进行评价验收(不计入总成绩)
3	项目任务质量验收成绩汇总表	附表 3-2	教师填写
4	实训小组组长成绩评定表	附表 4-1	各小组成员及教师、师傅填写,组长成绩取组员与教师、师傅所给成绩的平均值
5	小组成员实训成绩表	附表 4-2	组长填写,⑧的加权值为＝个人自评×20％＋组长评价×80％
6	高强螺栓、冲钉、临时螺栓数量统计表	附表 5	每组 2 张
7	高强螺栓质量检验表	附表 6	每组 2 张
8	摩擦面及栓孔质量检验表	附表 7	每组 2 张
9	施工工具的复检及标定记录表	附表 8	每组 2 张
10	高强度螺栓施工记录表	附表 9	每组 2 张

实训内容与指导

1. 实训内容

（1）正确选择、使用、校准高强螺栓施工工具；

（2）高强螺栓施工前的各项检验工作；

（3）高强螺栓紧固施工；

（4）高强螺栓连接施工质量检验及缺陷处理。

2. 实训指导

（1）实训图纸

本项目所用到的施工图纸见图 1、图 2。本项目任务要求是：通过完成一榀刚架中梁柱间的高强度螺栓连接施工这一典型的工作任务，使学员具备高强度螺栓连接施工与技术指导能力。

本项目所用螺栓为具有代表性的扭剪型高强螺栓，连接形式为摩擦型，其他形式的螺栓及连接形式的施工将在本项目任务完成后进行。

（2）实训时间

本实训项目任务工期为 2 天（16 学时），分两阶段进行，其中教师讲解演示阶段 0.5 天（4 小时），学员小组实训阶段 1.5 天（12 小时）。

（3）实训组织程序

每个班级配备一名教师和一名工人师傅。学生在教师的指导下进行分组，每组 5～6 人。

具体组织见表 2-4-45：

表 2-4-45

教学阶段	步骤	内容	方法或手段	地点	时间	累计总数
教师讲解演示	1	施工工具的选择与使用	多媒体课件、施工工具	实训中心或教室	1	1
	2	施工前高强度螺栓的复检	黑板、多媒体课件、计算器、图纸		1	2
	3	高强度螺栓连接的施工	多媒体课件、施工工具、表格		1	3
	4	高强度螺栓连接质量检验	多媒体课件、施工工具、表格		1	4
学员小组实训	5	制定施工方案	计算机、打印机、多媒体、黑板	实训中心	2.5	6.5
	6	施工前的准备	图纸、计算器、表格、铲刀		1.5	8
	7	高强度螺栓连接施工	表格、施工工具		4	12
	8	施工质量检验与评定	黑板、表格、计算器、施工工具		2	14
	9	构件的拆除与场地清理	施工工具		2	16

（4）实训步骤

1）实训准备：

分组并推选组长，由组长根据实训内容进行分工，工作流程参考表 2-4-46。

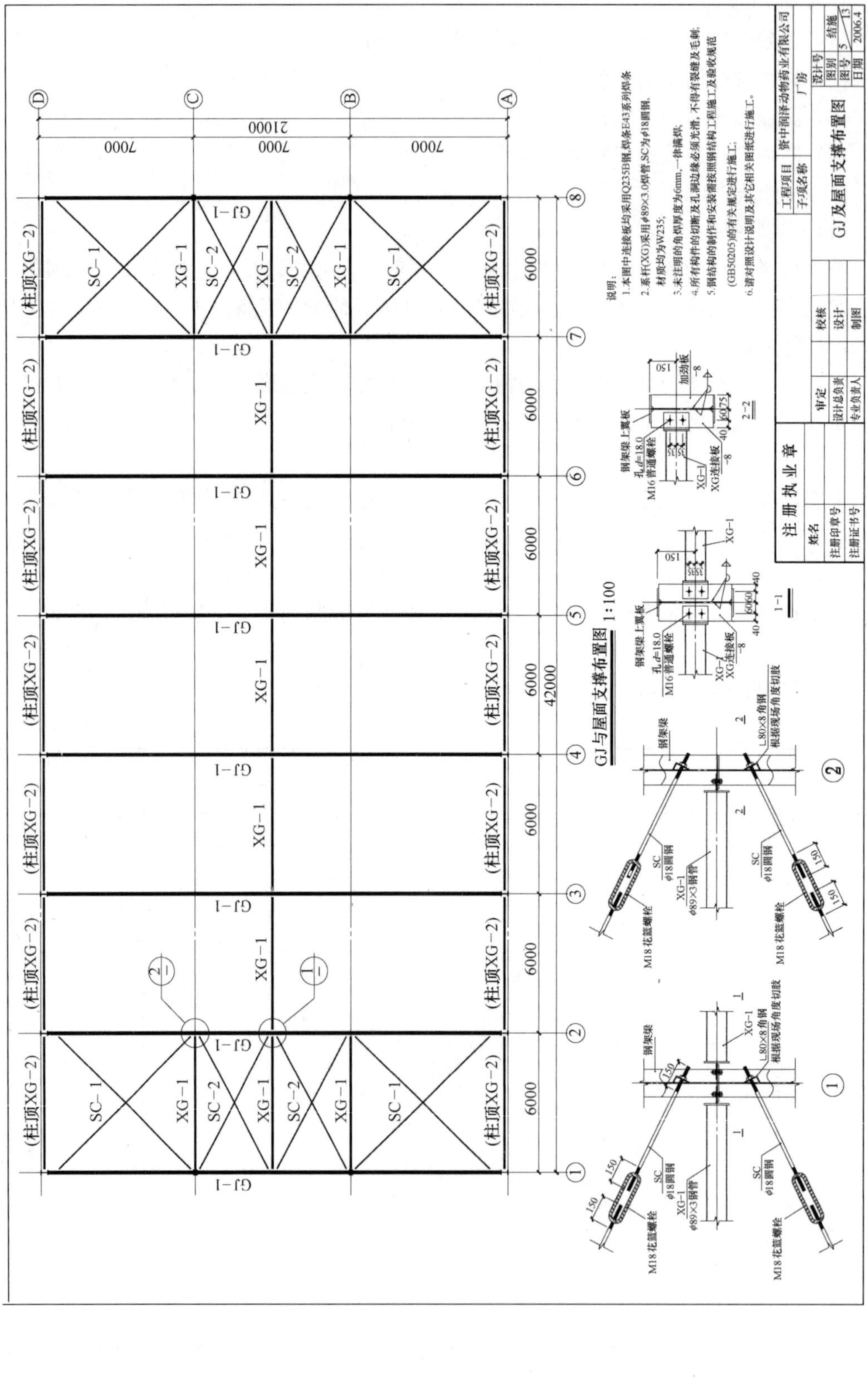
GJ与屋面支撑布置图 1:100
(柱顶XG-2)
SC-1
SC-2
XG-1
GJ-1
6000
42000
7000
21000
M18花篮螺栓
SC φ18圆钢
XG-1 φ89×3钢管
钢架梁
L80×8角钢 根据现场角度切肢
钢架梁上翼板
孔d=18.0
M16普通螺栓
XG连接板
加劲板
1-1
2-2
说明：
1.本图中连接板均采用Q235B钢,焊条E43系列焊条
2.系杆(XG)采用φ89×3.0焊管,SC为φ18圆钢,
材质均为W235;
3.未注明的角焊缝厚度为6mm,一律满焊;
4.所有构件的切断及孔洞边缘必须光滑,不得有裂缝及毛刺;
5.钢结构的制作和安装需按照钢结构工程施工及验收规范
(GB50205)的有关规定进行施工;
6.请对照设计说明及其它相关图纸进行施工。
注册执业章
姓名
注册印章号
注册证书号
审定
校核
设计总负责
设计
专业负责人
制图
工程项目
资中润泽动物药业有限公司
子项名称
厂房
GJ及屋面支撑布置图
设计号
图别
结施
图号
5
13
日期
2006.4

图 2-4-2　刚架布置图

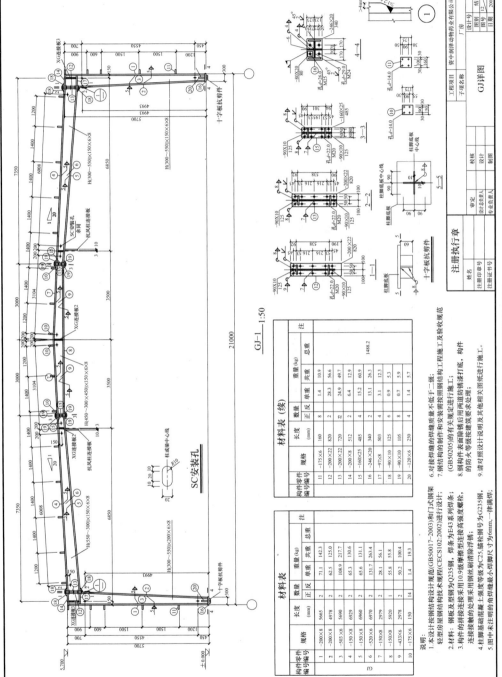

图 2-4-3　刚架施工图

213

表 2-4-46

步骤	学员	工 作 内 容
1	A	组长分工,填写附表 1
2	A	组长负责组织协调,控制时间及填写表格、完成施工方案文本
	B	施工准备
	C	操作工艺(工艺流程、螺栓长度确定、接头的组装规定)
	D	操作工艺(临时螺栓的安装、高强螺栓的安装、高强螺栓的紧固等方面)
	E	检查验收标准
	F	质量记录有关内容
3	B~F	各小组任务相同的同学组成专家组,进一步对自己的内容进行讨论,完善,修改
4	A~F	学员重新回到原来的小组,进行相互交流,由组长汇集各部分内容形成施工方案初稿
5	A	组长演讲,教师评价,形成最终文件并形成文本

2）施工前检验,由组长根据实训内容进行分工,工作流程参考表 2-4-47。

3）高强螺栓连接紧固施工,工作流程参考表 2-4-48。

4）高强螺栓紧固质量检验,工作流程参考表 2-4-49。

表 2-4-47

步骤	学员	工 作 内 容
1	组长 A	对组员进行分工,确定组员负责的具体内容,填写附表 1
2	A	全程质量监控
3	B	统计高强螺栓数量、冲钉数量,填写附表 2、附表 5
4	C	领取施工工具、检验工具、螺栓及冲钉等材料,填写附表 2
5	D	检验材料质量,填写附表 2、附表 6
	E	检验摩擦面的质量及螺栓孔的质量,填写附表 2、附表 7
	F	施工及检验工具的标定,填写附表 2、附表 8
6	A	组长对组员工作效果进行成绩评定,填写附表 2

表 2-4-48

步骤	学员	工 作 内 容
1	组长 A	对组员进行分工,确定组员负责的具体内容,并填写附表 1
2	A B	高强度螺栓连接初拧施工及填写附表 2、附表 9
	C D	高强度螺栓连接初拧施工及填写附表 2、附表 9
	E F	高强度螺栓连接初拧施工及填写附表 2、附表 9
3	A B	高强度螺栓连接终拧施工、自检及填写附表 2、附表 9
	C D	高强度螺栓连接终拧施工、自检及填写附表 2、附表 9
	E F	高强度螺栓连接终拧施工、自检及填写附表 2、附表 9
4	A	组长对组员工作效果进行成绩评定,填写附表 2

表 2-4-49

步骤	工 作 内 容
1	由教师、工人师傅及各组组长成立质量验收组
2	质量验收组进行质量验收与评定,填写附表 3-1,注意,各组组长不参与本组的质量评定
3	教师、工人师傅进行评价总结,填写附表 3-2
4	学员填写本次实训效果反馈信息表附表 5,填写附表 4-1,4-2

5)场地拆除与清理

各组组长负责本组构件的拆除、整理,工具的整理,场地的清理工作,并填写附表1、附表2,由教师及工人师傅验收后方可离场。

(5)实训所需工具(表 2-4-50)

表 2-4-50

名　　　称	备　　　注
讲义	每人 1 份
施工质量验收规范	每组 1 本
计算器	每人 1 个
计算机及打印机	实训中心配备
电动扭矩扳手	每组 2 把
手动扭矩扳手	每组 2 把
普通扳手	每组 2 把
电动打磨机	每组 1 台
钢丝刷	每组 2 把
钢卷尺	每组 2 把
劳动保护用品	进入实训场地前每组穿戴齐全,包括安全帽、劳动服、胶鞋、手套等
高强度扭剪螺栓	数量由各组根据计算结果一次性提料
冲钉及临时螺栓	数量由各组根据计算结果一次性提料
砂纸	每组 2 张
原子笔及稿纸	每人必备

实训小结

通过本次实训,每位同学应该掌握高强度螺栓紧固工艺,能够正确使用高强螺栓紧固工具,能够正确进行高强螺栓紧固施工与质量检验;在实训过程中团队协作能力、个人组织协调能力、个人交流表达能力得到相应提高。

实训考评

组员全体参加实训答辩,推选出一名同学作为本组发言人,进行实训成果汇报并回答指导教师问题。针对学生在实训过程中的具体表现及表格填写情况等,由每组自评、组长评价、教师评价构成最终实训成绩。

职业训练

(1)利用课余时间仔细观察钢结构建筑高强螺栓连接节点,判断是否符合要求,同时要辅以相应的图片来说明上述信息。字数不低于 500 字，图片数量不低于 5 张；

（2）图书馆或者网上收集相关高强螺栓连接质量事故，要求数量不低于两个，详细说明事故概况、原因、处理措施，同时要加入自己的观点，字数不低于 800 字，图片数量不低于 5 张；

小组成员各阶段任务分工及进度控制表（组长填写）　　　　附表 1

项目任务		小组编号	组长	日期	

工作步骤	组员姓名	工作任务	开始时间	完成时间	用时
制定施工方案	A	组长负责组织协调,控制时间及填写表格、完成施工方案文本			
	B	施工准备			
	C	操作工艺(工艺流程、螺栓长度确定、接头的组装规定)			
	D	操作工艺(临时螺栓的安装、高强螺栓的安装、高强螺栓的紧固等方面)			
	E	检查验收标准			
	F	质量记录有关内容			
施工前准备	A	对组员进行分工,确定组员负责的具体内容,并做好记录,负责全程质量监控			
	B	统计高强螺栓数量、冲钉数量,填写表格			
	C	领取施工工具、检验工具、螺栓及冲钉等材料			
	D	检验材料质量,填写表格			
	E	检验摩擦面的质量及螺栓孔的质量,填写表格			
	F	施工及检验工具的标定,填写表格			
高强度螺栓连接施工	A	对组员进行分工,确定组员负责的具体内容,并做好记录,负责全程质量监控			
	B	高强度螺栓连接初拧施工及记录			
		高强度螺栓连接初拧施工、自检及记录			
	C	高强度螺栓连接初拧施工及记录			
		高强度螺栓连接终拧施工、自检及记录			
	D	高强度螺栓连接初拧施工及记录			
		高强度螺栓连接终拧施工、自检及记录			
	E	高强度螺栓连接初拧施工及记录			
		高强度螺栓连接终拧施工自检及记录			
	F	高强度螺栓连接初拧施工及记录			
		高强度螺栓连接终拧施工、自检及记录			
场地清理	A	组长负责分配任务及场地的清理			
	B	构件拆除			
	C	构件拆除			
	D	构件拆除			
	E	工具整理与上交			

注：此表格各组长负责填写，任务完成后交给指导教师。

小组成员各工作步骤成绩评定表　　　　　　　附表 2

项目任务　　　　　小组编号　　　　　组长　　　　　日期

工作步骤		取分标准（满分100分）						各工作步骤成绩	
		①是否服从组织管理	②是否按时完成任务	③工作质量高低	④是否按要求施工	⑤团体协作意识	⑥合计	⑦权重系数	⑧分数
1. 制定施工方案	分值	20分，A18-20 B15-17 C12-14 D10-12	20分，A18-20 B15-17 C12-14 D10-12	40分，A36-40 B31-35 C25-30 D20-24	—	20分，A18-20 B15-17 C12-14 D10-12	⑥=①+②+③+⑤	⑦权重系数	⑧分数⑧=⑥×⑦
	姓名	个人评价 / 组长评价	个人评价 / 组长评价	个人评价 / 组长评价	个人评价 / 组长评价	个人评价 / 组长评价	个人评价 / 组长评价		个人评价 / 组长评价
	A							0.3	
	B								
	C								
	D								
	E								
	F								
2. 施工前的准备	分值	10分，A9-10 B7-8 C5-6 D3-5	10分，A18-20 B15-17 C12-14 D10-12	40分，A36-40 B31-35 C25-30 D20-24	20分，A18-20 B15-17 C12-14 D10-12	20分，A18-2 B15-17 C12-14 D10-12	⑥=①+②+③+④+⑤		
	姓名	个人评价 / 组长评价	个人评价 / 组长评价	个人评价 / 组长评价	个人评价 / 组长评价	个人评价 / 组长评价	个人评价 / 组长评价		个人评价 / 组长评价
	A							0.2	
	B								
	C								
	D								
	E								
	F								
3. 高强螺栓连接施工	分值	10分，A9-10 B7-8 C5-6 D3-5	20分，A18-20 B15-17 C12-14 D10-12	20分，A18-20 B15-17 C12-14 D10-12	30分，A26-30 B21-25 C18-20 D15-17	20分，A18-20 B15-17 C12-14 D10-12	⑥=①+②+③+④+⑤	⑦权重系数	⑧分数⑧=⑥×⑦
	姓名	个人评价 / 组长评价	个人评价 / 组长评价	个人评价 / 组长评价	个人评价 / 组长评价	个人评价 / 组长评价	个人评价 / 组长评价		个人评价 / 组长评价
	A							0.4	
	B								
	C								
	D								
	E								
	F								

续表

工作步骤		取分标准（满分 100 分）						各工作步骤成绩	
		①是否服从组织管理	②是否按时完成任务	③工作质量高低	④是否按要求施工	⑤团体协作意识	⑥合计	⑦权重系数	⑧分数
4.构件拆除与场地清理	分值	10分，A9-10 B7-8 C5-6 D3-5	10分，A9-10 B7-8 C5-6 D3-5	20分 A18-20 B15-17 C12-14 D10-12	40分，A36-40 B31-35 C25-30 D20-24	20分 A18-20 B15-17 C12-14 D10-12	⑥=①+②+③+④+⑤	⑦权重系数	⑧=⑥×⑦
	姓名	个人评价 / 组长评价	个人评价 / 组长评价	个人评价 / 组长评价	个人评价 / 组长评价	个人评价 / 组长评价	个人评价 / 组长评价	0.1	个人评价 / 组长评价
	A								
	B								
	C								
	D								
	E								
	F								

注：此表格由各组组员先填写，然后组长填写，任务完成后由组长交给指导教师。

项目任务质量验收项目表　　　　附表 3-1

项目任务　　　　　填表人　　　　　日期

小组编号	验收项目及分值											分值
	施工方案是否合理完善	螺栓施工顺序	初拧、终拧扭矩值是否合格（高强度螺栓连接副的施工顺序和初拧、复拧扭矩应符合设计要求和国家现行行业标准规定）	摩擦面外观（高强度螺栓连接摩擦面应保持干燥、整洁，不应有飞边、毛刺、飞溅物等，除设计要求外摩擦面不应涂漆）	成品包装（高强度螺栓连接副应按包装箱配套供货，包装箱上应标明批号、规格、数量及生产日期，螺栓、螺母、垫圈外观表面应涂油保护，不应出现生锈和沾染脏物，螺纹不应损伤）	工具及余料的摆放是否规整	连接外观质量（高强度螺栓连接后，螺栓丝扣外露为2～3扣，其中允许有10%的螺栓丝扣外露1扣或4扣）	成品进场（钢结构连接用高强度大六角头螺栓副、扭剪型高强度螺栓连接副，其品种、规格、性能等应符合现行国家产品标准和设计要求）	扭矩系数或预拉力复验（高强度大六角头螺栓连接副的扭矩系数或检测预拉力应符合相关规范要求）	抗滑移系数试验（钢结构制作的安装单位应按相关规范规定分别进行高强度螺栓连接摩擦面的抗滑移系数试验和复验，现场处理的构件摩擦面抗滑移系数试验，应符合设计要求）	
	10分 A9-10 B7-8 C5-6 D3-5	20分 A18-20 B15-17 C12-14 D10-12	10分 A9-10 B7-8 C5-6 D3-5	10分 A9-10 B7-8 C5-6 D3-5	10分 A9-10 B7-8 C5-6 D3-5	10分 A9-10 B7-8 C5-6 D3-5	10分 A9-10 B7-8 C5-6 D3-5	10分 A9-10 B7-8 C5-6 D3-5	5分 A5 B4 C2～3 D1	5分 A5 B4 C2—3 D1	
1											
2											
3											
4											
5											
6											

项目任务质量验收成绩汇总表（教师填写） 附表3-2

项目任务　　　　　　　填表人　　　　　　　日期

小组编号	评价人姓名						总成绩	平均成绩	排序	权重系数
1										
2										
3										
4										
5										
6										

实训小组组长成绩评定表（各小组成员及指导教师填写） 附表4-1

项目任务　　　　小组编号　　　　填表人　　　　　日期

工作步骤	评定指标				
	组织能力20分(是否将工作进行合理的计划,是否对各工作步骤进行有效的质量监督与进度控制)	领导能力20分(是否具有凝聚力,是否能够起到模范带头作用,是否公平公正的分配任务与成绩评定)	实际操作能力30分(能否动手或协助组员将具体的工作任务按照质量要求完成)	语言表达与交流能力20分	其他方面10分
1. 制定施工方案					
2. 施工前的准备					
3. 高强螺栓连接施工					
4. 构件拆除与场地清理					
平均分					
总分					

注：组长成绩为组员与指导教师所给成绩取平均值。

小组成员实训成绩表（组长填写） 附表4-2

项目任务　　　　小组编号　　　　组长　　　　日期

组员姓名	各工作步骤分数（表2-1中⑧的加权值）				合计	权重系数表3-2	总分
	1. 制定施工方案	2. 施工前的准备	3. 高强螺栓连接施工	4. 构件拆除与场地清理			

注：⑧的加权值为＝个人自评×20％＋组长评价×80％。

高强螺栓、冲钉、临时螺栓数量统计表　　　　　　　　　　附表 5

节点编号	类型	规格	数量	长度(写出公式)	冲钉数量	临时螺栓数量	记录人
1							
2							
3							
4							

项目任务　　　　　　　　小组编号　　　　　　　　日期

高强螺栓质量检验表　　　　　　　　　　附表 6

项目任务　　　　　　　　小组编号　　　　　　　　日期

序号	检验项目	检验内容	检验结论	检验人
1	质量证明书	螺栓、螺母、垫圈均应附有质量证明书,并应符合设计要求和国家标准的规定		
2	高强螺栓的保存	高强螺栓入库应按规格分类存放,并防雨、防潮		
3	螺栓预拉力	抽检		
4				

摩擦面及栓孔质量检验表　　　　　　　　　　附表 7

项目任务　　　　　　　　小组编号　　　　　　　　日期

序号	检验项目	检验内容	检验结论	检验人
1	连接面的摩擦系数试验	质量报告结论是否符合设计要求		
2	摩擦面的出场质量	出厂质量报告		
3	摩擦面表面质量	抽检,表面严禁有氧化铁皮、毛刺、飞溅物、焊疤、涂料和污垢等		
4	接头质量	连接处的钢板或型钢应平整,板边、孔边无毛刺;接头处有翘曲、变形必须进行校正,并防止损伤摩擦面,保证摩擦面紧贴		
5	板叠接触是否紧密	板叠接触面间应平整,当接触有间隙时,应按规定处理		
6				

施工工具的复检及标定记录表　　　　　　　　　　附表 8

项目任务　　　　　　　　小组编号　　　　　　　　日期

序号	工具名称	检验内容	检验结论	检验人
1	电动扳手			
2	手动扭矩扳手			
3	劳保用品			
4	电动打磨机			
5	钢卷尺			
6				

高强螺栓施工记录表　　　　　　　　　

项目任务		小组编号		日期			

刚架节点编号

节点	施拧人	施拧序号	初拧时间	终拧时间	初拧值	终拧值	施拧顺序
1		1					
		2					
		3					
		4					
		5					
		6					
		7					
		8					
		9					
		10					
2		1					
		2					
		3					
		4					
		5					
		6					
		7					
		8					
		9					
		10					
3		1					
		2					
		3					
		4					
		5					
		6					
		7					
		8					

续表

节点	施拧人	施拧序号	初拧时间	终拧时间	初拧值	终拧值	施拧顺序
4		1					
		2					
		3					7◆ ◆8
		4					3◆ ◆4
		5					1◆ ◆2
		6					5◆ ◆6
		7					
		8					

实训项目 3　钢结构构件节点及图纸识读综合实训

项目实训目标

通过对钢结构厂房、多高层钢框架办公楼、网架体育馆、管桁架结构这四种典型结构形式的钢结构建筑节点的认识与施工图纸的识读，达到以下目的：

（1）掌握四种结构形式的应用范围、结构特点、节点形式；

（2）正确熟练识读四种结构形式钢结构建筑施工图；

（3）实训过程中，训练资料、信息的收集、分析、总结能力；

（4）实训过程中，训练团队协作能力、个人组织与管理能力、个人口头表达能力等。

场地环境要求

本项目实训场地要求具备钢结构构造模型展示室和钢结构识图室，可以单独设置，也可合并设置。

1. 钢结构构造模型展示室条件

（1）要求具备四种结构形式常见的节点模型以及节点挂图，如柱脚、牛腿、梁柱节点、梁梁节点、屋架节点、相贯节点等；

（2）要求具备四种结构形式节点构造图集，如梯形钢屋架图集、吊车梁节点图集、多高层钢框架节点、空间立体管桁架图集等；

（3）要求具备典型建筑图片及建筑简介等资料，如鸟巢、水立方、央视新大楼、环球金融中心等；

（4）具备多媒体教学设备，便于构造类课程理实一体化教学。

2. 钢结构识图实训室条件

（1）具备识图、绘图专用桌椅，能够摆放 2 号图纸，以及绘图图板、T 形尺、讲台、黑板、多媒体投影设备等设施；实训桌椅摆放可按照小组为单位集中摆放，便于交流研讨。

（2）具备四种结构形式的钢结构工程施工蓝图，图纸可结合本地情况选取；为便于讨论和保证效果，图纸最好为 4～6 人/套。

实训任务设计

1. 实训任务划分

任务 1：钢结构厂房节点构造与施工图识读（必做）；

任务 2：多高层钢框架办公楼节点构造与施工图识读（必做）；

任务 3：网架体育馆节点构造与施工图识读（选做）；

任务 4：管桁架结构节点构造与施工图识读（必做）。

2. 工程实例（实训载体）选取

实训图纸必须选取工程实例，最好结合本区域工程特点，选取正在施工或者已经施工完毕的厂房施工图作为实训载体，以便于采取现场观摩和实训相结合的方法。需要注意的是，获取资料时，最好获取该工程的全套资料（设计图、施工详图、施工图、施工组织方案、工程预算书、工程竣工验收资料等），钢结构专业系列实训均采用该工程为实训载体，可以使学生系统地掌握该结构形式从设计-制作-安装-验收整个建筑生产流程，可有效提高实训效果。

3. 实训时间安排

结合学生的认知规律和学习规律，实训宜遵循"简单到复杂，局部到整体"的原则。任务 1 作为基础实训项目，宜首先安排在第 2 或第 3 学期上完钢结构构造课程后完成，时间为 1 周；任务 2 作为重点实训项目，要求学生在具备一定的专业知识基础上完成，宜安排在第 3 或第 4 学期完成，时间为 1 周；任务 3 为选做项目，各学校可结合区域特点决定是否开展以及开设学期。任务 4 为必做项目，宜安排在第 3 或第 4 学期完成，时间为 1 周。

4. 实训组织与实施

实训开展宜以小组为单位进行，每组学生为 4～6 人，组长一名。由组长负责本组实训任务分工以及实训过程中联络协调工作；实训成果以小组为单位提交，组员均参与实训答辩，并推选一名代表作为实训成果汇报人。实训考核采取本人自评、小组评价、教师评价相结合的方式，学生实训成绩以本组实训成果为重要参考，并结合本人表现综合评定。

任务 1　钢结构厂房节点构造与施工图识读

实训目标

通过对钢结构厂房（可选用门式刚架结构）重要节点的认识和施工图的识读，了解钢结构厂房的结构特点、应用范围、节点形式，并且能够正确识读钢结构厂房施工图，具体目标如下：

（1）熟悉门式刚架结构厂房的特点、适用范围；

（2）熟悉柱脚、牛腿、吊车梁、柱—梁、屋脊、支撑等节点构造连接形式；

（3）能够正确识读钢结构厂房施工图；

（4）训练平面和三维图形之间的空间转换能力；

（5）训练工程相关信息的收集、汇总、分析、处理能力；

（6）训练团队协作能力、个人组织与管理能力、个人口头表达能力等。

实训成果

1. 对照所给节点模型或图集，填写钢结构厂房节点构造识读任务书，见表 2-4-51；

2. 通过阅读所给钢结构厂房施工蓝图，填写钢结构厂房施工图识读任务书，见表 2-4-52；

实训内容与指导

实训内容

（1）认识钢结构厂房节点模型：钢柱脚、牛腿、梁柱节点、梁梁节点、屋脊、吊车梁节点、支撑节点等，熟悉节点构造及连接形式。

（2）阅读节点图集指定内容，熟悉常用的节点连接形式；

（3）阅读本区域某钢结构厂房工程施工图，重点阅读主要节点的构造形式，并能分析其形式特点；脑海中能够实现工程平面与立体之间的相互转化；在工地中，能够针对图纸中表达的具体内容找出工程实体位置。

实训指导

（1）实训准备阶段

分组并推选组长，由组长根据实训内容进行分工；准备或领取实训任务书、工程图纸、节点图集、节点模型；准备识图所需纸、笔、尺等工具。

（2）实训实施阶段

每组成员针对所发图纸、图集中的具体页面，对照结构、节点模型进行读图分析，找到节点，进一步分析判断其结构及节点构造组成及具体符号含义，分析、判断、归纳，并填写识图实训任务书。

（3）实训考核阶段

组员全体参加实训答辩，推选出一名同学作为本组发言人，进行实训成果汇报并回答指导教师问题。实训考核采取本人自评、小组评价、教师评价相结合的方式，学生实训成绩以本组实训成果为重要参考，并结合本人表现综合评定。

（4）实训结束阶段

实训结束后，小组成员共同整理实训场地，上交所有实训资料。

实训小结

通过本次实训，每位同学应该熟悉钢结构厂房主要节点组成形式及特点；能够正确阅读钢结构厂房施工图；钢结构厂房平面图纸与空间实体相互转化的能力有较大提高；在实训过程中团队协作能力、个人组织协调能力、个人交流表达能力得到相应提高。

实训考评

组员全体参加实训答辩，推选出一名同学作为本组发言人，进行实训成果汇报并回答指导教师问题。实训考评主要从是从完成进度、识图深度、识图规范、团队协作、回答问题等方面评价，分优、良、中、及格、不及格五档打分，学生实训考核采取本人自评、小组评价、教师评价相结合的方式，学生实训成绩以本组实训成果为重要参考，并结合本人表现综合评定。实训成绩评定表，见表 2-4-53。

职业训练

利用课余时间仔细观察一处钢结构厂房建筑，然后写出其建筑概况，要求写明所在位置、用途、结构形式、高度、主要节点形式等重要信息，同时要辅以相应的图片来说明上述信息，字数不低于 1000 字，图片数量不低于 10 张。

钢结构厂房节点构造识读任务书 表 2-4-51

组号及成员		组长	
图纸编号		图集代号	
节点位置		结构类型	
节点编号及对应位置	节点构造详细说明 （详述节点具体组成、螺栓或焊接连接做法等）		
1			
2			
3			
4			
5			
自评成绩		互评成绩	教师成绩

注：1. 附门式刚架结构及节点图：引自国标图集或有关工程图纸电子版，供教师学生选用。

2. 小组成员随机抽签决定图集、图纸等（一般不得重复），每人除识读图纸外，至少选择 3 个以上不全同类的典型节点进行具体构造描述。

钢结构厂房施工图识读任务书 表 2-4-52

组号及成员			组长	
图纸名称				
工程概况				
读图问题	1	简述本工程柱脚节点形式有几种？各属于铰接还是刚接		
	2	简述本工程牛腿节点组成		
	3	简述本工程吊车梁系统组成及连接节点形式		
	4	图集中有几种梁柱刚接节点形式？本工程为哪种？有何特点		
	5	本工程屋脊节点处连接形式是什么？刚性系杆是如何连接的		
	6	本工程支撑系统由哪些组成，在图纸上指出，并说明其材料、功能		
	7	参观本工程实体后，请结合图纸说出至少三处印象深刻的部位		
	8	本工程围护结构形式		
	9	你认为工程实体或图纸哪些地方存在问题？如何改进		
	10	本工程抗震构造措施体现在哪些环节		
	11	谈谈你对本次实训的收获、建议和改进		
自评成绩			教师成绩	

实训考核成绩评定表　　　　　　　　　　　　表 2-4-53

项目任务		小组编号		组长				日期			

工作内容		标准										⑥最终成绩
		①是否及时完成		②识图质量高低		③识图是否规范		④团体协作意识		⑤回答问题		
钢结构厂房节点构造与施工图识读	分值	A优　B良 C中　D及格 E不及格		A优　B良 C中　D及格 E不及格		A优　B良 C中　D及格 E不及格		A优　B良 C中　D及格 E不及格		A优　B良 C中　D及格 E不及格		⑥最终成绩
	姓名	个人评价	组长评价	个人评价	组长评价	个人评价	组长评价	个人评价	组长评价	个人评价	组长评价	教师评价
	组长											
	A											
	B											
	C											
	D											
	E											

任务2　多高层钢框架办公楼节点构造与施工图识读

实训目标

通过对多高层钢框架办公楼（也可选用其他功能的钢框架结构）重要节点的认识和施工图的识读，了解钢框架的结构特点、应用范围、节点形式，并且能够正确识读钢框架施工图，具体目标如下：

（1）熟悉钢框架的结构组成、结构特点、适用范围；

（2）熟悉基础、柱脚、柱—梁、梁—梁、支撑等节点构造连接形式；

（3）能够正确识读钢框架施工图；

（4）加深训练平面和三维图形之间的空间转换能力；

（5）训练工程相关信息的收集、汇总、分析、处理能力；

（6）训练团队协作能力、个人组织与管理能力、个人口头表达能力等。

实训成果

1. 对照所给节点模型或图集，填写钢框架节点构造识读任务书，见表 2-4-54；

2. 通过阅读所给钢框架施工蓝图，填写钢框架施工图识读任务书，见表 2-4-55。

实训内容与指导

实训内容

（1）认识钢框架节点模型：基础、钢柱脚、梁-柱节点、梁梁节点、支撑节点等，熟悉节点构造及连接形式。

（2）阅读节点图集指定内容，熟悉常用的节点连接形式；

（3）阅读本区域某钢框架工程施工图，重点阅读主要节点的构造形式，并能分析其形式特点；能实现工程平面与立体之间的相互转化；在工地中，能够针对图纸中表达的具体内容找出工程实体位置。

实训指导

（1）实训准备阶段

分组并推选组长，由组长根据实训内容进行分工；准备或领取实训任务书、工程图纸、节点图集、节点模型；准备识图所需纸、笔、尺等工具。

（2）实训实施阶段

每组成员针对所发图纸、图集中的具体页面，对照结构、节点模型进行读图分析，找到节点，进一步分析判断其结构及节点构造组成及具体符号含义，分析、判断、归纳，并填写识图实训任务书。

（3）实训考核阶段

组员全体参加实训答辩，推选出一名同学作为本组发言人，进行实训成果汇报并回答指导教师问题。实训考核采取本人自评、小组评价、教师评价相结合的方式，学生实训成绩以本组实训成果为重要参考，并结合本人表现综合评定。

（4）实训结束阶段

实训结束后，小组成员共同整理实训场地，上交所有实训资料。

实训小结

通过本次实训，每位同学应该熟悉钢框架主要节点组成形式及特点；能够正确阅读钢框架施工图；钢框架平面图纸与空间实体相互转化的能力有较大提高；在实训过程中团队协作能力、个人组织协调能力、个人交流表达能力得到相应提高。

实训考评

组员全体参加实训答辩，推选出一名同学作为本组发言人，进行实训成果汇报并回答指导教师问题。实训考评主要从是从完成进度、识图深度、识图规范、团队协作、回答问题等方面评价，分优、良、中、及格、不及格五档打分，学生实训考核采取本人自评、小组评价、教师评价相结合的方式，学生实训成绩以本组实训成果为重要参考，并结合本人表现综合评定。实训成绩评定表，见表2-4-56。

职业训练

通过利用多媒体查询或实地考察一处多层或高层钢框架建筑，然后写出其建筑概况，要求写明所在位置、用途、结构形式、层数、高度、主要节点形式、构件截面类型、尺寸等重要信息，同时要辅以相应的图片来说明上述信息，字数不低于1000字，图片数量不低于10张。

钢框架节点构造识读任务书　　　　　　　　　　表2-4-54

组号及成员		组长	
图纸编号		图集代号	
节点位置		结构类型	
节点编号 及对应位置	节点构造详细说明 （详述节点具体组成、螺栓或焊接连接做法等）		
1			
2			
3			
4			
5			
自评成绩		互评成绩	教师成绩

注：1. 附钢框架结构及节点图：引自国标图集或有关工程图纸电子版，供教师学生选用。

2. 小组成员随机抽签决定图集、图纸等（一般不得重复），每人除识读图纸外，至少选择3个以上不全同类的典型节点进行具体构造描述。

钢框架施工图识读任务书 表 2-4-55

组号及成员				组 长	
图纸名称					
工程概况					
读图问题	1	简述本工程柱脚节点形式有几种？各属于铰接还是刚接			
	2	简述本工程钢柱接头处构造措施			
	3	统计本工程钢柱、钢梁截面种类			
	4	图集中有几种梁柱刚接节点形式？本工程为哪种？有何特点			
	5	统计本工程梁梁节点构造形式			
	6	本工程支撑系统由哪些组成，在图纸上指出，并说明其材料、功能			
	7	本工程抗震构造措施体现在哪些细节			
	8	参观本工程实体后，请结合图纸说出至少三处印象深刻的部位			
	9	简述本工程围护结构形式			
	10	你认为工程实体或图纸哪些地方存在问题？如何改进			
	11	谈谈你对本次实训的收获、建议和改进			
自评成绩			教师成绩		

实训考核成绩评定表 表 2-4-56

项目任务			小组编号				组长			日期	
工作内容			标　准								⑥最终成绩
			①是否及时完成		②识图质量高低		③识图是否规范		④团体协作意识		⑤回答问题	
多高层钢框架办公楼节点构造与施工图识读		分值	A优　B良 C中　D及格 E不及格		A优　B良 C中　D及格 E不及格		A优　B良 C中　D及格 E不及格		A优　B良 C中　D及格 E不及格		A优　B良 C中　D及格 E不及格	
		姓名	个人评价	组长评价	个人评价	组长评价	个人评价	组长评价	个人评价	组长评价	个人评价	组长评价	教师评价
	组长											
	A											
	B											
	C											
	D											
	E											

任务3　网架体育馆节点构造与施工图识读（选做）

实训目标

通过对网架体育馆（也可选用其他功能的网架结构）重要节点的认识和施工图的识读，了解网架的结构特点、应用范围、节点形式，并且能够正确识读网架施工图，具体目标如下：

（1）熟悉钢网架的结构组成、结构特点、适用范围；

（2）熟悉下部结构、支座、上弦、下弦等节点构造连接形式；

（3）能够正确识读网架施工图；

（4）提高训练平面和三维图形之间的空间转换能力；

（5）训练工程相关信息的收集、汇总、分析、处理能力；

（6）训练团队协作能力、个人组织与管理能力、个人口头表达能力等。

实训成果

（1）对照所给节点模型或图集，填写网架节点构造识读任务书，见表2-4-57；

（2）通过阅读所给钢网架施工蓝图，填写网架施工图识读任务书，见表2-4-58。

实训内容与指导

实训内容

（1）认识网架节点模型：下部结构类型、支座、上弦节点、下弦节点、附属结构节点等，熟悉节点构造及连接形式；

（2）阅读节点图集制定内容，熟悉常用的节点连接形式；

（3）阅读本区域某网架工程施工图，重点阅读主要节点的构造形式，并能分析其形式特点，能实现工程平面与立体之间的相互转化，在工地中，能够针对图纸中表达的具体内容找出工程实体位置。

实训指导

（1）实训准备阶段

分组并推选组长，由组长根据实训内容进行分工；准备或领取实训任务书、工程图纸、节点图集、节点模型；准备识图所需纸、笔、尺等工具。

（2）实训实施阶段

每组成员针对所发图纸、图集中的具体页面，对照结构、节点模型进行读图分析，找到节点，进一步分析判断其结构及节点构造组成及具体符号含义，分析、判断、归纳，并填写识图实训任务书。

（3）实训考核阶段

组员全体参加实训答辩，推选出一名同学作为本组发言人，进行实训成果汇报并回答指导教师问题。实训考核采取本人自评、小组评价、教师评价相结合的方式，学生实训成绩以本组实训成果为重要参考，并结合本人表现综合评定。

（4）实训结束阶段

实训结束后，小组成员共同整理实训场地，上交所有实训资料。

实训小结

通过本次实训，每位同学应该熟悉网架主要节点组成形式及特点；能够正确阅读网架施工图；网架平面图纸与空间实体相互转化的能力有较大提高；在实训过程中团队协作能力、个人组织协调能力、个人交流表达能力得到相应提高。

实训考评

组员全体参加实训答辩，推选出一名同学作为本组发言人，进行实训成果汇报并回答指导教师问题。实训考评主要从是从完成进度、识图深度、识图规范、团队协作、回答问题等方面评价，分优、良、中、及格、不及格五档打分，学生实训考核采取本人自评、小组评价、教师评价相结合的方式，学生实训成绩以本组实训成果为重要参考，并结合本人表现综合评定。实训成绩评定表，见表 2-4-59。

职业训练

实地考察一处网架结构建筑，然后写出其建筑概况，要求写明所在位置、用途、结构形式、层数、高度、主要节点形式、杆件截面尺寸等重要信息，同时要辅以相应的图片来说明上述信息，字数不低于 1000 字，图片数量不低于 10 张。

网架节点构造识读任务书 表 2-4-57

组号及成员		组长	
图纸编号		图集代号	
节点位置		结构类型	
节点编号 及对应位置	节点构造详细说明 （详述节点具体组成、螺栓或焊接连接做法等）		
1			
2			
3			
4			
5			
自评成绩		互评成绩	教师成绩

注：1. 附网架结构及节点图：引自国标图集或有关工程图纸电子版，供教师学生选用。

2. 小组成员随机抽签决定图集、图纸等（一般不得重复），每人除识读图纸外，至少选择 3 个以上不同类的典型节点进行具体构造描述。

网架结构施工图识读任务书 表 2-4-58

组号及成员			组长	
图纸名称				
工程概况				
读 图 问 题	1	简述本工程基础形式？预埋件做法		
	2	简述本工程网架形式		
	3	统计本工程杆件、钢球的规格及种类		

组号及成员			组　长	
读图问题	4	本工程网架主要受力杆件有哪些? 请详细说明其截面、受力		
	5	简述本工程网架支座构造形式		
	6	参观本工程实体后,请结合图纸说出至少三处印象深刻的部位		
	7	本工程围护结构形式		
	8	本工程抗震措施体现在哪些环节		
	9	你认为工程实体或图纸哪些地方存在问题? 如何改进		
	10	谈谈你对本次实训的收获、建议和改进		
自评成绩			教师成绩	

实训考核成绩评定表　　　　　　表 2-4-59

项目任务		小组编号		组长		日期	

工作内容		标　准					
		①是否及时完成	②识图质量高低	③识图是否规范	④团体协作意识	⑤回答问题	⑥最终成绩
网架体育馆节点构造与施工图识读	分值	A优　B良 C中　D及格 E不及格	A优　B良 C中　D及格 E不及格	A优　B良 C中　D及格 E不及格	A优　B良 C中　D及格 E不及格	A优　B良 C中　D及格 E不及格	教师评价
	姓名	个人评价 | 组长评价	个人评价 | 组长评价	个人评价 | 组长评价	个人评价 | 组长评价	个人评价 | 组长评价	
	组长						
	A						
	B						
	C						
	D						
	E						

任务4　管桁架结构节点构造与施工图识读

实训目标

通过对管桁架结构重要节点的认识和施工图的识读,了解网架的结构特点、应用范围、节点形式,并且能够正确识读管桁架施工图,具体目标如下:

(1)熟悉管桁架的结构组成、结构特点、适用范围;

(2)熟悉下部结构、支座、上弦、下弦、腹杆、主次桁架等节点构造连接形式;

(3)能够正确识读管桁架施工图;

(4)提高训练平面和三维图形之间的空间转换能力;

(5)训练工程相关信息的收集、汇总、分析、处理能力;

（6）训练团队协作能力、个人组织与管理能力、个人口头表达能力等。

实训成果

（1）对照所给节点模型或图集，填写管桁架节点构造识读任务书，见表2-4-60；

（2）通过阅读所给管桁架施工蓝图，填写管桁架施工图识读任务书，见表2-4-61。

实训内容与指导

1. 实训内容

（1）认识管桁架节点模型：下部结构类型、支座、上弦节点、下弦节点、主次桁架、附属结构节点等，熟悉节点构造及连接形式；

（2）阅读节点图集制定内容，熟悉常用的节点连接形式；

（3）阅读本区域某管桁架工程施工图，重点阅读主要节点的构造形式，并能分析其形式特点，能实现工程平面与立体之间的相互转化，在工地中，能够针对图纸中表达的具体内容找出工程实体位置。

2. 实训指导

（1）实训准备阶段

分组并推选组长，由组长根据实训内容进行分工；准备或领取实训任务书、工程图纸、节点图集、节点模型；准备识图所需纸、笔、尺等工具。

（2）实训实施阶段

每组成员针对所发图纸、图集中的具体页面，对照结构、节点模型进行读图分析，找到节点，进一步分析判断其结构及节点构造组成及具体符号含义，分析、判断、归纳，并填写识图实训任务书。

（3）实训考核阶段

组员全体参加实训答辩，推选出一名同学作为本组发言人，进行实训成果汇报并回答指导教师问题。实训考核采取本人自评、小组评价、教师评价相结合的方式，学生实训成绩以本组实训成果为重要参考，并结合本人表现综合评定。

（4）实训结束阶段

实训结束后，小组成员共同整理实训场地，上交所有实训资料。

实训小结

通过本次实训，每位同学应该熟悉管桁架主要节点组成形式及特点；能够正确阅读管桁架施工图；管桁架平面图纸与空间实体相互转化的能力有较大提高；在实训过程中团队协作能力、个人组织协调能力、个人交流表达能力得到相应提高。

实训考评

组员全体参加实训答辩，推选出一名同学作为本组发言人，进行实训成果汇报并回答指导教师问题。实训考评主要从是从完成进度、识图深度、识图规范、团队协作、回答问题等方面评价，分优、良、中、及格、不及格五档打分，学生实训考核采取本人自评、小组评价、教师评价相结合的方式，学生实训成绩以本组实训成果为重要参考，并结合本人表现综合评定。实训成绩评定表，见表2-4-62。

职业训练

实地考察一处管桁架结构建筑，然后写出其建筑概况，要求写明所在位置、用途、结构形式、层数、高度、主要节点形式、杆件截面尺寸等重要信息，同时要辅以相应的图片来说明上述信息，字数不低于 1000 字，图片数量不低于 10 张。

管桁架节点构造识读任务书　　　　　　　　　　表 2-4-60

组号及成员		组长	
图纸编号		图集代号	
节点位置		结构类型	
节点编号及对应位置	节点构造详细说明 （详述节点具体组成、螺栓或焊接连接做法等）		
1			
2			
3			
4			
5			
自评成绩		互评成绩	教师成绩

注：1. 附管桁架结构及节点图：引自国标图集或有关工程图纸电子版，供师生选用。

2. 小组成员随机抽签决定图集、图纸等（一般不得重复），每人除识读图纸外，至少选择 3 个以上不全同类的典型节点进行具体构造描述。

管桁架结构施工图识读任务书　　　　　　　　　　表 2-4-61

组号及成员		
图纸名称		
工程概况		
读图问题	1	简述本工程基础形式？预埋件做法	
	2	简述本工程管桁架形式	
	3	统计本工程杆件的规格及种类	
	4	本工程主要受力杆件有哪些？请详细说明其截面、受力	
	5	简述本工程支座构造形式	
	6	参观本工程实体后，请结合图纸说出至少三处印象深刻的部位	
	7	本工程围护结构形式	
	8	本工程抗震措施体现在哪些环节	
	9	你认为工程实体或图纸哪些地方存在问题？如何改进	

续表

组号及成员			组 长	
读图问题	10	谈谈你对本次实训的收获、建议和改进		
自评成绩			教师成绩	

实训考核成绩评定表　　　　　　　　　　　表 2-4-62

项目任务		小组编号			组长				日期	

工作内容			标　　准						
			①是否及时完成	②识图质量高低	③识图是否规范	④团体协作意识	⑤回答问题		⑥最终成绩
管桁架节点构造与施工图识读	分值		A优　B良C中　D及格E不及格	A优　B良C中　D及格E不及格	A优　B良C中　D及格E不及格	A优　B良C中　D及格E不及格	A优　B良C中　D及格E不及格		
	姓名		个人评价	组长评价	个人评价	组长评价	个人评价	组长评价	个人评价	组长评价	个人评价	组长评价	教师评价
	组长												
	A												
	B												
	C												
	D												
	E												

实训项目 4　钢结构加工车间 H 型钢制作实训

项目实训目标

让学生掌握焊接 H 型钢的加工制作以及工艺流程。

场地环境要求

钢结构构件制作车间，具有一条完整的 H 型钢生产线，主要包括：剪板机、切割机、组立机、龙门焊、校正机、三维钻。

实训任务设计

任务：焊接 H 型钢的制作

实训目标

掌握焊接 H 型钢制作工艺流程，钢结构焊接方法，构件施工质量验收的方法。

实训成果

加工制作出 H 型钢

实训内容与指导

根据学生分组，五人一组，制作一根 H 型钢梁。熟悉 H 型钢生产线，掌握生产线各机械设备的具体作用以及使用方法。

焊接 H 型钢需采用钢板下料、组拼焊接而成。主要工艺流程如图 2-4-4 所示。

具体实训步骤如下：

1. 制作 H 型钢原材料

指导学生进行原材料的复检，所有钢材在制作前均应进行复检，如有变形等情况，采用矫正机或火焰进行矫正。火焰矫正温度不得超过 900℃，并严禁强制降温。如钢材严重受损时，不得强行矫正，只能作短料使用或不予使用。

2. 钢结构板材下料

指导学生按图进行板材下料，H 型钢钢梁所用材料均为板材，钢板下料采用 GS/Z-4000 数控/直条切割机和 CG1-4000B 多头直条气割机进行；厚度小于 12mm 的节点板也可采用 GC12Y-10X2500 液压摆式剪板机下料。具体操作要求如下：

（1）下料前应将钢板上的铁锈、油污等杂物清理干净；

（2）钢板下料应采用多头切割机下料，边缘应裁掉约 10～15mm 的毛边，同时还能防止钢板产生马刀弯；

（3）钢板下料应根据配料单或加工图的尺寸规格切割，还应根据构件的结构特点，适当考虑机械加工余量和焊接收缩量。

H 型组装

H 型钢组立工艺过程，如图所示。

将合格的翼缘板置于组立机的工作平台上→吊装腹板侧立在下翼缘板上表面中心→定位焊接→安装引弧板。

H型钢制作工艺流程

 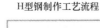  

A工序：板材预处理　　　　　B工序：切割下料　　　　　C工序：H型钢组装

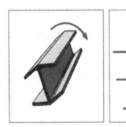 

D工序：翻转、转运　　　　　E工序：焊接

图 2-4-4　焊接 H 型钢组立过程示意图

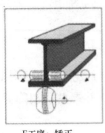

F工序：矫正

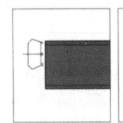

G工序：端面加工

H工序：钻孔

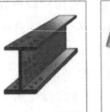

I工序：清理涂装

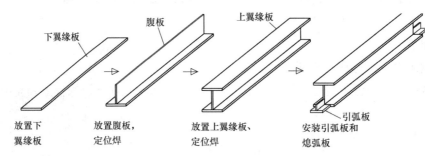

图 2-4-4　焊接 H 型钢组立过程示意图（续图）

H 型钢焊接

在 H 型钢组立质量检验合格后，进入焊接工序。H 型钢组装焊接是指 H 型钢腹板和翼缘板之间的焊缝，该焊缝采用全自动埋弧焊焊接方法。埋弧焊用焊丝按母材选用 H08A、H08Mn2Si 等，焊剂必须进行烘焙。主要作业程序如下：

（1）焊前准备

焊接前在焊缝区域 50～100mm 范围内清除氧化铁皮、铁锈、水、油漆、污物，要求露出金属光泽。

在埋弧自动焊的被焊钢材表面，除按上述要求清理外，对于在焊接过程中焊剂可能触及的水、锈、油污等杂物一律清除干净，以防混于焊剂内。

焊接区域的除锈一般应在组装前进行，构件组装后应注意保护，如重新锈蚀或附有水分、油污等杂物应重新清理。

所有焊件坡口必须符合设计图纸和有关技术要求，凡未达到要求的均应进行修整。

（2）埋弧焊接

将组立完成，且组立质量合格的 H 型钢吊运到埋弧自动焊机上进行焊接。埋弧焊工艺过程如下：

填充打底焊→自动埋弧焊→焊缝检查→清理焊缝→对不合格焊缝修补→交验。

（3）焊缝完工的清理

焊工焊接完工后，应对焊缝进行清理，去除焊渣及焊接飞溅后，仔细检查缝外观质量，合格后提交检验，并在合格焊缝附近打上焊工钢印。

3. H型钢矫正

焊接完毕的H型钢存在角变形及局部弯曲等变形，先用H型钢翼缘矫正机矫正焊接H型钢翼缘板的角变形（冷矫正），然后用火焰加热矫正的办法调整H型钢翼缘板和腹板局部的弯曲变形。

4. 制孔

焊接H型钢梁制孔采用三维数控钻床进行，连接板制孔采用双工作台数控龙门钻床进行。

5. 涂装

实训小结

通过H型钢构件的制作，掌握生产线的机械设备以及用途。各小组完成H型的制作。

实训考评

验收板材下料是否满足规范要求：

1. 采用自动切割机下料，零件的允许偏差应符合如下要求：

（1）H型钢腹板、翼缘板的长度、宽度公差范围为±2mm；

（2）腹板、翼缘板的平面度为0.05t范围内，且不大于2.0mm；

（3）割纹深度小于0.2mm；

（4）局部切口深度小于1.0mm；

（5）割口表面不得有流渣、氧化皮等杂物；

（6）H型钢组立质量标准：见表2-4-63。

H型钢截面尺寸质量标准 表2-4-63

项 目		允 许 偏 差(mm)	图 例
截面高度 h	$h<500$	±2.0	
	$500<h<1000$	±3.0	
	$h>1000$	±4.0	
截面宽度 b		±3.0	
腹板中心偏移		2.0	

续表

项　目		允许偏差(mm)	图　例
翼缘板垂直度 Δ		$b/100$,且不应大于 3.0	
弯曲矢高(受压构件除外)		$1/1000$,且不应大于 10.0	
扭曲		$h/250$,且不应大于 5.0	
腹板局部平面度 f	$t<14$	3.0	
	$t\geqslant14$	2.0	

2. 验收焊缝的质量是否满足规范要求（表 2-4-64、表 2-4-65）

焊接前的加工及装配尺寸允许偏差要求：应符合《钢结构工程施工质量验收规范》GB 50205 的规定。

焊缝的外形尺寸及表面缺陷允许偏差要求：应符合设计要求及《钢结构工程施工质量验收规范》GB 50205 的规定。

3. 验收矫正是否满足规范要求

4. 验收制孔是否满足规范要求

螺栓孔的允许偏差　　　　　　　　　　　　表 2-4-64

项　目	允许偏差
直　径	+1.0～0.0
圆　度	2.0
垂 直 度	0.03t,且不应大于 2.0

螺栓孔孔距允许偏差　　　　　　　　　　　表 2-4-65

螺栓孔孔距范围	≤500	501～1200	1201～3000	>3000
同一组内任意两孔间距	±1.0	±1.5	—	—
相邻两组的端孔间距离	±1.5	±2.0	±2.5	±3.0

考评办法

考评分为下料、组立、焊接、矫正以及制孔五个方面，优秀为五个方面满足要求，合格为三个方面满足要求，中等为四个方面满足要求。

5　屋面及防水工程实训

实训项目1　建筑施工图防水设计识读实训

实训目标

（1）通过提供真实的工程项目案例进行施工图防水设计识读训练，要求学生正确掌握各建筑部位防水设计的表达方法和构造做法，训练学生识读施工图防水设计的能力。

（2）掌握施工图中各种符号、图例的意义，懂得查阅建筑标准图集。

场地环境要求

（1）实训专用教室，配备多媒体投影等设施、国家现行规范及标准，便于理实一体化教学。

（2）提供多套真实工程项目建筑施工图作为案例进行识读训练。

实训成果

（1）解读建筑施工图设计说明。

（2）屋顶平面图、厨卫间平面图及节点构造防水详图识读。

（3）地下室防水做法及薄弱环节建筑节点构造防水详图识读。

（4）以小组协作提交识读报告，报告包括：本工程项目防水设计概况，把施工图中所引用的标准图集上的各节点构造防水详图及做法复印、整理粘贴在报告上，每个小组各选择一个典型的屋面和地下室防水部位的节点构造防水详图用文字说明怎样读图。

实训内容与指导

1. 实训内容

（1）屋面防水——根据建筑施工图设计说明和屋顶平面图，读出屋面构造做法，排水方式，分水线、汇水线的位置，排水坡坡向坡度，檐口形式，檐沟纵坡，雨水口位置，出屋面的梯间，排风道等及详图索引符号，根据索引符号找到相应详图。

（2）厨卫间防水——根据建筑施工图设计说明和厨卫间平面图，读出厨卫间地面构造做法、排水坡坡向坡度，蹲便器、地漏等位置及详图索引符号，根据索引符号找到相应详图。

（3）地下室防水——根据建筑施工图设计说明，在建筑图集找出地下室防水混凝土卷材防水、地下室顶板、集水坑、电梯井基坑、施工缝等建筑构造做法。在地下一层平面图确定集水坑、电梯井基坑、后浇带等具体位置。

2. 实训指导

（1）实训准备阶段

分组并推选组长，由组长根据实训内容进行分工，学生应携带相应教学课本和相关资料；由教师按分组向每组分别提供一套真实工程项目建筑施工图作为案例进行识读训练、并配套提供相应图集。

（2）实训实施阶段

每组成员对照实训内容要求进行读图分析，并完成作业；指导教师在学生实训过程中给予答疑和指导。

（3）实训考核阶段

提交实训成果，全体组员参加实训答辩，每个小组推选出一名同学作为本组发言人，进行实训成果汇报并回答指导教师问题。实训考核采取学生自评、小组评价、汇报及答辩、教师评价相结合的方式。

（4）实训结束阶段

实训结束后，小组成员共同整理并上交所有实训资料。

240

实训小结

通过本次实训，应掌握正确识读施工图防水设计的方法，使识读能力有较大提高，在实训过程中团队协作能力、个人组织协调能力、个人交流表达能力也得到相应提高。

实训考评

1. 实训态度和纪律要求

（1）学生要明确实训的目的和意义，重视并积极自觉参加实训；

（2）实训过程需谦虚、谨慎、刻苦、好学、爱护国家财产、遵守实训室的规章制度；

（3）服从指导教师的安排，同时每个同学必须服从本组组长的安排和指挥；

（4）小组成员应团结一致，互相督促、相互帮助；人人动手，共同完成任务；

（5）遵守学院的各项规章制度，不得迟到、早退、旷课。

2. 评价方式

成绩评定采用百分制，学生自评、小组互评、汇报及答辩、教师评价方式，以过程考核为主。

3. 考核标准

实训任务完成质量；团队协作精神；知识点的掌握。

4. 实训成绩评定依据（表 2-5-1）

实训成绩评定表

表 2-5-1

评价内容	分值	个人评价	小组评价	教师评价
实训考勤（10%）	10			
	8			
	6			
实训表现（10%）	10			
	8			
	6			

评价内容	分值	个人评价	小组评价	教师评价
实训报告(30%)	30			
	27			
	24			
	21			
	18			
汇报(20%)	20			
	16			
	12			
答辩(30%)	30			
	24			
	18			
合计				

职业训练

建筑施工图防水设计识读实训教学,应注重学生职业技能训练,提高学生建筑施工图防水设计识读能力,养成施工图、标准图集配合读图的习惯。实训项目结束后,学生职业能力的预期效果:

(1)能够根据建筑施工图设计说明和屋顶平面图、厨卫间平面图、地下一层平面图读懂各部位排水方式,分水线、汇水线的位置,排水坡坡向、坡度。

(2)能够根据建筑施工图设计说明和屋顶平面图、厨卫间平面图、地下一层平面图读懂各细部详图索引符号,根据索引符号找到相应详图。

(3)养成施工图、标准图集配合读图的习惯。

(4)初步具备能够发现施工图错漏的能力。

实训项目2 防水工程施工方案编制实训

项目实训目标

(1)通过实训,使学生能掌握建筑屋面、厨卫间、外墙、地下室等部位和节点的防水构造、常用防水材料的基本特性及其适用范围,正确理解建筑防水的施工顺序、工艺要求、质量标准,能够完成建筑防水工程施工方案编制,能够进行建筑防水工程质量检验。

(2)通过实训,使学生能够具备安全生产、文明施工、产品保护的基本知识及自身安全防护基本能力,具有相应的职业精神。

场地环境要求

(1)实训专用教室,配备多媒体投影等设施、国家现行规范及标准,便于理实一体化教学。

(2)提供多套真实工程项目建筑施工图作为案例进行防水工程施工方案编制

训练。

实训任务设计

任务 1：编制屋面防水工程专项施工方案。

任务 2：编制厨卫间、外墙防水工程专项施工方案。

任务 3：编制地下室防水工程专项施工方案。

任务 1　编制屋面防水工程专项施工方案实训

实训目标

通过本实训，使学生能够掌握建筑屋面及各节点的防水构造、常用防水材料的基本特性及其适用范围，正确理解建筑屋面及各节点防水的施工顺序、工艺要求、质量标准，能够完成建筑屋面防水工程专项施工方案编制，能够进行建筑屋面防水工程质量检验。

实训成果

实训结束后，每个实训小组完成并提交一份《XX 建筑屋面防水工程专项施工方案》，方案应包括：编制依据，本项目屋面防水工程概况，施工准备工作内容，屋面及各节点部位的基层、防水层、保护层的施工流程、施工方法、施工要点、质量检查项目、标准及方法，常遇问题的处理方法和季节性施工、成品保护、消防安全及文明施工的保证措施等内容以及施工技术交底单。

实训内容与指导

1. 实训内容

（1）编列编制屋面防水工程施工方案所依据的施工规范、技术标准，标准图集、施工图编号；撰写本项目屋面防水工程概况。

（2）编写施工准备工作内容：包括人员准备、材料准备、技术准备、机具准备的内容。

（3）根据施工规范、技术标准、质量验收规范编写下列内容：

1）屋面及各节点部位的基层处理方案、施工方法、质量检查项目、标准及方法等内容；

2）屋面及各节点部位的防水层施工流程、施工方法、施工要点、质量检查项目、标准及方法等内容；

3）屋面及各节点部位的保护层处理方案、施工方法、质量检查项目、标准及方法等内容；

（4）编写常遇问题的处理方法和季节性施工、成品保护、消防安全及文明施工的保证措施等内容。

（5）编写基层、防水层、保护层施工技术交底单。

2. 实训指导

（1）实训准备阶段

分组并推选组长，由组长根据实训内容进行分工；学生应携带相应教学课本，每组学生应购买或借有《屋面工程技术规范》GJ 50345—2012、《屋面工程质量验收规范》

GJ 50207—2012 各一本。

教师按分组向每组分别提供一套真实工程项目建筑施工图作为案例，并配套提供相关图集；教师还应提供一个实际的屋面防水工程专项施工方案作为范本，供学生参照。

（2）实训实施阶段

实训小组对照实训内容要求对每个成员进行分工、合作完成本方案编制实训任务；指导教师在学生实训过程中给予答疑和指导。

（3）实训考核阶段

提交实训成果，全体组员参加实训答辩，每个小组推选出一名同学作为本组发言人，进行实训成果汇报并回答指导教师问题。实训考核采取学生自评、小组评价、汇报及答辩、教师评价相结合的方式。

（4）实训结束阶段

实训结束后，小组成员共同整理并上交实训资料。

实训小结

通过本次实训，学生应正确掌握建筑屋面及各节点防水的施工顺序、工艺要求、质量标准，具备编制建筑屋面防水工程专项施工方案的初步能力；在实训过程中团队协作能力、个人组织协调能力、个人交流表达能力也得到相应提高。

实训考评

同实训项目 1

职业训练

编制屋面防水工程专项施工方案实训教学，应注重学生职业技能训练，培养学生编制屋面防水工程专项施工方案的能力，帮助学生养成先读懂施工图屋面防水设计，再查找相应施工技术规范、验收规范，弄懂相关要求后依据防水设计、施工技术规范、验收规范编制专项施工方案的良好习惯。实训任务结束后，学生职业能力的预期效果：

（1）初步具备独立编制屋面防水工程专项施工方案的能力。

（2）养成先读懂施工图屋面防水设计，再查找相应施工技术规范、验收规范，弄懂相关要求后依据防水设计、施工技术规范、验收规范编制专项施工方案的良好习惯。

（3）能正确理解建筑屋面防水的构造做法、施工顺序、工艺要求、质量标准等知识。

（4）初步掌握屋面防水工程质量验收的检查项目、检查标准及检查方法。

任务 2 编制厨卫间、外墙防水工程专项施工方案

实训目标

通过本实训，使学生能够掌握建筑厨卫间、外墙及各节点的防水构造、常用防水材料的基本特性及其适用范围，正确理解建筑厨卫间、外墙及各节点防水的施工方法、工艺要求、质量标准，能够完成建筑厨卫间、外墙防水工程专项施工方案编制，能够进行建筑厨卫间、外墙防水工程质量检验。

实训成果

实训结束后，每个实训小组完成并提交一份《XX建筑厨卫间、外墙防水工程专项施工方案》，方案应包括：编制依据，本项目厨卫间、外墙防水工程概况，施工准备工作内容，厨卫间、外墙及各节点部位的施工方法、施工要点、质量检查项目、标准及方法，常遇问题的处理方法和季节性施工、成品保护、消防安全及文明施工的保证措施等内容以及施工技术交底单。

实训内容与指导

1. 实训内容

（1）编列编制厨卫间、外墙防水工程施工方案所依据的施工规范、技术标准，标准图集、施工图编号；撰写本项目厨卫间、外墙防水工程概况。

（2）编写施工准备工作内容：包括人员准备、材料准备、技术准备、机具准备的内容。

（3）根据构造详图、施工规范、技术标准、质量验收规范编写下列内容：

1）厨卫间地坑、地面以及各节点部位防水细部构造的防水做法、施工方法（包括：套管防水节点、转角墙下水管防水节点、地漏防水节点、蹲式大便器防水节点等）；

2）外墙预埋件防水、外墙穿墙孔洞防水、挑檐、雨罩、阳台、露台等节点部位的施工要点和施工方法，无外保温外墙防水防护施工方法（或有外保温外墙防水防护施工方法）、整体浇筑混凝土外墙防水施工方法、砌体外墙防水施工方法和质量检验项目、标准及方法。

（4）编写常遇问题的处理方法和季节性施工、成品保护、消防安全及文明施工的保证措施等内容。

（5）编写厨卫间、外墙防水施工技术交底单。

2. 实训指导

（1）实训准备阶段

分组并推选组长，由组长根据实训内容进行分工；学生应携带相应教学课本，每组学生应有关于厨卫间、外墙防水施工的相关知识的辅导资料，用于指导实训。

教师按分组向每组分别提供一套真实工程项目建筑施工图作为案例，并配套提供相关图集；教师可提供一个实际的厨卫间、外墙防水工程专项施工方案作为范本，供学生参照。

（2）实训实施阶段

实训小组对照实训内容要求对每个成员进行分工、合作完成本方案编制实训任务；指导教师在学生实训过程中给予答疑和指导。

（3）实训考核阶段

提交实训成果，全体组员参加实训答辩，每个小组推选出一名同学作为本组发言人，进行实训成果汇报并回答指导教师问题。实训考核采取学生自评、小组评价、汇报及答辩、教师评价相结合的方式。

（4）实训结束阶段

实训结束后，小组成员共同整理并上交实训资料。

实训小结

通过本次实训，学生应正确掌握建筑厨卫间、外墙及各节点防水的施工顺序、工艺要求、质量标准，具备编制建筑厨卫间、外墙防水工程专项施工方案的初步能力；在实训过程中团队协作能力、个人组织协调能力、个人交流表达能力也得到相应提高。

实训考评

同实训项目1

职业训练

编制厨卫间、外墙防水工程专项施工方案实训教学，应注重学生职业技能训练，培养学生编制屋面防水工程专项施工方案的能力，帮助学生养成先读懂施工图厨卫间、外墙防水设计，再查找相应施工技术规范、验收规范，弄懂相关要求后依据防水设计、施工技术规范、验收规范编制专项施工方案的良好习惯。实训任务结束后，学生职业能力的预期效果：

（1）初步具备独立编制厨卫间、外墙防水工程专项施工方案的能力。

（2）养成先读懂施工图厨卫间、外墙防水设计，再查找相应施工技术规范、验收规范，弄懂相关要求后依据防水设计、施工技术规范、验收规范编制专项施工方案的良好习惯。

（3）能正确理解建筑厨卫间、外墙防水的构造做法、施工顺序、工艺要求、质量标准等知识。

（4）初步掌握厨卫间、外墙防水工程质量验收的检查项目、检查标准及检查方法。

任务3　编制地下室防水工程专项施工方案

实训目标

通过本实训，使学生能够掌握建筑地下室底板、侧墙、顶板及各节点的防水构造、常用防水材料的基本特性及其适用范围，正确理解建筑地下室底板、侧墙、顶板及各节点防水的施工方法、工艺要求、质量标准，能够完成建筑地下室防水工程专项施工方案编制，能够进行建筑地下室防水工程质量检验。

实训成果

实训结束后，每个实训小组完成并提交一份《XX建筑地下室防水工程专项施工方案》，方案应包括：编制依据，本项目地下室防水工程概况，施工准备工作内容，地下室及各节点部位的施工方法、施工要点、质量检查项目、标准及方法，常遇问题的处理方法和季节性施工、成品保护、消防安全及文明施工的保证措施等内容以及施工技术交底单。

实训内容与指导

1. 实训内容

（1）编列编制地下室防水工程施工方案所依据的施工规范、技术标准，标准图集、施工图编号；撰写本项目地下室防水工程概况。

（2）编写施工准备工作内容：包括人员准备、材料准备、技术准备、机具准备的内容。

（3）根据构造详图、施工规范、技术标准、质量验收规范编写下列内容：

1）地下室底板、侧墙、顶板的防水做法、施工方法、质量检验项目、标准及方法等内容；

2）混凝土结构地下室细部构造的防水做法、施工方法（包括：变形缝、施工缝、后浇带、穿墙管、预埋件、桩头、孔口、窗井、坑、池等部位）。

（4）编写常遇问题的处理方法和季节性施工、成品保护、消防安全及文明施工的保证措施等内容。

（5）编写地下室防水工程施工技术交底单。

2. 实训指导

（1）实训准备阶段

分组并推选组长，由组长根据实训内容进行分工；学生应携带相应教学课本，每组学生应购买或借有《地下工程防水技术规范》GB 50108—2008、《地下防水工程质量验收规》GB 50208—2011 各一本。

教师按分组向每组分别提供一套真实工程项目建筑施工图作为案例，并配套提供相关图集；教师还应提供一个实际的地下室防水工程专项施工方案作为范本，供学生参照。

（2）实训实施阶段

实训小组对照实训内容要求对每个成员进行分工、合作完成本方案编制实训任务；指导教师在学生实训过程中给予答疑和指导。

（3）实训考核阶段

提交实训成果，全体组员参加实训答辩，每个小组推选出一名同学作为本组发言人，进行实训成果汇报并回答指导教师问题。实训考核采取学生自评、小组评价、汇报及答辩、教师评价相结合的方式。

（4）实训结束阶段

实训结束后，小组成员共同整理并上交实训资料。

实训小结

通过本次实训，学生应正确掌握建筑地下室及各节点防水的施工方法、工艺要求、质量标准，具备编制建筑地下室防水工程专项施工方案的初步能力；在实训过程中团队协作能力、个人组织协调能力、个人交流表达能力也得到相应提高。

实训考评

同实训项目 1

职业训练

编制地下室防水工程专项施工方案实训教学，应注重学生职业技能训练，培养学生编制地下室防水工程专项施工方案的能力，帮助学生养成先读懂施工图地下室防水设计，再查找相应施工技术规范、验收规范，弄懂相关要求后依据防水设计、施工技术规范、验收规范编制专项施工方案的良好习惯。实训任务结束后，学生职业能力的预期效果：

（1）初步具备独立编制地下室防水工程专项施工方案的能力。

（2）养成先读懂施工图地下室防水设计，再查找相应施工技术规范、验收规范，弄懂相关要求后依据防水设计、施工技术规范、验收规范编制专项施工方案的良好习惯。

（3）能正确理解建筑地下室防水的构造做法、施工方法、工艺要求、质量标准等知识。

（4）初步掌握地下室防水工程质量验收的检查项目、检查标准及检查方法。

实训项目3　防水工程模拟施工实训

项目实训目标

通过本实训，使学生掌握卷材防水屋面构造做法，掌握屋面和节点部位防水层的施工方法、工艺流程和操作技能，能够进行屋面防水工程质量检查验收；掌握常见厨卫间、地下工程的防水构造做法，掌握厨卫间、地下工程和节点部位防水层的施工方法、工艺流程和操作技能，能够进行厨卫间、地下工程防水工程质量检查验收。

通过本实训，使学生能够具备安全生产、文明施工、产品保护的基本知识及自身安全防护基本能力，具有相应的职业精神。

场地环境设备要求

1. 指标与环境要求

由于建筑防水材料，有一定的刺激性和味道难闻，少数材料还有一定的毒性，故要求实训基地具有良好的通气采光功能，具有较大空间。建议按生均 8～10m² 来建设校内屋面及防水实训基地，且建筑空间高度应大于 5m，确保实训场地有足够的空间进行通风、换气和采光。

2. 平面布置示要求

校内防水实训基地应按照"教学做一体化"要求进行建设，分四个功能区：一是建筑防水构造展示区，在该区域摆放全套不同部位的建筑构件节点防水构造做法样板，样板尺寸一般为实际构件大小的一半，展示有：上人屋面、女儿墙阴阳角、变形缝、坡屋面、种植屋面、屋檐天沟、出屋面管（井）、建筑外墙侧窗、厨卫间排水、地下室外墙、混凝土底板后浇带等部位的正确防水构造做法；二是建筑防水材料展示区，在该区域陈列各种不同系列的防水卷材、防水涂料、补漏胶膏等防水材料；三是防水技能训练区，建筑防水一般有混凝土自密实防水、附加层防水、密封胶防水三大类，混凝土自密实防水可结合混凝土施工实训进行操作训练，该区域主要是进行卷材附加层防水实训；四是防水知识教学区，该区域布置有投影仪、黑板以及足够一个班学生学习的课桌椅，老师在此区域讲授建筑防水知识、展示教学图片、播放教学视频材料，学生在此区域进行学习和分组编写建筑防水专项施工方案。

3. 主要设备材料配置

主要设备配置包括：展示用防水节点构造实物、实训用构造节点、用于展示的防水材料、实训耗材、实训工具、防水施工规范标准、共建企业的新研发产品、防水知识性展板、实训管理制度展板等。实训用构造节点、实训耗材、实训工具、防水施工规范标准等配置具体详见表 2-5-2～表 2-5-6。

实训用构造节点（模型）（比例 1 ∶ 2）　　　　　　表 2-5-2

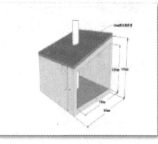

出坡屋面管模型

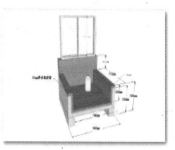

厨卫间窗台模型

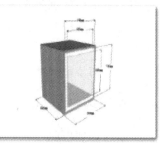

地下室顶板侧墙模型

248

双坡屋面模型

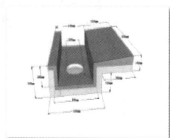

屋顶檐沟漏水口模型

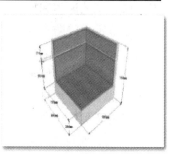

屋面及女儿墙模型

实训用构造节点（模型）数量　　　　　　　表 2-5-3

序号	物料名称	数 量	备注
1	出坡屋面管模型	3 套	
2	双坡屋面模型	3 套	
3	厨卫间、窗台模型	3 套	可适当缩小比例（建议不要小于 1 ∶ 2）
4	屋顶檐沟、漏水口模型	3 套	
5	屋面及女儿墙模型	3 套	
6	地下室顶板、侧墙模型	3 套	

实训耗材　　　　　　　　　表 2-5-4

种类		序号	物料名称	数量
防水实训材料	防水卷材	1	1.5mm 镀金膜面单面粘卷材（标准产品 20m²）	2 卷
		2	SBS 改性沥青防水卷材	2 卷
		3	PVC 防水卷材	2 卷
		4	APP 防水卷材	2 卷
	防水涂料	5	聚氨酯防水涂料	2 桶
		6	聚合物水泥防水涂料	2 桶
		7	水泥基渗透结晶型防水涂料	2 桶
	密封膏	8	硅酮密封膏	5 支
		9	聚氨酯密封膏	5 支
	堵漏灌浆	10	粉状堵漏剂：堵漏灵或堵漏宝等	5 包
		11	水性聚氨酯灌浆材料	5 支
		12	环氧树脂灌浆材料	5 支

防水图集、施工规范、防水知识性展板、实训管理制度展板　　表 2-5-5

类别	序号	物料名称	数量
防水施工规范标准	1	各类地方、区域、全国防水图集,防水施工规范	各5套
防水知识性、构造细节展板	2	各样知识性、构造细节展板,包括:国内防水材料(防水卷材、防水涂料、密封膏、堵漏灌浆)、卷材大面积施工流程图、屋面结构防水做法、地下室结构防水做法、屋面和地下室防水现场施工图等	20板
实训管理制度展板	3	相关实训管理制度展板	3板

实训用工具　　表 2-5-6

序号	物料名称	数量	序号	物料名称	数量
1	椅子	50张	6	裁纸刀	25把
2	胶桌垫	4卷	7	钢卷尺	25个
3	扫把	25把	8	刮板	50个
4	小平铲	50把	9	手套	50副
5	桶	白色大桶25个	10	毛刷	50个

说明：上述实训用构造节点、实训耗材、实训工具仅对应一个标准班（50 人，分组实训，每组 6 人左右）。超出时应相应增加。

实训任务设计

在实训用构造节点（模型）上模拟屋面卷材防水工程施工、卫生间涂膜防水施工、地下工程后浇带防水施工实训。

防水节点构造实物采用钢筋混凝土制作，比例大小为正常尺寸的一半（图 2-5-1），表面涂刷环氧树脂等强化涂料，以加强构件节点的表面刚度，便于学生多次反复进行涂抹防水涂料、铺贴卷材等防水施工操作技能训练。

可以探索采用"仿真"防水材料，进行防水施工操作模拟训练，例如：用胶水来"仿真"粘贴防水卷材，用不同颜色的墨水来"仿真"替代防水涂料等；不断改进"仿真"防水施工实训的方法、不断寻求更仿真的防水材料替代品。

各学校可根据自己的教学计划，来安排本实训，建议时间不少于 5 天；开展的实训任务，可根据实训时间、实训条件、学生基础等实际情况而定。

实训成果

实训成果包括：实训日记、实训总结、施工方案文本、技术交底文本，以及在各节点上进行模拟施工的实训作品。

实训内容

（1）卷材防水屋面模拟施工：屋面大面卷材铺贴模拟施工，屋面节点卷材铺贴模拟施工（包括：a. 檐口、b. 天沟、檐沟及水落口、c. 泛水与卷材收头、d. 变形缝、e. 排气孔与伸出屋面管道、f. 阴阳角等部位）。

（2）卫生间坑内涂膜防水模拟施工：卫生间坑地面涂膜防水模拟施工，卫生间坑四个侧面涂膜防水模拟施工。

（3）地下工程底板、外墙防水模拟施工：地下工程底板、外墙卷材外贴防水模拟施工，地下工程底板、外墙后浇带防水模拟施工。

实训指导

学生应携带相应教学课本，每组学生应购买或借有《屋面工程技术规范》GJ 50345—2012、《屋面工程质量验收规范》GJ 50207—2012、《地下工程防水技术规范》GB 50108—2008、《地下防水工程质量验收规》GB 50208—2011 各一本；教师应提供相关辅助指导资料。

1. 屋面节点卷材防水构造做法

卷材屋面节点部位的施工对保证防水质量至关重要，图 2-5-1～图 2-5-3、图 2-5-5～图 2-5-11、实物照片图 2-5-3。提供了比较有代表性的节点构造做法，供参考。

（1）檐口构造做法（图 2-5-1）

（2）檐沟构造做法（图 2-5-2、图 2-5-3）

（3）水落口构造做法（图 2-5-4、图 2-5-5）

（4）泛水收头构造做法（图 2-5-6、图 2-5-7）

（5）女儿墙泛水收头与压顶构造做法（图 2-5-8）

（6）伸出屋面管道构造做法（图 2-5-9）

（7）屋面变形缝构造做法（图 2-5-10、图 2-5-11）

2. 屋面防水卷材铺贴施工

卷材防水层施工的一般工艺流程如图 2-5-12 所示：

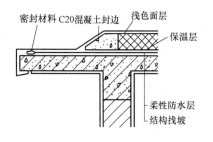

图 2-5-1　檐口

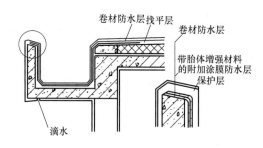

图 2-5-2　檐沟及檐沟卷材收头

图 2-5-3　带檐沟屋面构造做法实物

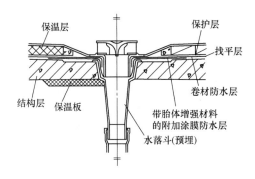

图 2-5-4　直式水落口

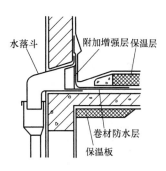

图 2-5-5　横式水落口

（1）铺贴方向

卷材的铺贴方向应根据屋面坡度和屋面是否有振动来确定。当屋面坡度小于 3％时，卷材宜平行于屋脊铺贴；屋面坡度在 3％～15％时，卷材可平行或垂直于屋脊铺贴；屋面坡度大于 15％或受振动时，沥青卷材、高聚物改性沥青卷材应垂直于屋脊铺贴，合成高分子卷材可根据屋面坡度、屋面有否受振动、防水层的粘结方式、粘结强度、是否机械固定等因素综合考虑采用平行或垂直屋脊铺贴。上下层卷材不得相互垂直铺贴。屋面坡度大于 25％时，卷材宜垂直屋脊方向铺贴，并应采取固定措施，固定点还应密封。

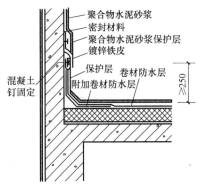

图 2-5-6　混凝土墙卷材泛水收头

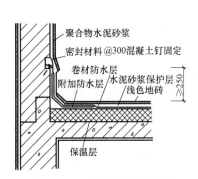

图 2-5-7　砖墙卷材泛水收头

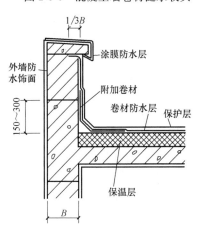

图 2-5-8　女儿墙泛水收头与压顶

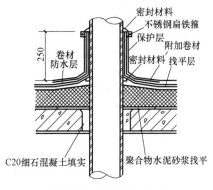

图 2-5-9　伸出屋面管道

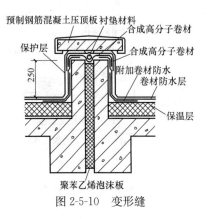

图 2-5-10 变形缝

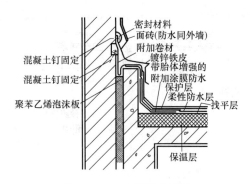

图 2-5-11 高低跨变形缝

图 2-5-12 卷材施工工艺流程图

（2）施工顺序

防水层施工时，应先做好节点、附加层和屋面排水比较集中部位（如屋面与水落口连接处，檐口、天沟、檐沟、屋面转角处等）的处理，然后由屋面最低标高处向上施工。铺贴天沟、檐沟卷材时，宜顺天沟、檐口方向，减少搭接。

铺贴多跨和有高低跨的屋面时，应按先高后低、先远后近的顺序进行。

大面积屋面施工时，为提高工效和加强管理，可根据面积大小、屋面形状、施工工艺顺序、人员数量等因素划分流水施工段。施工段的界线宜设在屋脊、天沟、变形缝等处。

（3）搭接方法及宽度要求

铺贴卷材应采用搭接法，上下层及相邻两幅卷材的搭接缝应错开。平行于屋脊的搭接缝应顺流水方向搭接；垂直于屋脊的搭接缝应顺年最大频率风向（主导风向）搭接。

卷材搭接宽度 表 2-5-7

搭接方向	短边搭接宽度(mm)		长边搭接宽度(mm)	
铺贴方法 卷材种类	满粘法	空铺、点粘、条粘法	满粘法	空铺、点粘、条粘法
高聚物改性沥青防水卷材	80	100	80	100
自粘聚合物改性沥青防水卷材	60		60	
合成高分子 防水卷材　胶粘剂	80	100	80	100
胶粘带	50	60	50	60
单焊缝	60，有效焊接宽度不小于25			
双焊缝	80，有效焊接宽度10×2＋空腔宽			

叠层铺设的各层卷材，在天沟与屋面的连接处应采用叉接法搭接，搭接缝应错开；接缝宜留在屋面或天沟侧面，不宜留在沟底。

坡度超过25%的拱形屋面和天窗下的坡面上，应尽量避免短边搭接，如必须短边搭接时，在搭接处应采取防止卷材下滑的措施。如预留凹槽，卷材嵌入凹槽并用压条固定密封。

高聚物改性沥青卷材和合成高分子卷材的搭接缝宜用与它材性相容的密封材料封严。各种卷材的搭接宽度应符合表 2-5-7 的要求。

3. 卫生间涂膜防水施工

由于卫生间普遍面积较小，且穿墙管道、卫生洁具等较多，故当前多采用涂膜防水。

（1）强制性条文："涂膜防水层不得有渗漏或积水现象"。

（2）施工验收规范规定：涂膜防水应根据防水涂料的品种分层分遍涂布，不得一次涂成。

（3）涂膜防水层的基层应坚实、平整、干净，应无孔隙、起砂和裂缝，基层应干燥。

图 2-5-13 卫生间防水构造做法实物之一

图 2-5-14 卫生间防水构造做法实物之二

（4）施工要点：必须待上道涂层干燥后方可进行后道涂料施工，干燥时间视当地温度和湿度而定，一般为 4～24h。

可具体做法参照实物照片图 2-5-13、图 2-5-14。

4. 地下室外墙墙体施工缝防水构造模拟施工

地下室外墙墙体施工缝如止水处理不当，易造成墙体渗漏，具体处理可参照实物照片图 2-5-15、图 2-5-16。

图 2-5-15 地下室底板、外墙后浇带防
水构造做法实物

图 2-5-16 地下室外墙防水构造做法实物

5. 施工完成后，质量检验项目及要求（表 2-5-8）

卷材防水层质量检验 表 2-5-8

	检验项目	要　求	检验方法
主控项目	1. 卷材防水层所用卷材及其配套材料	必须符合设计要求	检查出厂合格证、质量检验报告和现场抽样复验报告
	2. 卷材防水层	不得有渗漏或积水现象	雨后或淋水、蓄水试验
	3. 卷材防水层在天沟、檐沟、泛水、变形缝和水落口等处细部做法	必须符合设计要求	观察检查和检查隐蔽工程验收记录
一般项目	1. 卷材防水层的搭接缝	应粘（焊）结牢固、密封严密，不得有皱折、翘边和鼓泡	观察检查
	2. 防水层的收头	应与基层粘结并固定牢固、缝口封严，不得翘边	观察检查
	3. 卷材的铺设方向，卷材的搭接宽度允许偏差	铺设方向应正确；搭接宽度的允许偏差为 −10mm	观察和尺量检查

6. 模拟施工实训要求

参照以上技术要求以及现行施工及验收规范、操作规程的要求，在提供的缩小比例的混凝土构件模型上采用薄型卷材、胶水、腻子等材料替代防水卷材、涂膜进行防水施工，并进行检查验收。

实训教学的组织管理

1. 实训指导方式

（1）指导教师以集中讲解、分步指导、巡视检查的方式进行指导。

（2）每个班级安排两名以实训指导教师进行指导。

2. 实训组织管理

（1）由系领导、实训指导教师、实训班班主任组成实训领导小组，全面负责实训工作。

（2）以班级为单位，班长全面负责，下设若干个小组（以 6~8 人为一组），各组设组长一名。组长负责本组同学实训事务工作（包括纪律监督，事务联系，集合等）。

（3）学生必须每天填写实训日记，实训日记应记录当天的实训内容、必要的技术资料以及所学到的知识，实训日记要求当天完成，字数不少于 200 字，下晚自习前交由各组组长收集、检查、汇总，于第二天上午上交实训指导老师。

（4）实训过程结束后两天内，学生必须上交实训总结。实训总结应包括：实训内容、技术总结、实训体会等方面的内容，要求字数不少于 1000 字。

（5）学生每天实训前，在"实训工作日志"上签到，组长每天在"实训情况"栏中记录自己小组当天的实训内容、实训情况，并在"小结"栏中对自己小组当天的实训情况作简单总结。实训工作日志详见表 2-5-13。

实训小结

通过本次实训，使学生进一步增加对建筑防水的感性认识，能够理解防水工程的原理、能够按技术要求进行检查验收、具有一定防水施工操作能力，初步具备了建筑防水施工管理职业能力；在实训过程中团队协作能力、个人组织协调能力、个人交流表达能力也得到相应提高。

实训考评

同实训项目1。

职业训练

建筑防水工程模拟施工实训教学，在训练学生操作技能的同时应加强学生职业能力的训练，注重对学生进行职场岗位的角色扮演和工作体验，具体做法如下：

一是要进行角色轮换。每个实训小组不超过6人，组长担任项目经理角色负责本次实训管理，其他同学则轮换担任施工员、操作工人、监理员等角色。

二是要进行任务轮换。每个实训小组每天对一个建筑构件节点进行典型任务防水施工训练，典型任务包括女儿墙阴阳角、坡屋面、屋檐天沟、出屋面管（井）、建筑外墙侧窗、厨卫间排水、地下工程后浇带等部位的防水施工。

三是实训程序要与实际施工程序一致。首先，根据实训任务、在组长的组织下、全组同学共同制定防水施工方案；其次，每天安排一位同学担任施工员负责当日的实训组织，其他同学则担任操作工人，根据当天的实训任务仿照真实施工项目，完成从填写技术交底单、领料到组织施工的全过程实训，并填写施工（实训）日记；任务完成后，各组同学的角色转换成监理员，随机抽签相互进行验收并填写验收单；最后，由指导老师检查点评计分，若监理小组未能检查出存在的质量问题，则要相应扣掉监理组的得分。

实训项目结束后，学生职业能力的预期效果：能够理解防水工程的原理、能够按技术要求进行检查验收、具有一定防水施工操作能力，初步具备了建筑防水施工管理职业能力。

附录：实训工作日志（表2-5-9）

实训工作日志

表 2-5-9

班 级			组 别		实训项目	
20 ～ 20 学年 第 学期 第 周				年 月 日		
上午	姓 名		进场时间～离场时间	实习内容		
	1.		～			
	2.		～			
	3.		～			
	4.		～			
	5.		～			
	6.		～	实习小结		
	7.		～			
	8.		～			
下午	姓 名		进场时间～离场时间	实习内容		
	1.		～			
	2.		～			
	3.		～			
	4.		～			
	5.		～			
	6.		～	实习小结		
	7.		～			
	8.		～			

注明：1. 个人签到，组长考核。

2. 实习内容、实习小结均由组长填写

6 装饰工程实训

实训项目 1　镶贴工工种实训

项目实训目标

镶贴工工种实训是建筑工程技术专业教学计划中的重要组成部分。它是以实际操作为主，重在培养学生的实际操作能力。目的是让学生通过现场施工操作，获得一定的施工技术实践知识和生产技能操作体验，同时也获得一定的职业体验，形成职业素质，也为后续课程或项目学习打下一定的基础，它为实现专业培养目标起着重要的作用。

本次基本技能实训，学生是以具体操作人员的身份参加现场施工和工作，在实训中应深入实际，认真学习，获取直接知识，巩固所学理论，完成实训指导老师所布置的相应工作任务，培养和锻炼独立分析问题和解决问题的能力。获得本专业的感性认识，同时通过劳动的锻炼来培养学生的劳动观念，并养成好的工作习惯。

场地环境要求

（1）实训现场：镶贴墙面、镶贴材料、多媒体教学设备、操作演示录像、工作任务单、评价表等；

（2）教学场景：实训现场；

（3）工具设备：瓷砖切割机、胡桃钳、水平尺、墨斗、灰起子、靠尺板、木锤、尼龙线等；

（4）教师配备：指导教师 1 人。

实训任务：墙面镶贴

实训目标

（1）能正确提出材料清单；

（2）能根据任务书绘制瓷砖排列图；

（3）能编制镶贴施工技术交底书；

（4）能正确进行瓷砖镶贴；

（5）能正确确定施工质量标准；

（6）能正确使用工具；

（7）能分析出现质量问题的原因，提出正确的防范措施；

（8）会正确评定工程质量。

实训成果

成果形式：实训项目完成后形成镶贴墙面。

实训内容与指导

1. 实训内容

T 形墙体，高度 1.5m，长度 2.0m，附加三个踏步。墙身有两个洞口，要求踏步按楼梯踏步进行镶贴，墙面按内墙面砖镶贴。

2. 实训指导

（1）准备工作

1）熟悉实训任务，明确实训的内容和要求。根据实训任务书给定的图纸资料，结合实训要求，通过指导教师讲解、观看录像明确实训的内容和要求。

2）明确工作程序：计算材料用量——清理、准备场地——弹线——备料、运料——湿砖——镶贴——嵌缝——清理。

3）明确施工顺序：先墙面，后地面；先上层，后下层；先阳角，后阴角。

4）材料及工具准备。

材料：瓷砖、水泥、砂子、胶水。

工具：瓷砖切割机、胡桃钳、水平尺、墨斗、灰起子、靠尺板、木锤、尼龙线等。

5）明确实训过程：

各组独立编制施工方案，具体内容包括：工具的选择；材料数量的确定；施工工艺及技术措施；施工进度安排。

6）小组划分：分组进行砌筑实训，每小组人数为 3～4 人。

7）实训时间：1 天

8）质量验收标准（表 2-6-1）

表 2-6-1

项次	项目	比例%	允许误差	等级	检验方法
1	面砖平整	10	表面有水泥痕迹	合格	观察检查
			表面无水泥痕迹	良好	
			表面洁净	优秀	
2	面砖接缝	15	填嵌密实	合格	观察检查
			填嵌密实平直	良好	
			填嵌密实平直密度一致	优秀	
3	立面垂直	15	8mm	合格	2m 托线板检查
			6mm	良好	
			4mm	优秀	
4	表面平整	15	5mm	合格	2m 直尺＋楔尺
			4mm	良好	
			3mm	优秀	

项次	项目	比例％	允许误差	等级	检验方法
5	接缝平直	10	3mm	合格	拉 5m 线检查
			2.5mm	良好	
			2mm	优秀	
6	接缝高低	10	1.5mm	合格	直尺＋楔尺
			1.0mm	良好	
			0.5mm	优秀	
7	技术交底书	10	不完整	合格	检查
			一般	良好	
			完整	优秀	
8	排列图案	5	不匀称	合格	观察
			一般	良好	
			匀称	优秀	
9	场地清理	5	不干净	合格	观察
			比较干净	良好	
			干净	优秀	
10	工具归还	5	损坏	合格	检查
			轻微损坏	良好	
			完好	优秀	

（2）镶贴施工技术与工艺指导

1）施工准备

材料准备：

A. 水泥：使用标号在 325 号以上的水泥，存放过久或有结块的水泥不能使用。

B. 砂子：以中砂为佳，平均粒径不小于 0.35mm。使用前须过筛。

C. 釉面砖：要选用色泽一致，规格尺寸要严加检查，若尺寸有误差，或翘曲变形和面层上有杂质等，均应挑出不用。

施工工具：

A. 釉面砖切割机：对非标准规格砖进行切割加工。

B. 切砖刀：随身携带，像划玻璃刀一样可对釉面砖划切加工。

C. 胡桃钳：可对釉面砖进行钳剥加工。

D. 手凿：用来凿毛墙壁。

E. 水平尺、墨斗、灰起子、靠尺板、木锤、尼龙线、薄钢片等。

基层处理：

A. 混凝土柱面处理：用洗涤剂清洗干净，并用清水刷洗后，涂由 30％胶＋70％水拌成的水泥浆。

B. 墙面处理：先剔除墙面上多余灰浆并清扫浮土，然后用清水浇湿墙面，涂 20％ 的胶＋80％水拌成的水泥素浆。

C. 釉面砖在粘贴前几小时充分浸水，以保证粘贴后不至于因吸走灰浆中水分而粘贴不牢。

D. 墙面也应提前充分浇水湿润。

2）施工方法要求

施工要点：

A. 施工前，应对进场的釉面砖全部开箱检查，不同色泽釉面砖要分别堆放，按操作工艺要求，分层，分段、分部使用材料，切不可在同一部位使用色泽不同的釉面砖。

B. 釉面砖应对厂牌、型号、规格、色泽进行挑选，不得有歪斜、翘曲、空鼓。缺棱、掉角、裂缝等缺陷。砖面平整，边缘整齐，不缺棱掉角，表面没有变色、起碱、污点、砂浆流痕和色差。

C. 按要求横平竖直通缝式粘贴方法，釉面砖横竖缝宽在 1～1.5mm 范围之内，在质量检查时，要检查缝宽、缝直等内容。

D. 突出物、管线穿过的部位支撑处，不得用碎砖粘贴，应用整砖套割吻合，突出墙面边缘的厚度一致。

E. 施工中如发现有粘贴不密实的釉面砖，要及时取下重贴。不得在砖口处塞灰，产生空鼓。

F. 施工顺序：先墙面，后地面；墙面由下往上分层粘贴，应用分层回旋式粘贴法。即：每层釉面砖按横向施工墙面砖→阴角→墙面砖→阴角→墙面砖等。这样粘贴能使阴阳角紧密牢固。

G. 釉面砖粘贴 2h 后，切忌挪动或振动。

操作方法：

A. 抹底层：粘贴前，清理基层，浇水湿润表面；抹 1∶2 水泥砂浆找平层，厚度不小于 15mm，要抹实刮平、搓粗，达到基层表面平整而粗糙。

B. 弹竖线：室内外粘贴釉面砖的墙面用墨斗按釉面砖尺寸弹出立线，弹线前检查墙的平整度及室内规矩尺寸，釉面砖粘结层厚度为 5～7mm。粘贴时由两侧竖向定位瓷砖带，然后以此做标准线逐皮挂线粘贴砖。

C. 弹水平线及表面平整线：这是保证饰面层横平竖直、表面平整的关键措施。

水平线用墙面的既定水平线（＋50cm 处），并用水准仪复测。

表面平整线　是在每面墙上两侧竖向定位釉面砖带，粘贴时分层挂白尼龙线。使薄钢片勾住拉紧，这条拉紧的白线就是表面平整线，它能控制每行砖的平整度，也控制每行砖的水平度。

D. 挂线：用已弹好的立线，在每面墙的两端点的下面用拖板尺垫平垫牢，和墙面底砖下线相平，然后在拖板尺上划出尺杆，其目的是决定能否赶整砖。如赶不上，不能切割窄条砖，应用割两块砖的办法来消除窄条现象，并应将切割的砖适当粘在不明显处，这样做能使墙面砖比较整齐。在尺杆（即拖板尺）定好之后，要在竖线两端处钉入钉子，挂紧白线成为竖向表面平整线。横向水平线两端用薄钢片作为钩形，勾在两端砖上拉紧使用。这两个方面挂好后，经检查无误，在水平方向由左向右，在竖向由下往上，层层开始粘贴釉面砖。

E. 浸砖和湿润墙面：保证饰面质量的重要因素。

釉面砖粘贴前放入水中浸泡 2h 以上，然后取出阴干至手按砖背无水迹时，方可粘贴。

砖墙要提前 1d 湿润好，混凝土墙可以提前 3～4h 湿润，避免吸走粘结砂浆中的水分，发生空鼓。

F. 釉面砖粘贴：施工最重要工序。

粘结砂浆的种类和配合比。粘结砂浆用 1：2（体积比）水泥砂浆或掺入不大于水泥质量 15％的石灰膏，以改善砂浆的和易性。亦可用聚合物水泥浆粘贴，粘结层可减薄至 2～3mm，其配合比应由试验确定。

排砖。室内粘贴釉面砖的接缝宽度按设计要求；如无设计要求时，接缝宽度为 1～1.5mm，且横竖缝宽度一致。

温度。施工温度要控制在 5℃以上。

粘结层厚度。在釉面砖背面满抹灰浆，四角刮成斜面，厚度 5mm 左右，注意边角满浆。

就位与固定。釉面砖就位后用灰匙木柄轻击砖面，使之与邻面平，粘贴 5～10 块，用靠尺板检查表面平整，并用灰匙将缝拨直。阳角拼缝可用阳角，也可用切割机将釉面砖边沿切成 45°斜角，保证接缝平直、密实。

清缝。用竹签划缝，并用棉丝拭净，粘完一面墙后要将横缝划出来。

G. 勾缝：勾缝用白色水泥浆，待嵌缝材料硬化后再清洗表面。

（3）实训日记及实训报告

实训日记是学生积累学习收获的一种重要方式，也是考核成绩的重要依据，学生应根据实训任务书的要求每天认真记录工作情况、心得体会和工作中发现的问题。为了帮助学生记好日记，现提出如下几点要求：

A. 记录每天的工作内容及完成情况，包括实训项目进度及完成情况；

B. 认真记录实训的心得体会；

C. 根据每天的工作情况认真做好资料积累工作，如结构特点、材料特性、施工方法及工作安排、施工进度计划等；

D. 遇有参观、听课或报告，则应详细记录这部分内容；

E. 日记内容除文字外，还应有必要的插图和表格，除记录工作内容和业务收获外，还应记录思想方面的收获，日记每天不宜少于 300 字。

实训小结

实训任务的学习以指导教师为主导，学生为主体，以镶贴过程为导向进行设计。实训过程在实训现场完成，可采用"教、学、做"合一的教学形式。首先由老师通过案例操作演示镶贴的步骤及技术。在老师指导下，学生分组学习，相互讨论，提出问题，解决提出的问题；在实训项目实施完成后，引导学生自己分析比较，如何防范镶贴过程中出现的问题，交流镶贴技巧，培养独立思考的能力。

实训考评

1. 实训态度和纪律要求

（1）学生要明确实训的目的和意义，重视并积极自觉参加实训；

（2）实训过程需谦虚、谨慎、刻苦、好学、爱护国家财产、遵守学校及施工现场的规章制度；

（3）服从指导教师的安排，同时每个同学必须服从本组组长的安排和指挥；

（4）小组成员应团结一致，互相督促、相互帮助；人人动手，共同完成任务；

（5）遵守学院的各项规章制度，不得迟到、早退、旷课。

2. 实训成果要求

在实训过程中应按指导书上的要求达到实训的目的。学生必须每天编写实训日记，实训日记应记录当天的实训内容、必要的技术资料以及所学到的知识，实训日记要求当天完成。

实训过程结束两天内，学生必须上交实训总结。实训总结应包括：实训内容、技术总结、实训体会等方面的内容，要求字数不少于2000字。

3. 成绩评定

（1）实习成绩评定依据以下几个方面的内容：

1）实训报告；

2）实训日记；

3）实训出勤表；

4）各实训项目完成情况。

其中：实训日记、实训报告　20%（按个人资料评分）

实训操作　　　　　　　70%（按组评分）

个人在实训中的表现　10%（按组和教师评价）

（2）实训成绩按五级分评定（优、良、中、及格、不及格）。

（3）学生实习成绩按下列标准进行评定。

1）评为"优"的条件：

A. 实训报告内容完整，有对实训内容的认识和体会；

B. 实训日记完整、记录清楚真实；

C. 能较好地完成全部实训项目。

2）评为"良"的条件：

A. 实训日记完整、记录清楚；

B. 实训报告内容基本完整；

C. 能完成全部的实训项目。

3）评为"中"的条件：

A. 实训日记完整、记录清楚；

B. 实训报告内容基本完整；

C. 基本完成实训项目。

4）评为"及格"的条件：

A. 实训日记完整、记录尚清楚；

B. 实训报告较完整；

C. 能完成大多数实训项目。

5）具有下列情况之一者定为"不及格"：

A. 实训日记不完整，缺少三分之一以上的日记或者无实训实习报告。不能参加答辩以不及格处理；

B. 不能完成实训项目；实训期间态度不端正、经常迟到早退、不服从现场指导老师安排；

C. 在综合实训中严重违纪和弄虚作假，抄袭他人成果的学生。不予答辩，并以不及格论处；

实训项目 2 精细木工工种实训

项目实训目标

精细木工实训是建筑工程技术专业教学计划中的重要组成部分。它是以实际操作为主，重在培养学生的实际操作能力。目的是让学生通过现场施工操作，获得一定的施工技术实践知识和生产技能操作体验，培养职业素质，也为后续课程或项目学习打下一定的基础，它为实现专业培养目标起着重要的作用。

本次基本技能实训学生是以具体操作人员的身份参加现场施工和工作，在实训中应深入实际，认真学习，获取直接知识，巩固所学理论，完成实训指导老师所布置的相应工作任务，培养和锻炼独立分析问题和解决问题的能力。获得本专业的感性认识，同时通过劳动的锻炼来培养学生的劳动观念，并养成好的工作习惯。

场地环境要求

（1）实训现场：木工板、方木、木工机具、多媒体教学设备、操作演示录像、工作任务单、评价表等；

（2）教学场景：实训现场；

（3）机具设备：平面刨、压刨、开榫机、导向截锯机、锯、斧、刨、凿、钻、锤、尺、扳手等；

（4）教师配备：指导教师 1 人。

实训任务设计：木窗帘的制作安装

实训目标

（1）能根据任务书正确确定窗帘盒尺寸；

（2）能根据窗帘盒尺寸提出材料清单；

（3）能正确使用木工机具；

（4）能编制正确的作业流程图；

（5）能制作出木窗帘盒；

（6）能正确安装木窗帘盒；

（7）能分析出现质量问题的原因，提出正确的防范措施；

（8）会正确评定工程质量。

实训成果

成果形式：制作后的窗帘盒和安装后的窗帘盒。

实训内容与指导

1. 实训内容

（1）实训任务：根据窗洞宽度为 1.5m 窗户，制作、安装木窗帘盒一个，要求安装双层窗帘，材料要求用方木和胶合板。

（2）工作程序：计算材料用量——清理、准备场地——备料、运料——下料——组装——检查——安装——清理。

（3）施工顺序：先制作，后安装；先下料，后组装。

（4）材料及工具准备

材料：胶合板、方木、钉子、白乳胶。

工具：平面刨、压刨、开榫机、导向截锯机、锯、斧、刨、凿、钻、锤、尺、扳手等。

（5）实训过程

各组独立编制施工方案，具体内容包括：

1）工具的选择；

2）材料数量的确定；

3）施工工艺及技术措施；

4）施工进度安排。

（6）制作工艺：进行选料、配料，先加工成半成品，再细致加工成型，质量检查与验收。

（7）小组划分

分组进行砌筑实训，每小组人数为 3～4 人。

（8）实训时间：1 天

（9）质量验收标准（表 2-6-2）

表 2-6-2

项次	项目	比例%	允许误差	等级	检验方法
1	制作长度误差	20	15	合格	钢尺检查
			10	良好	
			5	优秀	

续表

项次	项目	比例%	允许误差	等级	检验方法
2	制作高度误差	20	10	合格	平面上钢尺检查
			7	良好	
			4	优秀	
3	窗帘盒底面对角线偏差	25	15	合格	钢尺检查
			10	良好	
			5	优秀	
4	安装水平度偏差		8	合格	水平尺
			5	良好	
			3	优秀	
5	窗帘盒与墙体间隙		8	合格	
			5	良好	
			3	优秀	

2. 实训指导

(1) 准备工作

1) 熟悉实训任务，明确实训的内容和要求

根据实训任务书给定的图纸资料，结合实训要求，通过指导教师讲解、观看录像明确实训的内容和要求。

2) 学生应穿工作服和平底鞋

(2) 制作、安装技术与工艺

1) 木窗帘盒制作

A. 窗帘盒种类

窗帘盒分为明装窗帘盒和暗装窗帘盒。窗帘盒里悬挂窗帘，简单用木棍或钢筋棍，普遍采用窗帘轨道，轨道有单轨、双轨或三轨。拉窗帘又有手动和电动之分。图 2-6-1 和图 2-6-2 为普通常用的单轨明、暗窗帘盒示意图。

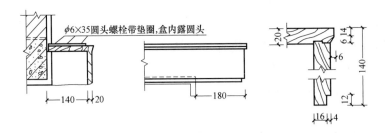

图 2-6-1 单轨明窗帘盒

B. 制作要点

(A) 制作时，首先根据施工图或标准图的要求，进行选料、配料，先加工成半成品，再细致加工成型。

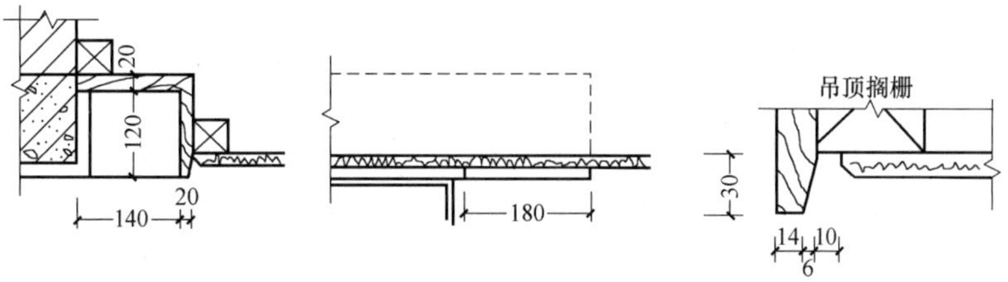

图 2-6-2 单轨暗窗帘盒

（B）加工时，一般先将木料用大刨刨得平直、光滑，再用线刨顺着木纹起线，线条要光滑顺直、深浅一致，线型要清秀。

（C）再根据图纸进行组装。组装时，先抹胶，再用钉条钉牢，将溢胶即时擦净。不得有明榫，不得露钉帽。

3. 木窗帘盒安装

（1）准备工作

1）为了将木窗帘盒安装牢固、位置正确，应预先检查窗帘盒的预埋件。

2）木窗帘盒与墙固定，少数在墙内砌入木砖，多数预埋铁件。预埋铁件的尺寸、位置及数量应符合设计要求。

3）如果出现差错，应采取补救措施，如预埋件不在同一标高时，应进行调整，使其高度一致；如预制过梁上漏放预埋件，可利用射钉枪或胀管螺栓将铁件补充固定，或者将铁件焊在过梁的箍筋上。常用的预埋铁件如图 2-6-3 所示。

（2）安装施工要点

1）明窗帘盒（单体窗帘盒）

明窗帘盒一般用木楔铁钉或膨胀螺栓固定于墙面上。其安装要点如下：

A. 定位划线：将窗帘盒的具体位置画在墙面上，用木螺钉把两个铁脚固定于窗帘盒顶面的两端。按窗帘盒的定位位置和两个铁脚的间距，画出墙面固定铁脚的孔位。

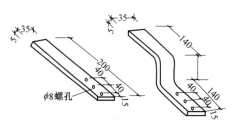

图 2-6-3 预埋铁件

B. 打孔：用冲击钻在墙面画线位置打孔。如用 M6 膨胀螺钉固定窗帘盒，需用 ϕ8.5mm 冲击孔头，孔深大于 40mm。如用木楔木螺钉固定，其打孔直径必须大于 ϕ18mm，孔深大于 50mm。

C. 固定窗帘盒：常用固定窗帘盒的方法是膨胀螺栓或木楔配木螺钉固定法。膨胀螺栓是将连接于窗帘盒上面的铁脚固定在墙面上，而铁脚又用木螺钉连接在窗帘盒的木结构上。一般情况下，塑料窗帘盒、铝合金窗帘盒都自身具有固定耳，可通过固定耳将窗帘盒用膨胀螺栓或木螺钉固定于墙面。

常见固定窗帘盒的方法如图 2-6-4 所示。

2）暗装窗帘盒

暗装形式的窗帘盒，其主要特点是与吊顶部分结合在一起。常见的有内藏式和外接

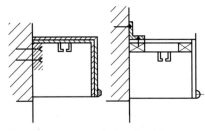

图 2-6-4　窗帘盒的固定

式两种：

A. 暗装内藏式窗帘盒：窗帘盒需要在吊顶施工时一并做好，其主要形式是在窗顶部位的吊顶处做出一条凹槽，以便在此安装窗帘导轨。

B. 暗装外接式窗帘盒：外接式是在平面吊顶上做出一条通贯墙面长度的遮挡板，窗帘轨就在吊顶平面上。

（3）窗帘盒安装要求

1）在安装前，根据施工图中对窗帘层次的要求来检查这两个净空尺寸。如果宽度不足时，会造成布窗帘过紧不好拉动闭启，反之宽度过大，窗帘与窗帘盒间因空隙过大破坏美观。如果净高度不足时，不能起到遮挡窗帘上部结构的作用，反之高度过大，会造成窗帘盒的下坠感。

2）下料时，单层窗帘的窗帘盒净宽度为 100～120mm，双层窗帘的窗帘盒净高度一般为 140～160mm。窗帘盒的净高度要根据不同的窗帘来定。一般布料窗帘，其窗帘盒的净高为 120mm 左右，垂直百叶窗帘和铝合金窗帘的窗帘盒净高度一般为 150mm 左右。

窗帘盒的长度由窗洞口的宽度决定。一般窗帘盒的长度比窗洞口大 300mm 或者 360mm。

3）窗帘轨道在安装前，先检查是否平直，如有弯曲应调直后再安装，使其在一条直线上，便于使用。明窗帘盒宜先安装轨道，暗窗帘盒可后安装轨道。

4）根据室内 50cm 高的标准水平线往上量，确定窗帘盒安装的标高。在同一墙面有几个窗帘盒，安装时应拉通线，使其高度一致。将窗帘盒的中线对准窗帘洞口中线，使其两端伸出洞口的长度相同。用水平尺检查，使其两端高度一致。窗帘盒靠墙部分应与墙面紧贴，无缝隙。如墙面局部不平，应刨盖板加以调整。根据预埋铁件的位置，在盖板上钻孔，用平头机螺栓加垫圈拧紧。如果挂较重的窗帘时，明装窗帘盒安装轨道采用平头机螺丝钉；暗装窗帘盒安装轨道时，小角应加密。

4. 实训日记及实训报告

实训日记是学生积累学习收获的一种重要方式，也是考核成绩的重要依据，学生应根据实训任务书的要求每天认真记录工作情况、心得体会和工作中发现的问题。为了帮助学生记好日记，现提出如下几点要求：

（1）记录每天的工作内容及完成情况，包括实训项目进度及完成情况；

（2）认真记录实训的心得体会；

（3）根据每天的工作情况认真做好资料积累工作，如构造特点、材料特性、施工方法及工作安排、施工进度计划等；

（4）遇有参观、听课或报告，则应详细记录这部分内容；

（5）日记内容除文字外，还应有必要的插图和表格，除记录工作内容和业务收获外，还应记录思想方面的收获，日记每天不宜少于 300 字。

实训小结

实训任务的学习以指导教师为主导，学生为主体，以制作、安装过程为导向进行设计。实训过程在实训现场完成，可采用"教、学、做"合一的教学形式。首先由老师通过案例操作演示制作、安装的步骤及技术。在老师指导下，学生分组学习，相互讨论，提出问题，解决提出的问题；在实训项目实施完成后，引导学生自己分析比较，如何防范作业过程中出现的问题，交流工艺技巧，培养独立思考的能力。

实训考评

同实训项目1。

实训态度和纪律要求同实训项目1。

实训项目3　轻钢龙骨吊顶训练

项目实训目标

轻钢龙骨吊顶实训是建筑工程技术专业教学计划中的重要组成部分。它是以实际操作为主，重在培养学生的实际操作能力。目的是让学生通过现场施工操作，获得一定的施工技术实践知识和生产技能操作体验，同时也获得一定的职业体验，培养职业素质，也为后续课程或项目学习打下一定的基础，它为实现专业培养目标起着重要的作用。

本次基本技能实训学生是以具体操作人员的身份参加现场施工和工作，在实训中应深入实际，认真学习，获取直接知识，巩固所学理论，完成实训指导老师所布置的相应工作任务，培养和锻炼独立分析问题和解决问题的能力。获得本专业的感性认识，同时通过劳动的锻炼来培养学生的劳动观念，并养成好的工作习惯。

场地环境要求

（1）实训现场：需安装吊顶的房间、轻钢龙骨、石膏板、多媒体教学设备、操作演示录像、工作任务单、评价表等；

（2）教学场景：实训现场；

（3）工具设备：手提电钻、气动钉枪；

（4）教师配备：指导教师1人。

实训任务设计：轻钢龙骨吊顶

实训目标

（1）能正确提出材料清单；

（2）能根据任务书绘制龙骨布置图；

（3）能根据任务书绘制石膏板布置图；

（4）能编制吊顶施工作业指导书；

（5）能正确进行龙骨排布；

（6）能正确进行石膏板固定；

（7）能正确进行吊顶起拱；

（8）能正确使用工具；

（9）能分析出现质量问题的原因，提出正确的防范措施；

（10）会正确评定工程质量。

实训成果

成果形式：实训项目安装的吊顶。

实训内容与指导

1. 实训内容

（1）实训任务

安装如图 2-6-5 所示的房间吊顶，吊筋用 6 mm 直径吊筋、龙骨为轻钢龙骨、面板为纸面石膏板。

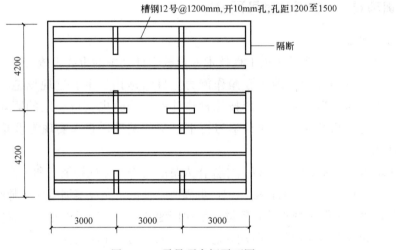

图 2-6-5　需吊顶房间平面图

图 2-6-6　吊顶房间上部槽钢布置实景图

吊顶房间上部槽钢已经布置好，如图 2-6-6 所示。

（2）工作程序：计算材料用量——清理、准备场地——弹线——备料、运料——安装吊筋——安装龙骨——检查——安装面板——清理。

（3）施工顺序：放线——固定吊筋——安装主龙骨——按标高调整主龙骨——次龙骨放线——安装次龙骨——安装异型龙骨——安装横档龙骨——安装石膏板。

（4）材料及工具准备

材料：石膏板、吊筋、轻钢龙骨、螺钉。

工具：电动木工开料机、电动木工压刨机、电锤、电锯、电焊机。

（5）实训过程

各组独立编制施工方案，具体内容包括：

1）工具的选择；

2）材料数量的确定；

3）施工工艺及技术措施；

4）施工进度安排。

（6）小组划分

分组进行吊顶实训，每小组人数为3～4人。

（7）实训时间：1天

（8）质量验收标准（表2-6-3）

表 2-6-3

项次	项目	比例%	允许误差	等级	检验方法
1	安装的龙骨外观	20	角缝不吻合、表面不平整	合格	观察检查
			角缝吻合、表面平整	良好	
			角缝吻合、表面平整、接缝均匀一致、周边与墙面密合	优秀	
2	石膏板表面平整	15	12mm	合格	2m直尺＋楔尺
			8mm	良好	
			5mm	优秀	
3	石膏板接缝平直	15	6mm	合格	拉5m线检查
			4mm	良好	
			3 mm	优秀	
4	石膏板接缝高低	20	3mm	合格	直尺＋楔尺
			2.0mm	良好	
			1mm	优秀	

2. 实训指导

（1）准备工作

1）熟悉实训任务，明确实训的内容和要求

根据实训任务书给定的图纸资料，结合实训要求，通过指导教师讲解、观看录像明确实训的内容和要求。

2）学生应穿工作服和平底鞋

（2）吊顶施工技术与工艺

1）吊顶吊筋、龙骨安装施工

A. 施工准备

（A）检查结构施工情况

吊顶施工前，应复核结构空间尺寸，及时处理结构需要处理的质量问题。

（B）检查设备安装情况

吊顶施工前,应检查设备管道安装情况,是否就位,有无交叉施工,并在以后的施工中妥善安排和配合,避免不必要的返工和浪费。

B. 施工工具

电动木工开料机、电动木工压刨机、电锤、电锯、电焊机等。

C. 施工工艺流程

放线——固定吊筋——安装主龙骨——按标高调整主龙骨——次龙骨放线——安装次龙骨——安装异型龙骨——安装横档龙骨。

(A) 放线主要是弹好吊顶标高线,龙骨布置线和吊筋位置线。

吊顶标高线:弹到墙面和柱面上。

龙骨布置线:弹到楼板下底面上。

吊筋位置线:吊筋间距根据施工规范要求、龙骨的断面和使用的荷载综合确定。其位置线与龙骨位置线相同,弹在楼板下底面上。

(B) 固定吊筋

A) 为保证整个吊顶的刚度和稳定性,减少其侧向位移,采用 φ6 圆钢,所用吊筋根据吊顶高度现场进行加工,并涂刷防锈漆三层。然后,按照吊筋位置线用电锤打胀管螺栓,与吊筋进行焊接。吊筋与吊挂之间采用螺栓连接。吊挂件与主龙骨由工厂配套供应,其安装一般都较牢靠,套住即可。

B) 根据吊顶施工规范要求,当吊顶吊筋长度大于 1.5m 时则需要制作吊顶反支撑。一般反支撑都采用角钢或钢管来完成,但是这里采用 60 主龙、50 主龙及吊筋来完成。采用 60 主龙作为支撑杆,间距为 2400mm,两根支撑杆之间用一根吊杆悬挂龙骨。支撑转换层面也采用 60 主龙骨,间距为 1200mm,与 60 主龙水平垂直采用 50 龙骨,间距 1200mm。

(C) 龙骨安装

在龙骨安装程序上,因为主龙骨在上,所以,吊挂件同主龙骨相连。安装好主龙骨后,在主龙骨底部弹线,然后再用配套连接件将次龙骨与主龙骨固定。其安装顺序:可先将吊筋与主龙骨安装完毕,然后依次安装中龙骨、小龙骨;也可主次龙骨一起安装,二者同时进行。至于采用哪种形式,主要视不同部位、所吊面积的大小来决定。

龙骨的安装,一般是按照预先弹好的位置,从一端依次安装到另一端。如果有高低跨,常规做法是先安装高跨部分,再安装低跨部分。对于检修孔、下人孔、通风口等部位,在安装龙骨同时,应按尺寸将位置预留,横撑龙骨安装到位。如果在吊顶下悬挂大型灯饰,吊筋和龙骨在这方面要配合好,位置布置要合理,有些龙骨须段开,那么,在构造上还应采取相应的加固措施,以确保安全。如若大型灯饰,悬挂最好与龙骨脱开,以便安全使用;如若一般灯具,对于隐蔽式装配吊顶来说,可以将灯具直接固定在龙骨上。

跨度较大空间(大于 4m)安装主龙骨时,根据设计和规范要求中间部分应起拱,一般为短跨方向的 1/200,主、次龙骨长度方向可用接插件连接,接头处要错开。

(D) 龙骨调平

在龙骨安装前，已经标好标高控制线，根据标高控制线，使龙骨就位，因此龙骨的调平与安装宜在同一时间完成。龙骨调平主要是调整主龙骨，只要主龙骨标高正确，中小龙骨一般不会发生什么问题。

2）纸面石膏板铺设

A. 固定方法

纸面石膏板的铺设，关键是板的固定，根据龙骨的断面，饰面板边的处理及板材的类型，常分为三种固定方式。

（A）石膏板（包括基层板和饰面板）用螺钉固定在龙骨上。金属龙骨大多采用自攻螺钉，木龙骨采用木螺丝。

（B）用胶粘剂将石膏板（指饰面板）粘到龙骨上。

普通纸面石膏板和防火纸面石膏板为基层板，纸面石膏装饰吸声板为饰面板，通常都以采用螺钉固定安装法为好。

B. 罩面板饰面处理

设计中如果考虑选用的是基层板，要想获得满意的装饰效果，那么必须在其他表面饰以其他装饰材料。吊顶工程的饰面做法繁多，常用的有：裱糊壁纸、涂饰乳胶漆、喷漆、镶贴各种类型的镜片，如玻璃镜片、金属抛光板、复合塑料镜片等。在众多的饰面做法中，首推裱糊壁纸。壁纸规格、种类繁多，色泽和图案相当丰富，可供设计选择的机会相当多。又因壁纸在光感、质感等方面差异较大，通过不同的选择，可以获得不同的艺术风格。再则，壁纸易于施工，容易同基层粘结，随基层起伏变化，因而采用纸面石膏板为基层板，壁纸裱糊吊顶，有其独特的优点，乐于为大家所使用。尤其是在餐厅吊顶及宾馆客房的吊顶中，应用更为普遍。

如若选用镜面材料镶贴，要特别注意表面材料的固定问题。除了用胶粘剂粘贴以外，还需用针紧固或用压条周边压紧。如选用镜面玻璃，粘贴应用安全玻璃。镶贴不同规格的材料，固定方法可能有变化，但不论如何，安全、牢固应为第一。

C. 施工注意事项

（A）吊顶用的纸面石膏板，一般采用9mm厚的纸面石膏板。

（B）板材应在无应力状态下进行固定，防止出现弯棱、凸鼓现象。

（C）纸面石膏板的长边应沿纵向次龙骨铺设。

（D）自攻螺钉与纸面石膏板边距离：面纸包封的板边以10～15mm为宜；切割的板边以15～20mm为宜。

（E）固定石膏板的次龙骨间距一般不应大于600mm，在南方潮湿地区，间距应适当减少，以300mm为宜。

（F）钉距以150～170mm为宜，螺钉应与板面垂直。

（G）安装双层石膏板时，面层板与基层板的接缝应错开，不允许在同一根龙骨上接缝。

（H）石膏板的对接缝，应按产品要求进行板缝处理。

（I）纸面石膏板与龙骨固定，应从一块板的中部向板的四边固定，不允许多点同时

271

作业。

（J）钉子的埋置深度以螺钉头的表面略埋入纸面，并不使纸面破坏为宜。针眼应除锈，并用石膏腻子抹平。

（K）拌制石膏腻于，必须用清洁水和清洁容器。

3）实训日记及实训报告

实训日记是学生积累学习收获的一种重要方式，也是考核成绩的重要依据，学生应根据实训任务书的要求每天认真记录工作情况、心得体会和工作中发现的问题。为了帮助学生记好日记，现提出如下几点要求：

A. 记录每天的工作内容及完成情况，包括实训项目进度及完成情况；

B. 认真记录实训的心得体会；

C. 根据每天的工作情况认真做好资料积累工作，如结构特点、材料特性、施工方法及工作安排、施工进度计划等；

D. 遇有参观、听课或报告，则应详细记录这部分内容；

E. 日记内容除文字外，还应有必要的插图和表格，除记录工作内容和业务收获外，还应记录思想方面的收获，日记每天不宜少于 300 字。

实训小结

实训任务的学习以指导教师为主导，学生为主体，以安装过程为导向进行设计。实训过程在实训现场完成，可采用"教、学、做"合一的教学形式。首先由老师通过案例操作演示安装的步骤及技术。在老师指导下，学生分组学习，相互讨论，提出问题，解决提出的问题；在实训项目实施完成后，引导学生自己分析比较，如何防范安装过程中出现的问题，交流安装技巧，培养独立思考的能力。

实训考评

同实训项目 1。

实训项目 4　装饰工程识图训练

项目实训目标

熟练识读装饰施工图是建筑工程技术专业学生走向工作岗位所必须具备的基本技能，进行读图实训是培养学生这一重要操作技能的训练，是实现学生培养目标要求的重要阶段。课程教学过程中，学生已经掌握了工程制图标准的具体要求、建筑形体的投影原理、建筑施工图和结构施工图的图示内容与图示方法等内容，读图实训是在此基础上进行的对装饰施工图熟练识读。

读图实训项目的主要目的是通过本次实训，使学生熟练掌握读图的步骤，提高读图技能，同时，在读图的过程中培养学生较强的空间想象能力及构思能力，使学生将所学知识加以具体应用，以培养学生理论联系实际的能力。

场地环境要求

（1）教学媒体：教学课件、AutoCAD 绘图软件、多媒体教学设备、网络教学资源、工作任务单、评价表等；

272

（2）教学场景：计算机绘图室；

（3）工具设备：多媒体设备等；

（4）教师配备：专业教师1人。

实训任务设计：装饰工程施工图识图

实训目标

（1）能掌握建筑施工图与装饰施工图的区别；

（2）能识读办公楼总经理办公室装饰施工图；

（3）能识读办公楼电梯厅装饰施工图；

（4）能识读办公楼走廊装饰施工图；

（5）能识读办公楼门厅装饰施工图；

（6）能识读三室二厅住宅精装修施工图；

（7）能计算出上述空间装饰施工图工程量；

（8）能打印工程量。

实训成果

实训项目完成后所打印的工程量。

实训内容与指导

1. 实训内容

（1）识读办公楼总经理办公室装饰施工图；

（2）识读办公楼电梯厅装饰施工图；

（3）识读办公楼走廊装饰施工图；

（4）识读办公楼门厅装饰施工图；

（5）能识读三室二厅住宅精装修施工图；

（6）能计算出上述空间装饰施工图工程量；

（7）能打印工程量。

2. 实训指导

（1）实训准备工作

1）熟悉实训任务，明确实训的内容和要求

根据实训任务书给定的图纸资料，结合实训要求，通过编制施工方案和技术措施，达到指导施工的目的。

2）实训准备工作：准备图纸或电子版图纸。

（2）实训的步骤

1）老师提供装饰施工图；

2）学生首先识读建筑工程图纸，并与装饰施工图比较；

3）明确装饰空间的长、宽、高尺寸；

4）确定构造做法、材料类型；

5）读懂造型；

6）确定图案；

7) 计算工程量；

8) 建立 xls 文档；

9) 每小组首先自评成绩；

10) 老师和学生共同评价成绩；

11) 学生相互交流读图技巧，共同提高读图速度和工程量精度。

(3) 读图实训中应考虑的主要问题

1) 在实训过程中，应注意指导教师操作步骤。

2) 在实训过程中，应通过计算工程量读图。

3) 应在掌握读图步骤的情况下，多加练习，提高熟练程度及读图技巧。

实训小结

每一实训任务的学习均以教师为主导，学生为主体，以读图过程为导向进行设计。实训过程可以在计算机绘图室完成，可采用"教、学、做"合一的教学形式。首先由老师通过案例操作演示读图的步骤及工程量计算方法。在老师指导下，学生分组学习，相互讨论，提出问题，解决提出问题；在实训项目实施完成后，引导学生自己分析比较，如何提高读图速度，交流读图技巧，培养独立思考的能力。

实训考评

同实训项目 1。

实训项目 5   装饰工程施工技术训练

项目实训目标

建筑工程技术专业在学完主要课程和现场训练后，通过一个单位工程装饰分部施工方案编制训练来综合所学的基本理论、专业知识和实践能力，提升学生的专业水平和综合技能。因此，设定了综合训练项目，目的是培养学生知识运用的能力、技术整合的能力，也是毕业生走向工作岗位前的一次"实战演习"。

要求选用办公楼或三室二厅住宅单位精装修工程。内容包括工程概况、施工部署、主要装饰工程施工技术、施工进度保证措施、施工质量保证措施、施工安全、现场消防和保卫制度、文明施工与环境保护、总分包管理等。

场地环境要求

(1) 实训现场：多媒体教学设备、操作演示录像、工作任务单、评价表等；

(2) 教学场景：实训现场；

(3) 资料：图集、工程案例；

(4) 教师配备：指导教师 1 人。

实训任务设计：单位工程装饰分部施工方案编制

实训目标

(1) 掌握装饰工程施工技术分部施工方案编制内容和方法；

(2) 掌握门窗安装的施工技术措施；

(3) 掌握吊顶工程的施工技术措施；

（4）掌握隔断工程的施工技术措施；

（5）掌握饰面工程的施工技术措施；

（6）掌握楼地面工程的施工技术措施；

（7）掌握涂料工程的施工技术措施；

（8）掌握玻璃工程的施工技术措施。

实训成果

完成施工组织设计、网络进度计划表、施工现场平面布置图。

实训内容与指导

1. 实训内容

（1）施工方案编制内容和方法

内容包括工程概况、施工部署、主要分项工程施工技术、施工进度保证措施、施工质量保证措施、施工安全、现场消防和保卫制度、文明施工与环境保护、总分包管理等。

（2）门窗安装的施工方案

装饰木门窗、铝合金门窗、塑料门窗、窗帘与遮帘、金属转门、自动闭门器安装技术措施编制训练。

（3）吊顶工程的施工方案

吊顶龙骨、木质板吊顶、石膏板吊顶、金属装饰板吊顶、塑料装饰板吊顶、无机纤维板吊顶、水泥硅酸盐板吊顶施工技术措施编制训练。

（4）隔断工程的施工方案

隔断龙骨安装、石膏板隔断安装、木质板隔断安装、玻璃隔断安装施工技术措施编制训练。

（5）饰面工程的施工方案

石材饰面安装、瓷砖贴面、玻璃饰面安装、金属饰面安装、塑料饰面安装、木质饰面安装、绒毡饰面安装施工技术措施编制训练。

（6）楼地面工程的施工方案

木质地面、塑料地面、板块地面、地毯地面安装施工技术措施编制训练。

（7）涂料工程的施工方案

油漆、涂料施工，美术涂饰施工技术措施编制训练。

（8）玻璃工程的施工方案

玻璃安装、玻璃栏河、玻璃幕墙施工技术措施编制训练。

（9）裱糊工程的施工方案

壁纸裱糊、墙布裱糊施工技术措施编制训练。

2. 实训指导

以小组（4～5人左右）为单位，每个小组绘制不同施工方案，每个小组组员相互帮助学习，保证每个组员均须提交施工方案，发挥团队的合作精神。

（1）老师提供任务图纸和现场施工条件；

275

（2）学生熟悉图纸；

（3）学生根据任务书查阅相关资料；

（4）学生独立编制施工技术方案；

（5）学生编制技术措施；

（6）学生编制进度、质量、安全技术措施；

（7）学生编制文明施工与环境保护措施；

（8）学生编制消防和保卫制度；

（9）每小组首先自评成绩；

（10）老师和学生共同评价成绩；

（11）学生相互交流镶贴工艺技巧，交流心得体会。

实训小结

276

实训任务的学习以指导教师为主导，学生为主体，以方案编制过程为导向进行设计。实训过程在实训现场完成，可采用"教、学、做"合一的教学形式。首先由老师通过案例剖析，使学生掌握施工方案编制的步骤和内容。在老师指导下，学生分组学习，相互讨论，提出问题，解决提出的问题；在实训项目实施完成后，引导学生自己分析比较，培养独立思考的能力。

实训考评

同实训项目 1。

7　建筑节能工程实训

实训项目 1　常用节能技术认知实训

实训目标

掌握目前比较成熟的节能技术。

场地环境要求

通过图片和现场样板楼模型展示不同的节能材料、节能构造和施工工艺等节能
技术。

实训任务设计

根据节能样板楼实际内容，绘制建筑节能技术平面分布图。

任务 1　建筑节能技术的应用

实训目标

掌握成熟的建筑节能技术及其应用。

实训成果

建筑节能技术平面布置图；学生汇报 ppt。

情况说明：各学校可以根据学校实际情况校企合作建设节能展示楼或样板楼，为学
生节能认知实训提供实体。本手册所选是浙江建设职业技术学院校校企合作节能样板
楼。该节能样板楼是与国外知名节能企业合作共建，基础与整体框架由学院建设，墙体
填充墙、楼梯板和屋面板由外企提供加气混凝土砌块与板材并施工；外墙外保温系统由
外企提供材料并施工，其系统构造主要由防火阻燃型聚苯乙烯（EPS）泡沫塑料、耐碱
玻纤网格布与抹面砂浆等组成，可随心所欲进行立面设计；室内自流平地面和墙面由外
企提供材料并施工，自流平地面施工速度快、强度高、耐磨、大面积无接缝、色彩丰
富，其材料也可运用于墙面装饰；中空玻璃门窗和地面辐射供暖系统由外企提供产品并
施工，其门窗特点是具有断热结构，保温性能好，并具备平开与侧开两种开启功能。通
过多媒体技术完善展示教学功能为重点，形成以国外最新节能技术和设备展示为载体的
小而有特色的建筑节能示范展示区，系统地为学生实训参观及对外培训服务。节能样板
楼将集中体现当今国内外建筑节能最成熟的材料和技术。图 2-7-1 为节能样板楼实际
效果。

实训内容与指导

实训过程：各组参观节能样板楼，虚拟实训，掌握节能现场平面布置主要内容；绘
制建筑节能技术现场平面分布图。

小组划分：分组进行绘制建筑节能技术现场平面分布图实训，每小组人数为 3～4 人。

图 2-7-1　节能样板楼实际效果图
（来源浙江建设职业技术学院）

实训条件：教学媒体（教学课件、项目录像、图纸、标准图集、国家现行规范及标准、图书资料、工程实例、多媒体教学设备、网络教学资源、工作任务单、评价表等）、教学场景（节能样板楼）、多媒体设备和绘图工具等、教师配备有专业教师1人和专业技术人员1人。

实训方法设计：在建筑节能样板楼项目现场采集信息、参观样板、现场勘测、功能分析、分组讨论、教师启发，采取案例教学和问题导向学习；虚拟实训，教师与学生交流，采取团队训练教学；分组绘制建筑节能技术现场分布图；成果评价，小组自评、小组之间交互评、教师评析。

实训小结

小组编写汇报ppt，总结建筑节能技术现场分布的主要内容；教师分组评价小组施工实训成果，评价小组汇报ppt内容，总结各个团队在实训过程中的优缺点，进行考核打分。

实训考评

实训态度和纪律要求：学生要明确实训的目的和意义，重视并积极自觉参加实训；实训过程需谦虚、谨慎、刻苦、好学、爱护国家财产、遵守学校及现场的规章制度；服从指导教师的安排，同时每个同学必须服从本组组长的安排和指挥；小组成员应团结一致，互相督促、相互帮助；人人动手，共同完成任务；遵守学院的各项规章制度，不得迟到、早退、旷课。

评价方式：按五级记分制（优、良、中、及格、不及格），学生自评、小组互评、汇报及答辩、教师评价或技师评价的方式，以过程考核为主。

考核标准：技术资料完整，填写规范；工作单完成质量；团队协作精神；知识点的掌握。

实习成绩评定依据以下几个方面的内容：建筑节能技术现场分布图绘制情况40%（按组）；学生答辩情况　50%（按个人资料评分）；实训出勤和个人在实训中的表现10%（按组和教师评价）。

学生实习成绩按下列标准进行评定：

评为"优"的条件：a. 建筑节能技术现场分布图内容全面；b. 对知识点掌握好，答辩正确率在90%以上；c. 能较好的完成全部实训项目。

评为"良"的条件：a. 建筑节能技术现场分布图内容较全面；b. 对知识点掌握较好，答辩正确率在80%~90%；c. 能完成全部的实训项目。

评为"中"的条件：a. 建筑节能技术现场分布图内容基本全面；b. 基本掌握知识点，答辩正确率在70%~80%；c. 基本完成实训项目。

评为"及格"的条件：a. 建筑节能技术现场分布图主要内容缺少 1/3 以内；b. 答辩正确率在 60%～70%；c. 能完成大多数实训项目。

具有下列情况之一者定为"不及格"：a. 建筑节能技术现场分布图主要内容缺少 1/3 以上，答辩正确率在 60% 以下；b. 不能完成实训项目；实训期间态度不端正、经常迟到早退、不服从现场指导老师安排；c. 在综合实训中严重违纪和弄虚作假、抄袭他人成果的学生，不予答辩，并以不及格论处。

职业训练：通过建筑节能技术现场分布图绘制训练，传授给学生建筑节能项目的主要内容和节能施工的工作过程和现场情境，提升其工作上所需的工作技能与相关知识，培养学生团队合作意识。

任务 2 墙体的不同节能构造

实训目标

掌握墙体不能的节能构造。

实训成果

绘制指定墙体的建筑节能构造图；汇报 ppt。

实训内容与指导

根据节能构造的现场实际内容，绘制墙体的不同节能构造图。

实训过程：各组参观节能样板构造室，虚拟实训，掌握节能构造的主要内容；绘制不同节能构造的细部节点图。

小组划分：分组进行绘制建筑节能构造图实训，每小组人数为 3～4 人。

实训条件：教学媒体（教学课件、项目录像、图纸、标准图集、国家现行规范及标准、图书资料、工程实例、多媒体教学设备、网络教学资源、工作任务单、评价表等）、教学场景（节能构造室）、多媒体设备和绘图工具等、教师配备有专业教师 1 人和专业技术人员 1 人。

实训方法设计：在建筑节能构造室项目现场采集信息、参观样板、现场勘测、功能分析、分组讨论、教师启发，采取案例教学和问题导向学习；虚拟实训，教师与学生交流，采取团队训练教学；分组绘制建筑节能构造图；成果评价，小组自评、小组之间交互评、教师评析。

实训小结：小组编写汇报 ppt，总结建筑节能构造的主要内容；教师分组评价小组成果，评价小组汇报 ppt 内容，总结各个团队在实训过程中的优缺点，进行考核打分。

实训考评

同任务 1。

职业训练

通过建筑节能构造图绘制训练，传授给学生建筑节能构造的主要内容和现场情境，提升其工作上所需的节能构造知识，同时，培养学生团队合作意识。

实训项目 2 建筑节能检测实训

项目实训目标

(1) 培养学生对节能参数的理解能力；

（2）加深理解节能构造；

（3）能进行常规节能材料和构件的节能检测并填写相关资料；

（4）培养团结协作、吃苦耐劳的职业素质。

实训成果

（1）掌握常规节能项目的检测实施过程；

（2）建筑绝热材料绝热及相关力学性能的检测，建筑外门、窗气密性及保温性能的检测，建筑构件热阻、传热系数等的检测，建筑物围护结构传热系数及采暖耗热量指标的检测，建筑室内热环境（室内温度、热桥内表面温度等）指标的检测，建筑物系统节能性能检测；

（3）在取得节能检测项目的试验数据的基础上，分析之后正确编制检测报告。

场地环境要求

（1）建筑节能检测实训室，配备多媒体投影等设施、国家现行规范及标准，便于理实一体化教学；

（2）提供一份实际工程的建筑节能检测报告。

实训内容与指导

6～8 人一组，在企业检测人员和任课教师的指导下，完成教师指定任务。

（1）试验数据采集

表 2-7-1

环境温度		环境湿度	

（2）模塑聚苯乙烯泡沫塑料板导热系数测定

按照国家标准《绝热材料稳态热阻及有关特性的测定防护热板》GB/T10294 规定进行，选取试样厚度（25±1）mm，温差（15～20）℃，平均温度（25±1）℃，试验结果填写到表 2-7-2 中。

表 2-7-2

		试验记录			
	试件编号	试件尺寸	试件厚度	试验方法	测定值
导热系数	1				
	2				
	3				
	4				
	5				
	6				

（3）保温系统耐候性试验

1）试验墙板制备

试验墙板由基层墙体和被测外保温系统构成，试验墙板宽度应不小于 2.5m，高度应不小于 2.0m，面积应不小于 6m²。基层墙体上角处应预留一个宽 0.4m、高 0.6m 的洞口，洞口距离边缘 0.4m（图 2-7-2）。外保温系统应包住基层墙体和洞口的侧边，侧边保温板最大厚度为 20mm。试验室应检查和记录外保温系统在试验墙板上的安装细节（材料用量、板缝位置、固定装置等）。

试验墙板应符合下列的规定：

A. 如果几种构造系统只是保温产品不同，在一个试验墙板上可做两种保温产品，从墙板中心竖直方向划分，并在墙板上设置两个位置对称的洞口。

B. 如果几种构造系统只是保温板的固定方法不同（粘结固定或机械固定），可在试验墙板边缘用粘结方法固定，墙体中部用机械固定装置固定。

C. 在一块试验墙板上，只能做一种抹面层，并且最多可做四种饰面涂层（竖直方向分区）。墙板下部（1.5×保温板高度）不做饰面层。

D. 无网现浇系统试验墙板制作方法：采用满粘方式将 EPS 板粘贴在基层墙体上，在试验墙板高度方向中部需设置一条水平方向的保温板拼接缝并使拼缝上面的保温板高于下面，拼缝高差应不小于 5mm。抹面层及饰面层按系统供应商的施工方案施工，试验室应将施工方案与试验原始记录一起存档。

E. 有网现浇系统试验墙板制作方法：将 EPS 钢丝网架板钢丝网的纵向或横向钢丝压入 EPS 板，直至与 EPS 板表面齐平，并剪断穿透 EPS 板的腹丝，使腹丝凸出 EPS 板表面部分不大于 5mm。采用满粘方式将 EPS 钢丝网架板粘贴在基层墙体上，在试验墙板高度方向中部需设置一条水平方向的保温板拼接缝并使拼缝上面的保温板高于下面，拼缝高差应不小于 5mm。抹面层及饰面层按系统供应商的施工方案施工，试验室应记录抹面层材料种类（如水泥砂浆、聚合物砂浆等）并将施工方案与试验原始记录一起存档。

2）试验步骤

以泡沫塑料保温板为保温层的薄抹灰系统，试验应按以下步骤进行：

A. 高温—淋水循环 80 次，每次 6h。

（A）升温 3h

使试验墙板表面升温至 70℃并恒温在 70±5℃（其中升温时间为 1h）。

（B）淋水 1h

向试验墙板表面淋水，水温为（15±5）℃，水量为 1.0～1.5l/(m²·min)。

（C）静置 2h

B. 状态调节至少 48h。

C. 加热—冷冻循环 5 次，每次 24h。

（A）升温 8h

使试验墙板表面升温至 50℃并恒温在（50±5）℃（其中升温时间为 1h）。

（B）降温 16h

使试验墙板表面降温至 -20℃并恒温在（-20±5）℃（其中降温时间为 2h）。

3）观察、记录和检验

281

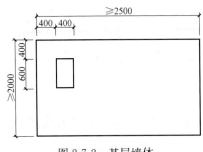

图 2-7-2　基层墙体

A. 每 4 次高温—淋水循环和每次加热—冷冻循环后观察试验墙板是否出现裂缝、空鼓、脱落等情况并做记录。

B. 试验结束后，状态调节 7d，依据现行《建筑工程饰面砖粘结强度检验标准》JGJ 110 规定的试验方法，并按下列规定检验拉伸粘结强度：

（A）对于保温板薄抹面系统，检验抹面层与保温层的拉伸粘结强度。试样切割尺寸为 100mm×100mm，断缝应切割至保温层表层。

（B）对于保温层现场成形（如保温浆料、PU 现场喷涂）和复合保温层（如贴砌 EPS 板系统和有保温浆料找平层）的薄抹面系统，检验系统抗拉强度。试样切割尺寸为 100mm×100mm，断缝应切割至基层墙体。

（C）对于贴面砖系统，应按下列规定检验拉伸粘结强度：

Ⅰ 面砖与保温层的拉伸粘结强度

试样切割尺寸为 100mm×100mm，断缝应切割至保温层，保温层切割深度不大于 10mm。

Ⅱ 面砖与抹面层的粘结强度

试样切割尺寸为 95mm×45mm 或 40mm×40mm，断缝应切割至抹面层表面，不得切断增强网。

4）检测报告（表 2-7-3）

检测报告　　　　　　　　　　　　　　　　　表 2-7-3

试验记录					
	试件尺寸	试验方法	时间	观察结果描述	评价标准
外墙外保温系统耐候性试验	2m×2.5m		13：00		不得出现饰面层起泡或剥落、保护层空鼓或脱落等破坏，不得产生渗水裂缝。
			13：30		
			14：00		
			14：30		
			15：00		
			15：30		
			16：00		

（4）吸水量试验

1）试样制备

试样分为两种，一种由保温层和抹面层构成，另一种由保温层和保护层构成。试样长、宽尺寸为 200mm×200mm，保温层厚度为 50mm，抹面层和饰面层厚度应符合受检外保温系统构造规定。每种试样数量各为 3 件。试样周边涂密封材料密封。

2）试验步骤

A 测量试样面积 A。

B 称量试样初始重量 m_0。

C 使试样抹面层或保护层朝下浸入水中并使表面完全湿润。分别浸泡 1h 和 24h 后取出，在 1 min 内擦去表面水分，称量吸水后的重量 m。

3）结果分析

系统吸水量应按下式进行计算：

$$M = \frac{(m - m_0)}{A}$$

式中　　M——系统吸水量，kg/m^2；

　　　　m——试样吸水后的重量，kg；

　　　　m_0——试样初始重量，kg；

　　　　A——试样面积，m^2。

试验结果以 3 个试验数据的算术平均值表示。

4）试验结果（表 2-7-4）

吸水量试验结果　　　　　　　　　　　　　　　　　表 2-7-4

				试验记录		
外墙外保温系统吸水量试验	试件尺寸	试验方法	编号	试样初始重量 m_0	吸水后重量 m_1	评价标准
	200mm×200mm，保温层厚度为 50mm		试件 1			系统的吸水量均不得大于或等于 $1.0kg/m^2$
			试件 2			
			试件 3			

（5）抹面层不透水性能

1）试样制备

试样由 EPS 板和抹面层组成，试样尺寸为 200mm×200mm，EPS 板厚度 60mm，试样数量 2 个。将试样中心部位的 EPS 板除去并刮干净，一直刮到抹面层的背面，刮除部分的尺寸为 100mm×100mm。将试样周边密封，使抹面层朝下浸入水槽中，使试样浮在水槽中，底面所受压强为 500Pa。浸水时间达到 2h 时观察是否有水透过抹面层（为便于观察，可在水中添加颜色指示剂）。

2）结果判定

2 个试样浸水 2h 时均不透水时，判定为不透水。

3）试验结果（表 2-7-5）

不透水性能试验　　　　　　　　　　　　　　　　　表 2-7-5

				试验记录	
抹面层不透水性能试验	试件尺寸	试验方法	编号	观察是否有透水	评价标准
	200mm×200mm，保温层厚度为 60mm		试件 1		2 个试样浸水 2 小时均不透水，判定为不透水
			试件 2		

（6）中空玻璃外观试验

以制品或样品为试样在较好的自然光线或散射光照下，距中空玻璃正面 1m 用肉眼进行检查。中空玻璃不得有妨碍透视的污迹 夹杂物及密封胶飞溅现象。试验结果见表 2-7-6。

中空玻璃外观试验　　　　　　　　　　　　　　表 2-7-6

试验记录					
	试件尺寸	试验方法	编号	现象	评价标准
中空玻璃外观检查	510mm×360mm	距中空玻璃正面 1m	试件 1		中空玻璃不得有妨碍透视的污迹、夹杂物及密封飞溅现象
			试件 2		
			试件 3		
			试件 4		
			试件 5		
			试件 6		
			试件 7		
			试件 8		
			试件 9		
			试件 10		

（7）中空玻璃尺寸偏差（试件尺寸：590mm×360mm）

中空玻璃长、宽、对角线和胶层厚度用钢尺测量，中空玻璃厚度用符合规定的精度为 0.01mm 的外径千分尺或具有相同精度的仪器，在距玻璃板边 15mm 内的四边中点测量测量结果的算术平均值即为厚度值。试验结果见表 2-7-7。

中空玻璃尺寸偏差　　　　　　　　　　　　　　表 2-7-7

试件编号	实测值 mm				单件判断
	长度	宽度	对角线	公称厚度 t	
要求	±2	±2	≤0.2%	±1	
1					
2					
3					
4					
5					
6					
7					
8					
9					
10					
11					

（8）中空玻璃密封试验

1）试验原理

试样放在低于环境气压 10kPa±0.5kPa 的真空箱内，其内部压力大于箱内压力，以测量试样厚度增长程度及变形的稳定程度来判定试样的密封性能。

2）仪器设备

真空箱由金属材料制成的能达到试验要求真空度的箱子真空箱内装有测量厚度变化的支架和百分表，支点位于试样中部。

3）试验条件

试样为 20 块与制品在同一工艺条件下制作的尺寸为 510mm×360mm 的样品试验在 23℃±2℃，相对湿度 30％～75％的环境中进行，试验前全部试样在该环境放置 12h 以上。

4）试验步骤

A. 将试样分批放入真空箱内安装在装有百分表的支架。

B. 把百分表调整到零点或记下百分表初始读数。

C. 试验时把真空箱内压力降到低于环境气压 10kPa±0.5kPa 在到达低压后 5～10min 内记下百分表读数计算出厚度初始偏差。

D. 保持低压 2.5h 后在 5min 内再记下百分表的读数计算出厚度偏差。

5）试验结果（表 2-7-8）

中空玻璃密封性试验　　　　　　　　　　表 2-7-8

试验记录							
编号	初始偏差（mm）	2.5h 后偏差(mm)	偏差减少	编号	初始偏差（mm）	2.5h 后偏差（mm）	偏差减少
1				11			
2				12			
3				13			
4				14			
5				15			
6				16			
7				17			
8				18			
9				19			
10				20			

（9）建筑外窗传热系数检测

1）试验目的：

掌握建筑外窗传热系数检测的标准方法；掌握窗户保温性能的分级标准。

2）实验设备、仪器等：

建筑幕墙门窗保温性能检测设备；聚氨酯密封材料等。

3）实验原理：

建筑门窗保温性能检测设备，基于稳定传热原理，采用标定热箱法检测门窗保温性能。试件一侧为热箱，模拟采暖建筑冬季室内气候条件，另一侧为冷箱，模拟冬季室外气候条件。在对试件缝隙进行密封处理、试件两侧各自保持稳定的空气温度、气流速度和热辐射条件下，计量电暖器的发热功率，减去通过热箱外壁和试件框的热损失（两者由标定试验确定），除以试件面积与两侧空气温差的乘积，即可得到试件传热系数 K，单位：$W/(m^2 \cdot K)$。

4）实验步骤

第一步：安装试件

按照标准将试件放在试件框中，空余之处用已知传热系数的聚苯板塞严并打密封胶，不能漏气漏风，四周要用不吸水的胶布密封。试件本身的缝隙也应密封，以避免冷、热室间空气的流动。

第二步：布置铂电阻

在试件冷、热两侧分别布温度测点，一般分玻璃表面、型材表面、封堵材料表面。试件框的冷、热两侧要均匀布点，若试件框为组合结构，则每一块均要布点，并且要记住所布的点号。

第三步：检查箱体内环境

检查冷箱地面是否干燥，如有积水，将积水擦拭干净，风机周围不能有杂物，关闭冷、热箱的门和箱内的灯，分别插上冷、热室电暖器和温度开关的插头。

第四步：依次开启以下操作台面板上的开关：启动→制冷机启动，启动计算机和采集仪，启动程序，设定检测参数。

第五步：打开空调，试验室温度控制在 18~20℃，关闭实验室的灯和门。

第六步：等到冷室温度即将达到设定点时，启动冷室补热，调节电位器至经验值；同理，等到热室温度即将达到设定点时启动热室加热。开始试验，试验完成后进行数据记录及计算。自动试验时请在测控窗口自动控制。手动试验请调节旋钮控制。自动试验时等待温度、功率基本稳定后，将旋钮拨至手动控制，调整热室加热功率，使热室温度稳定在 18~20℃中任意一点，调整加热功率时，参考自动控温时功率表示值进行调整，可先手动调节给定一功率值，待 30min 后，观察热室空气温度变化趋势，若温度上升较快则适当减小加热功率，再过 30min，观察热室空气温度变化，再对功率进行调整即可；若温度下降较快则适当加大加热功率，过 30min，观察热室空气温度变化，再对功率进行调整即可。同时调节冷室补热功率。待温度、功率稳定并维持足够长的时间，导出原始数据。

第七步：依次关闭以下配电箱中的开关。

热箱加热器→冷箱加热器→冷冻机→空调→停止→关闭计算机

第八步：试验结束，关闭设备电源，拆卸试件。清理现场杂物，预备下次试验。

5）实验报告

窗户传热系数 K 计算公式如下：

$$K = \frac{Q - M_1 \cdot \Delta\theta_1 - M_2 \cdot \Delta\theta_2 - S \cdot \lambda \cdot \Delta\theta_3}{A \cdot \Delta t}$$

式中 Q——电暖气加热功率，W；

       M_1——由标定试验确定的热箱外壁热流系数，W/K；

       M_2——由标定试验确定的试件框热流系数，W/K；

       $\Delta\theta_1$——热箱外壁内、外表面面积加权平均温度之差，K；

       $\Delta\theta_2$——试件框热侧、冷侧表面面积加权平均温度之差，K；

       S——填充板面积，m^2；

       λ——填充板的导热系数，$W/(m^2 \cdot K)$；

       $\Delta\theta_3$——填充板两表面温度差，K；

       Δt——热箱空气平均温度 t_h 与冷箱空气 t_c 平均满意度之差，K。

试验报告可参照表 2-7-9 格式。

6）按照《建筑外窗保温性能分级及检测方法》GB/T 8484—2008 确定测试窗户的保温性能分级。

建筑外窗保温性能分级检测报告 表 2-7-9

委托单位			检验类别	见证检验
工程名称			委托日期	
试件名称			检测日期	
监理单位			见证人/证号	
生产单位			取样人/证号	
检测项目	建筑外窗保温性能分级		玻璃密封材料	胶条
检测依据	《建筑外门窗保温性能分级及检测方法》GB/T 8484—2008			
检测设备				
填料材质/热导率				
洞口面积		试件面积		填料面积
样品规格			检测数量	1 樘
玻璃设计厚度			玻璃实测厚度(mm)	
玻璃品种		中空玻璃		
检验结论				
备注				

实训小结

小组编制实训报告，总结不同节能项目的检测方法和检测报告的编制方法和内容。

教师评价小组实训成果，总结各个团队在实训过程中的优缺点，进行考核打分。

实训考评

1. 实训态度和纪律要求

（1）学生要明确实训的目的和意义，重视并积极自觉参加实训；

（2）实训过程需谦虚、谨慎、刻苦、好学、爱护国家财产、遵守学校及施工现场的规章制度；

（3）服从指导教师的安排，同时每个同学必须服从本组组长的安排和指挥；

（4）小组成员应团结一致，互相督促、相互帮助；人人动手，共同完成任务；

（5）遵守学院的各项规章制度，不得迟到、早退、旷课。

2. 评价方式

成绩评定采用百分制，学生自评、小组互评、汇报及答辩、教师评价方式，以过程考核为主。

3. 考核标准

实训任务完成质量；团队协作精神；知识点的掌握。

4. 实训成绩评定依据（表 2-7-10）

实训成绩评定表　　　　　　　　　　　　　　　　表 2-7-10

评价内容	分值	个人评价	小组评价	教师评价
实训考勤（10%）	10			
	8			
	6			
实训表现（10%）	10			
	8			
	6			
实训报告（30%）	30			
	27			
	24			
	21			
	18			
汇报（20%）	20			
	16			
	12			
答辩（30%）	30			
	24			
	18			
合计				

职业训练

通过建筑节能检测实训，传授给学生建筑节能检测的标准要求及主要方法，提升其工作上所需的节能验收知识，同时培养学生团队合作意识。

实训项目3 建筑节能分部工程综合实训

项目实训目标

节能分部工程专项方案的编制、节能各分项工程的技术交底、节能分部工程质量验收，节能分部工程资料收集与整理。

场地环境要求

干净、安全无污染。

实训任务设计

某工程概况见表2-7-11。

工程概况 表 2-7-11

工程概况			
工程名称	×××住宅楼	工程地址	××市学府街50号
建设单位	××建筑职业技术学院	设计单位	××建筑设计研究院
监理单位	××建设监理有限公司	施工单位	××建筑工程公司
质监单位	××质量监督站	结构类型	现浇框架剪力墙
建筑类别	住宅楼	建筑面积	27607.8m²
建筑层数	地下一层,地上十一层	建筑高度	36.4m
抗震设防烈度	6度	抗震等级	四级
结构使用年限	50年	开工时间	2010年11月
预计竣工时间	2012年4月	施工许可证号	4419002010111800301
工程节能设计			
节能分项工程	施工方法		补充说明
墙体节能工程	±0.000以上非承重的外围护墙,主要材料采用加砌块砌体,M5.0专用砌筑砂浆砌筑;内墙面为粉刷面层,外墙面为粉刷面层。外保温采用挤塑聚苯板		外墙保温每隔两层设置一道防火隔离带,设在建筑标高下300mm宽度处,材料采用FTC相变保温材料,厚度同外墙保温板厚度。(FTC自调温相变保温材料:表观密度:350kg/每立方米,导热系数:≤0.028,燃烧性能级别:A级)
屋面节能工程	屋面采用60mm厚挤塑聚苯板保温隔热层		在保温层设置水平防火隔离带,防护层设在与外墙交界处,宽度500mm,材料采用FTC相变保温材料,厚度同屋面保温层厚度。(FTC自调温相变保温材料:表观密度:350kg/m³,导热系数:≤0.028,燃烧性能级别:A级)
门窗节能工程	采用塑钢门窗,玻璃采用5+10+5平板中空玻璃		无

任务1 建筑节能专项施工方案的编写

实训目标

熟悉常用的建筑节能材料、节能构造,掌握建筑节能专项施工方案的编制。

实训成果

建筑节能专项施工方案。

实训内容与指导

通过图片、样品、节能构造模型了解常用节能材料、节能技术、节能构造，在教师指导下分析工程概况及建筑节能设计要求，小组编制建筑节能专项施工方案。

小组划分：每组人数为 6～8 人。

实训条件：教学媒体（教学课件、项目录像、图纸、标准图集、国家现行规范及标准、图书资料、工程实例、多媒体教学设备、网络教学资源、工作任务单、评价表等）、教学场景（样品、节能构造模型）、配备专业教师 1 人和专业技术人员 1 人。

实训方法设计：以某具体在建工程为对象，通过到工程现场参观，与企业人员进行现场交流，结合节能展览室和建筑节能构造室现场参观图片、样品及模型、功能分析、分组讨论、教师启发，采取案例教学和问题导向学习；虚拟实训，教师与学生交流，采取团队训练教学；成果评价，小组自评、小组之间交互评、教师评析。

节能专项方案具体内容可参照下列内容完成：

1. 编制依据

2. 工程概况

3. 施工准备

4. 施工安排

（1）准备阶段工作

（2）施工阶段工作

（3）竣工验收工作

5. 节能工程主要施工方法

（1）屋面节能工程

（2）外墙外保温节能工程

（3）外门窗、玻璃节能工程

（4）采暖节能工程

6. 质量要求

7. 安全环保措施

8. 成本节约措施

实训小结

分组编写建筑节能专项施工方案；教师分组评价小组实训成果，总结各个团队在实训过程中的优缺点，进行考核打分。

实训考评

同项目任务 1。

职业训练

通过建筑节能专项施工方案编写的训练，传授给学生建筑节能项目的主要内容和节能施工的工作过程和现场情境，提升其对建筑节能专项施工的认识，培养学生团队合作意识。

任务2 建筑节能施工模拟操作实训

实训目标

掌握建筑节能施工操作过程。

实训成果

建筑节能实体、实训报告。

实训内容与指导

根据建筑节能专项施工方案，在专业教师和专业技术人员指导下进行施工模拟操作实训，最后写出实训总结报告。

小组划分：每小组人数为6~8人。

实训条件：作业指导书、安全防护用品、施工模拟操作实训工具及材料、配备专业教师1人和专业技术人员1人。

实训方法设计：选出工程的一个开间，在工程主体已完成的情况下，在建筑节能构造室现场进行外墙保温（或屋面保温或节能门窗安装）的模拟操作实训，教师指导，采取团队训练教学；成果评价。

以模塑板外墙外保温墙体为例，通过下述的技术交底说明实训过程如下：

1. 施工准备

（1）材料要求：

1）水泥：采用普通硅酸盐水泥强度等级不低于42.5。应有出厂合格证及复试报告，其质量标准符合国家标准《硅酸盐水泥、普通硅酸盐水泥》GB 175。

2）砂：采用中砂，含泥量少于3‰，应符合国家现行标准。《普通混凝土用砂质量标准及检验方法》JGJ 52中的规定。

3）界面处理剂：采用水泥砂浆界面剂，应有产品合格证、性能检测报告，并应符合现行地方标准。《建筑用界面剂应用技术规程》DBJ/T 01—40中的规定。

4）玻璃纤维网格布：才用耐碱涂塑玻璃纤维网格布。

5）辅助材料：带尾孔射钉（Φ5）、孔边长25mm的22号镀锌角钢丝网、22号钢丝、专用金属护角（35mm×35mm×0.5mm镀锌轻型角钢）、金属分层条（30mm×40mm×0.7mm镀锌轻型角钢）、分格条。

6）材料进场后组织有关人员按照技术及质量要求进行查点验收。材料应分类挂牌存放。聚苯板应成捆立放，防雨防潮；网格布也因防雨存放；液态胶存放温度不得低于0℃；干混料存放注意防雨防潮和保质期。

（2）施工技术设备：外接电源设备、电动搅拌器、开槽器、角膜机、电锤、称量衡器、密齿手锯、壁纸刀、剪刀、螺丝刀、钢丝刷、腻子刀、抹子、锤子、滚刷、阴阳角抿子、托线板、2m靠尺、墨斗等。

（3）作业条件：

1）基层墙体

经过工程验收达到质量标准的结构承重墙面即可进行外墙保温施工。墙体基面的尺寸偏差：墙面垂直度≤5mm（用 2m 托线板检查）。

2）门窗口

门窗洞口经过验收，洞口尺寸位置达到设计和质量要求；门窗框或辅框应已立完。

3）气候条件

操作地点环境和基底温度不低于 5℃，风力不大于 5 级，雨天不能施工。

施工面应避免阳光直射，必要时可在脚手架上搭设防晒布，遮挡墙面。如施工中突遇降雨，应采取有效措施，防止雨水冲刷墙面。

4）材料应分类挂牌存放。聚苯板应成捆立放，防雨防潮；网格布也应防雨存放；液态胶存放温度不得低于 0℃；干混料存放注意防雨防潮和保质期。

2. 工艺流程及操作要点

（1）工艺流程：材料准备→配胶粘剂→基层墙面处理→测量放线→挂基准线→涂刷界面砂浆→聚合物砂浆粘贴聚苯板→安装锚固件→打磨、修理、隐检→抹底层抹面聚合物砂浆→压入翻包及增强网格布→贴一层耐碱玻纤网格布并压入聚合物砂浆内→抹面层抹面聚合物砂浆→配弹性底涂→涂弹性底涂→配柔性腻子→刮柔性腻子→修改、验收。

（2）操作要点：

1）基层处理：墙面应清理干净、清洗油渍、清扫浮灰等。前面松动、风化部分应剔除干净。墙表面凸起物大于或等于 10mm 时应剔除。

2）对处理合格的墙面基层满涂基层界面砂浆，用滚刷或喷涂将界面砂浆均匀涂刷，拉毛不宜太厚，保证所有墙面做到毛面处理。

3）弹控制线：根据建筑立面设计和外墙外保温技术要求，在墙面弹出外门窗水平、垂直控制线及伸缩缝线、装饰线等。

4）挂基准线：在建筑物外墙大角（阳角、阴角）及其他必要处挂垂直基准钢线，以控制聚苯板的垂直度和平整度。

5）粘贴聚苯板：外保温用聚苯板标准尺寸 600mm×900mm、600mm×1200mm 两种，非标准尺寸或局部不规则处可现场裁切，但必须注意切口于板面垂直。整块墙面的边角处应用最小尺寸超过 300mm 的聚苯板。聚苯板的拼缝不得正好留在窗口的四角处。门窗口四角的聚苯板应裁剪成刀把状。

本工程外墙保温板采用聚苯板用聚合物砂浆条粘法满粘，聚苯板安装前先在已处理好的墙面上抹聚合物砂浆，然后将聚合物砂浆刮成梳条状，再粘贴保温板。

然后进行排板，排板时按水平顺序排列，上下错缝粘贴（错缝宽度 1/2 聚苯板长度），阴阳角处应做错槎处理。

在墙角或门窗口处贴标准厚度板，拉水平控制线，抹底层粘结浆料随即粘贴预制好的聚苯板，凹槽向墙，粘板应用专用工具轻柔、均匀挤压聚苯板，随时用 2m 靠尺和托线板检查平整度和垂直度。粘板时随时清除板边溢出的胶粘剂，使板与板之间无"碰头灰"。板缝拼严，缝宽超出 2mm 使用相应厚度的聚苯板填塞。拼缝高差不大于 1.5mm，否则应用砂纸或专用打磨机打磨平整。

6）粘贴翻包网格布：凡在粘贴的聚苯板侧边外露处（如门窗口等），都应做网格布翻包处理。

7）锚固件固定：锚固件安装应至少在胶黏剂使用24h后进行，用电锤（冲击钻）在聚苯板接头拼缝处表面向墙内打孔，孔径视锚固件而定，进墙深度不得小于设计要求。拧入或敲入锚固钉，钉头和圆盘不得超入板面，板与板交接点处应设置锚固点。如图2-7-3所示。

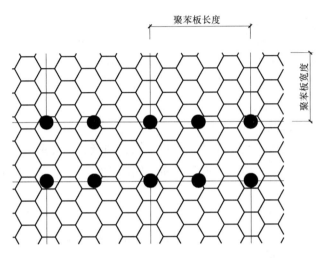

图 2-7-3 保温板锚固点布置示意图

8）配制抹面砂浆：按生产厂提供的配合比按前述方法配制聚合物抹面砂浆，做到计量准确，机械二次搅拌，搅拌均匀。配好的料注意防晒避风，一次配置量应在可操作时间内完成，超过可操作时间后不准再度加水（胶）使用。聚苯板安装完毕检查验收进行聚合物砂浆抹灰。抹灰分底层和面层两次。在聚苯板面抹底层抹面砂浆，厚度2～3mm，同时将翻包网格布压入砂浆中。门窗口四角和阴阳角部位所用的增强网格布随即压入砂浆中。

9）贴压网格布：将网格布绷紧后贴于底层抹面砂浆上，用抹子由中间向四周把网格布压入砂浆的表层，要平整压实，严禁网格布褶皱。网格布不得压入过深，表面不许暴露在底层砂浆之外。单张网格布长度不大于6m。铺贴遇有搭接时间，必须满足横向100mm，纵向80mm的搭接长度要求。

实训小结

小组编写实训报告；教师分组评价小组建筑节能实体成果，总结各个团队在实训过程中的优缺点，进行考核打分。

实训考评

同实训项目任务1。

职业训练

通过建筑节能施工模拟操作实训训练，传授给学生建筑节能施工的主要内容及施工要点，提升其工作上所需的节能构造、节能施工知识，同时，培养学生团队合作意识。

任务 3 建筑节能分部工程资料的填写、归档、组卷实训

实训目标

熟悉建筑节能分部工程的资料整理。

实训成果

验收记录、实训报告（建筑节能分部工程质量验收）。

实训内容与指导

通过工程资料、国家标准熟悉建筑节能分部工程质量验收的内容，在教师指导下根据建筑节能检测成果、建筑节能专项施工方案成果及模拟操作成果填写材料、样品及配件的进厂检验记录、抽样复验报告及各检验批、分项、专项的验收记录；小组编写实训报告。

小组划分：每组人数为 6～8 人。

实训条件：教学媒体（教学课件、项目录像、图纸、标准图集、国家现行规范及标准、图书资料、工程实例、多媒体教学设备、网络教学资源、工作任务单、评价表等）、配备专业教师 1 人。

实训方法设计：在建筑节能展览室学习国家标准、工程验收资料，分组讨论、教师启发；收集实训资料、填写检验批、分项、专项的验收记录；成果评价，小组自评、小组之间交互评、教师评析。

实训小结

分组编写实训报告；教师分组评价验收记录，总结各个团队在实训过程中的优缺点，进行考核打分。

实训考评

同实训项目任务 1。

8 木结构工程与古建筑实训

实训项目 木结构工程与古建筑实训

项目实训目标

实训是专业教育的一个重要实践性教学环节，实习可以使学生熟悉和了解木结构和古建筑的具体构成、操作要领及实施程序，从而增强感性认识，并从实训的过程中进一步了解、巩固和深化已学习过的理论、方法，提高发现问题、分析问题和解决问题的能力。

木结构工程是木结构建筑施工中的一个最重要的分项工程，在基础结构和主体结构中都有木结构分项工程。木工在建筑工程施工中主要通过识读施工图后按设计要求进行木材的选料、打磨、测量、切割、钻孔、五金连接、组合拼装等工作。

场地环境要求

（1）场地内包括入口区、木结构展品展示区、施工项目管理模拟现场、木工实习工位、更衣室、工具房、管理办公室等。详见图 2-8-1 木工实训工场平面图。

图 2-8-1 木工实训工场平面图

（2）每 4 个学生一组，每组木工实训工位面积约 50m²。目前我校实训基地工位为 10 个。详见图 2-8-2 木工实训工位平面图、图 2-8-3 木工实训工位照片。

实训任务设计

采用项目教学法，通过数个实训项目的训练，使学生掌握木结构工程施工中的各个环节的工艺流程和工作重点。

实验实训项目编排——实训项目书、考核标准、内容——训前教育、动员、分组——现场设备、工具、材料检查——人员着工作服、安全帽等进入实训场

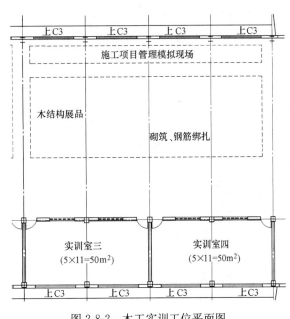

图 2-8-2 木工实训工位平面图

295

图 2-8-3 木工实训工位照片

——项目工艺操作——现场清扫、整理、整顿——实训总结、反省，写实训报告——考核、考证、竞赛——成绩汇总——消耗材料汇总。

任务 某单位值班室工程的木结构工程

实训目标

（1）能熟练识读木结构施工图。

（2）掌握木料下料单和料牌的编制。

（3）掌握木材选料、打磨、测量、切割、钻孔、五金连接、组合拼装的技能。

（4）掌握木结构工程质量验收标准。

实训成果

（1）初步了解了木结构房屋围护结构的五项构件：外墙、屋盖/吊顶、门窗、楼盖（与外墙交界处）以及基础/基础板或者首层楼盖及其构成。

（2）能熟练识读较为简单的木结构房屋施工图。

（3）掌握了木结构房屋的建设程序。

（4）掌握了木结构的数种材料的性能，相关工具的使用方法。

（5）对木结构工程质量验收的标准有了更深的认识。

（6）学生通过实训，接触实际工程，较深入地了解了房屋建筑施工工艺过程及工长和技术员的业务工作，巩固和加深了所学有关专业课程，做到了理论联系实际。

实训内容与指导

（1）实训内容

通过实施一个完整的项目——某单位值班室工程来进行教学活动，引导学生熟练识读施工图；制作木材下料单、料牌；进行木材的选料、打磨、测量、切割、钻孔、五金连接、组合拼装；通过实训初步掌握木结构工程施工。

教学学时：21 学时（3 天）完成学习任务。其中场景引入，知识准备、木材准备共 4 学时；木材加工 1 学时；木材拼接安装 7 学时。实训开始前可组织学生参观木结构工程加工场地，了解木材加工的整个流程，实训结束后组织一次实训总结和问题讨论。

（2）实训指导

1）实训工具及设备

实训基地需准备的常用机具及工具有：水平仪、手提切割机、手工锯、切割机、打磨机、空压机、气枪、电钻、卷尺、水平尺、三角尺、墨斗、尼龙线、细砂片、胡桃钳、扫帚、锤、安全帽、手套等，如图 2-8-4。

2）实训材料准备

木工职业实训每一小组（每一实训工位）需用材料见表 2-8-1。

图 2-8-4 木工实训部分主要工具

表 2-8-1

材料名称	规格	数量	备注
SPF	38mm(厚)×89mm(宽)×4270mm	50 片	
SPF	38mm(厚)×140mm(宽)×4270mm	10 片	
OSB	9mm(厚)×1220mm(宽)×2440mm	10 片	
OSB	18mm(厚)×1220mm(宽)×2440mm	5 片	
麻花钉	80mm	20 盒	
F30 气钉	30mm	3 盒	
自攻钉	5mm×60mm	1 包	

3）工作程序

A. 班级分组，每组 4 人。

B. 学生进入实训工场，先在实训工场整理队伍，按小组站好，小组长领安全帽、手套，并发放给各位同学。

C. 同学们戴好安全帽听实训指导教师讲解木工实训过程安排和安全注意事项。

D. 各小组同学进行木料的选材和配料。

E. 先由实训指导教师进行切割机、气枪等工具操作示范，再由同学们进行操作。

F. 小组根据施工顺序进行每个单项的施工。

G. 每天实训结束，由实训指导教师和同学们进行成果评定，得出一个评定分值。

H. 每天实训结束，操作现场清扫干净。

4）工具和材料使用

A. 施工中应加强材料的管理，工具、机械的保养和维修。

B. 砂纸、五金件等原材料质量要求要符合规范规定。

C. 建筑材料的使用、运输、储存在施工过程中必须采取有效措施，防止损坏、变质和污染环境。

D. 常用工具操作结束应整理收好。

5）施工操作

A. 施工时应注意挑选木材表面平直、光滑的材料。

B. 测量构件长度、角度要准确。

C. 做好下料单。

D. 使用切割机等工具时要注意安全。

E. 在底板上面定位好每块木材的位置。

F. 用钉子连接木材时，控制好钉子之间的间距和钉入木材时的角度。

G. 连接 OSB 板的时候，调节好 OSB 板与木龙骨位置。钉子要钉在 OSB 板的墨线上。

H. 立面墙体要核对垂直度、平台要核对水平度。

I. 应连续进行施工，尽快完成。

6）实训纪律和安全

A. 实训过程中，必须在了解操作程序和注意事项后才能操作。

B. 在操作过程中，应戴手套、安全帽、身着工作服进行工作。

C. 实训现场严禁大声喧哗，不可随意走动。

D. 一个项目结束，经评定合格，方可进行下一个项目。

E. 全部项目操作结束，经综合评定打分，方可拆除，并将现场清理干净。

实训小结

木结构实训旨在使学生了解现代木结构建造技术，熟悉木结构建筑基础、墙体、门窗、楼面、屋面、桁架、水电、装饰等建筑构造实物细节，掌握材料与构件、设备操作、加工工艺，是开展木结构实训教学，开展木结构设计的基础。

生产实训是土木工程专业教学计划中重要的实践性教学环节，是土木工程专业大学生所进行的专业基本技能的实习，也是进行工程师基本训练的有机组成部分。实习过程中，学生深入施工现场，接触实际工程，较深入地了解了房屋建筑施工工艺过程及工长和技术员的业务工作，巩固和加深了所学有关专业课程，做到理论联系实际。

学生在实训基地上学到了许多在课堂里学不到的知识，进一步了解了专业，树立了劳动观点，提高了分析问题与解决问题的能力。很多同学都希望加强实践教学，增加专业实践的机会，学习更多的专业知识，提高自己的专业能力。

实训考评

（1）考评内容

1）出勤率；

2）实训纪律和安全；

3）实训表现；

4）施工操作；

5）工具和材料使用。

（2）考评方法

1）**出勤率**：本指标满分为 10 分，缺勤率超过 20％的学员，取消考试资格。作为考核学员基本学习素质的一项指标，考核标准要求要严格，迟到 3 次算做缺勤一次。

2）**实训纪律和安全**：本指标的满分 20 分，根据学员日常的作业表现情况，作业的认真程度及优劣程度由老师给出具体分数。

3）**实训表现**：本指标的满分为 10 分，老师根据学员在平时的表现（包括是否认真听讲，是否踊跃提出问题等）给出相应的成绩。

4）**项目演练**：本指标的满分为 20 分，每个学习阶段完成后，老师都会布置一个项目进行实际演练考查同学们对知识技能的掌握程度。

5）**实践成果**：本指标的满分为 40 分，主要采取传统的闭卷考试方式来考查学员在整个学期对理论知识的掌握。

（3）考评过程

一般要求是实训教师在每实训完一个项目后，由教师命题进行一次考核并详细记录考核结果，将评分标准和评分公布。

（4）考评统计（表 2-8-2）

表 2-8-2

姓名	出勤率	日常作业	课堂表现	项目演练	实践成果

第 3 部分

综合实训

1　成本控制实训

实训项目　建筑工程专业成本实训

项目实训目标

通过该实训项目，培养学生的建筑工程招投标与合同签订能力、建筑工程工程量计算能力、建筑工程工程量清单与计价能力、建筑工程索赔与结算能力以及预算软件应用能力等专项能力，以形成建筑施工成本控制的综合能力。

场地环境要求（实训室设置）（表 3-1-1）

表 3-1-1

编号	名称	功能	配套仪器设备
1	工程造价软件实训室	1. 利用预算软件完成工程的计量与计价； 2. 利用预算软件完成工程招标文件的编制； 3. 利用预算软件完成工程投标文件的编制	预算软件（包括建筑工程造价软件、安装工程造价软件、市政工程造价软件等）
			工程招投标管理软件
			机房专用电脑桌椅
			电脑
2	工程造价文件编制实训室	1. 编制工程量清单及招标文件； 2. 进行工程量清单计价及编制投标文件	大型预算桌椅
			电脑
			文件柜
			投影仪
			工程造价图纸、图集、规范、定额、造价信息等资料
			操作流程挂图
3	招投标模拟室	1. 提供工程造价资料； 2. 展示优秀成果	电脑
			投影仪
			办公桌椅
			配套沙盘工具
			音响设备
			操作流程挂图
4	工程造价资料室	1. 提供工程造价资料； 2. 展示优秀成果	工程量清单计价规范、各专业工程预算定额、概算定额、相关标准、图集、规范、工程造价信息、相关课程优秀教材
			优秀的学生完成的造价文件
5	建筑、装饰、安装工程构造展示厅	可借用其他相关实训基地完成对应实训内容，不用单另设置，可资源共享，避免资源浪费	

301

实训任务设计

任务 1：招投标与合同签订实训。

任务 2：工程量清单与计价实训。

任务 3：预算软件应用。

任务 1 招投标与合同签订实训

实训目标

通过该任务实训，使学生了解工程招投标及合同签订的流程，了解招投标参与各方在招投标及合同签订过程中的权利、义务以及注意事项，并能通过模拟招投标全过程和角色扮演具备编制招标文件、投标文件的能力及签订工程合同的能力。

实训成果

（1）工程项目施工招标文件；

（2）工程项目施工投标文件；

（3）模拟工程项目施工招标、投标、开标、评标、定标过程；

（4）模拟签订建筑工程施工承包合同。

资料依据

（1）相关法规，如《中华人民共和国招投标法》、《中华人民共和国合同法》、《建设工程施工合同（示范文本）》、《建设工程施工招标文件示范文本》；

（2）某实际工程的施工图设计文件、工程造价文件、施工组织设计等资料；

（3）其他资料。

实训内容

1. 编写招标公告（资格预审公告）

（1）招标条件

履行项目审批手续和落实资金来源是招标项目进行招标前必须具备的两项基本条件。具体来说，列入招标公告或资格预审公告的招标条件包括以下内容：

1）工程建设项目名称、项目审批、核准或者备案机关名称及批准文件编号；

2）项目业主名称，即项目审批、核准或者备案文件中载明的项目投资或项目业主；

3）项目资金来源和出资比例；

4）招标人名称，即负责项目招标的招标人名称，可以是项目业主或其授权组织实施项目并独立承担民事责任的项目建设管理单位；

5）阐明该项目已具备招标条件，招标方式为公开招标。

（2）工程建设项目概况与招标范围

招标人所指的本次招标所涉及的工程项目及其工程内容，例如：招标项目的内容、规模、实施地点和工期等。

（3）资格预审的申请人或资格后审的投标人资格要求

申请人应具备的工程施工资质等级、类似业绩、安全生产许可证、质量认证体系证书，以及对财务、人员、设备、信誉等能力和方面的要求。是否允许联合体申请资格预审以及相应的要求；申请人申请资格预审/投标人投标的标段数量或指定的具体标段。

（4）资格预审文件（发布资格预审公告时）/招标文件（发布招标公告时）获取时间、方式、地点、价格。

（5）资格预审文件（发布资格预审公告时）/招标文件（发布招标公告时）递交的截止时间、地点。

（6）公告发布媒体。

（7）联系方式

包括招标人和招标代理机构的联系人、地址、邮编、电话、传真、电子邮箱、开户银行和账号等。

2. 编写招标文件

按照《工程建设项目施工招标投标办法》的规定，招标文件必须包括以下内容：

（1）招标公告或投标邀请书；

（2）投标人须知（含投标报价和对投标人的各项投标规定与要求）；

（3）拟签订合同主要条款和合同格式；

（4）投标文件格式；

（5）采用工程量清单招标的，应当提供工程量清单；

（6）技术条款（含技术标准、规格、使用要求以及图纸等）；

（7）评标标准和评标方法；

（8）附件和与其他要求投标人提供的材料。

3. 编写资格预审文件

根据不同企业的基础资料以及资格预审文件的基本格式，编写资格预审文件，按要求进行打印装订。

4. 资格预审模拟

根据各小组提供的资格预审文件资料，按照招标文件的要求进行资格预审，并为合格者发放资格预审合格通知书。

5. 发售招标文件

作为招标人的小组负责模拟进行招标文件发售、组织现场踏勘、召开投标预备会等工作。

（1）招标文件的发售时间

招标文件应满足发售时间不少于 5 个工作日。

（2）招标文件的发售方式

招标文件的发售方式为投标人持单位介绍信到指定地点购买。

（3）招标文件的售价

招标文件的售价应当合理，通常招标文件的售价往往只包括编制招标文件的成本费用（如人工排版、印刷费）。

（4）投标预备会的召开

投标预备会的召开其目的在于澄清招标文件中的疑问，解答投标人对招标文件所提出的各种疑问。由招标人组织并主持召开，在预备会上招标人对招标文件和现场情况做介绍或解释，同时对图纸进行交底和解释。

6. 编写投标文件

建设工程投标文件一般主要由下列内容组成：

（1）投标函及投标函附录；

（2）法定代表人身份证明或授权委托书；

（3）联合体协议书（如有）；

（4）投标保证金；

（5）已标价的工程量清单；

（6）施工组织设计（包括管理机构、施工组织设计、拟分包单位情况等）；

（7）资格审查资料（资格后审）或资格预审更新资料。

7. 投标文件的装订、密封、包装

（1）投标文件的装订

建设工程投标文件主要包括正本和副本，正本与副本应分开装订并不易拆散换页。这就是说，投标人在装订投标文件过程中，应做好以下两点工作：

1）投标文件正本与副本应分别装订成册，并编制目录，封面上应标记"正本"或"副本"，正本和副本份数应符合招标文件规定。

2）投标文件正本与副本都不得采用活页夹，并要求主页标注连续页码，否则，招标人对由于投标文件装订松散而造成的丢失或其他后果不承担任何责任。

（2）投标文件的密封、包装

投标文件应该按照招标文件规定密封、包装。对投标文件密封的规范要求有：

1）投标文件正本与副本应分别包装在内层封套里，投标文件电子文件（如需要）应放置于正本的同一内层封套里，然后统一密封在一个外层封套中，加密封条和盖投标人密封印章。国内招标的投标文件一般采用一层封套。

2）投标文件内层封套上应清楚标记"正本"或"副本"字样。投标文件内层封套应写明：投标人邮政编码，投标人地址，投标人名称，所投项目名称和标段。投标文件外层封套应写明：招标人地址及名称，所投项目名称和标段，开启时间等。也有些项目对外层封套的标识有特殊要求的，如规定外层封套上不应有任何识别标志。当采用一层封套时，内外层的标记均合并在一层封套上。

未按招标文件规定要求密封和加写标记的投标文件，招标人将拒绝接收，并且在截标时间前，应当允许投标人在投标文件接收场地之外自行更正修补。在投标截止时间后递交的投标文件，招标人应当拒绝接收。

8. 投标文件的递交与接收

投标人应当在招标文件要求递交投标文件的截止时间前，将投标文件送达招标文件规定的地点。招标人收到投标文件后，应当签收保存，不得开启。在招标文件要求提交投标文件的截止时间后送达的投标文件，招标人应当拒收。

招标人收到投标文件后应当签收，并在招标文件规定开标时间前不得开启。同时为了保护投标人的合法权益，招标人必须履行完备规范的签收手续。签收人要记录投标文件递交的日期和地点以及密封状况，签收人签名后应将所有递交的投标文件妥善保存。但是，投标文件有下列情形之一的，招标人不予接受：

(1) 逾期送达的或者未送达指定地点的；

(2) 未按招标文件要求密封的。

9. 模拟开标过程

根据前期实训活动所编制的招标文件要求，在规定的时间和地点接受投标文件，在截止的时间同时进行开标，完成与正式开标相同的程序和工作，并做好开标记录。

(1) 开标的时间

开标应当在招标文件确定的提交投标文件截止时间的同一时间公开进行。投标人往往在投标有效期即将结束时到达招标文件所规定的开标地点，在投标准备期到期的同时，招标人打开事先已布置完成的投标现场，开标会随即开始。招标人必须按照招标文件中的规定，按时开标，不得擅自提前或拖后开标，更不能不开标就进行评标。

(2) 开标的主要参与人、主持人

开标的主要参与人即为招标人和所有参加投标并向招标人递交投标书的投标人。开标的主持人为招标人，若建设工程项目采用的是委托招标的招标方式，则开标的主持人为招标人授权的招标代理机构，成功向招标人递交了投标文件的投标人或其授权代表人有权自主决定是否参加开标会。

(3) 其他注意事项

1) 招标人依据投标函及投标函附录（正本）唱标，其中投标报价以大写金额为准。

2) 开标过程中，投标人对唱标记录提出异议，开标工作人员应立即核对投标函及投标函附录（正本）的内容与唱标记录，并决定是否应该调整唱标记录。

3) 开标时，开标工作人员应认真核验并如实记录投标文件的密封、标识以及投标报价、投标保证金等开标、唱标情况，发现投标文件存在问题或投标人自己提出异议的，特别是涉及影响评标委员会对投标文件评审结论的，应如实记录在开标记录上。但招标人不应在开标现场对投标文件是否有效做出判断和决定，应递交评标委员会评定。

10. 模拟评标过程

分成若干小组，组成不同评标委员会，对通过开标进入评审阶段的投标文件进行评审，各小组根据招标文件规定的评标标准和方法进行评标训练，并写出评标报告。

(1) 评标委员会的组成

评标委员会成员人数为 5 人以上单数。

(2) 评标的方法

评标方法，是评审和比选投标文件、判断哪些投标更符合招标文件要求的方法。是工程招标工作的重要组成部分。建设工程项目评标方法包括经评审的最低投标价法、综合评估法或者法律、行政法规允许的其他评标方法。

1) 经评审的最低投标价法

经评审的最低投标价法是指凡是能够满足招标文件的实质性要求，并且经评标委员会评审为最低投标价的投标人，应当推荐为中标候选人。只要投标人在其投标文件中所阐述的施工技术、性能标准满足招标文件要求，那么评标委员会则根据招标文件中规定的评标价格调整方法，对所有技术合格的投标人的投标报价以及投标文件的商务部分作价格调整，然后按调整后的价格由低到高推荐中标候选人，而投标文件的技术部分则不作价格折算，

2）综合评估法

综合评估法要求能够最大限度地满足招标文件中规定的各项综合评价标准的投标，应当推荐为中标候选人。衡量投标文件是否最大限度地满足招标文件中规定的各项评价标准，可以采取折算为货币的方法或打分的方法。需要量化的因素及其权重应当在招标文件中明确规定。综合评估法中最为常见的是百分法，即投标文件的满分为一百分。这种方法首先确定对标书的评审内容，将评审内容分类后分别赋予不同的权重，评标委员会根据事先的评分标准对各类内容细分的小项进行相应的打分，最后计算各标书的累计分值，该分值反映投标人的综合水平，以得分最高者为最优。

11. 模拟定标

根据评标报告选定中标人，发出中标通知书。

12. 合同条款拟定及填写

（1）建设工程总承包合同的主要条款：①词语涵义及合同文件的组成；②总承包的内容；③双方当事人的权利义务；④合同履行期限；⑤合同价款；⑥工程质量与验收；⑦合同的变更；⑧风险责任和保险；⑨工程保修；⑩对设计分包人的规定；⑪索赔与争议的处理；⑫违约责任。

（2）施工总承包合同协议书的内容：①工程概况；②工程承包范围；③合同工期；④质量标准；⑤合同价款；⑥组成合同的条件；⑦承包人向发包人的承诺；⑧发包人向承包人的承诺；⑨合同的生效。

（3）组成合同的文件依据优先顺序分别为：①本合同协议书；②中标通知书；③投标书及附件；④专用条款；⑤通用条款；⑥标准规范及有关技术文件；⑦图纸；⑧工程量清单；⑨工程报价单或预算书。

13. 合同分析及谈判

（1）合同谈判的基本原则

1）进行谈判、签订合同、确定合同当事人双方的权利和义务时，要求谈判人员除具备必备的相关专业知识以外，还必须具备相关法律知识的储备。

2）要熟悉勘察、设计、施工、监理合同示范文本的规定。这样才能适应现代化社会发展变化，才能在合同谈判中依法合理确定双方的权利和义务，使合同履行风险降到最低。

（2）合同谈判的准备工作

1）谈判人员的组成

根据所要谈判的项目，确定己方谈判人员的组成。工程合同谈判一般可由三部分人员组成：一是懂建筑方面的法律法规与政策的人员。二是懂工程技术方面的人员。三是懂建筑经济方面的人员。

2）相关的项目资料收集工作

谈判准备工作中最不可少的任务就是要收集整理有关合同对方及项目的各种基础资料和背景材料。这些资料的内容包括对方的资信状况、履约能力、发展阶段、已有成绩等，还包括工程项目的由来、土地获得情况、项目目前的进展、资金来源等。

3）对谈判主体及其情况的具体分析

发包方的自我分析：签订工程施工合同之前，首先要确定工程施工合同的标的物及拟建工程项目；其次要进行招标投标工作的准备。再次要对承包方进行考察。

最后，发包方不要单纯考虑承包方的报价，要全面考察承包方的资质和能力。

承包方的自我分析：承包方首先应该对发包方做一系列调查研究工作。如工程项目建设是否确实由发包方立项？该项目的规模如何？是否适合自身的资质条件？发包方的资金实力如何？其次要注意一些原则性问题不能让步。最后要注意到该项目本身是否有效益以及己方是否有能力投入或承接。权衡利弊，作深入仔细的分析，得出客观可行的结论，供企业决策层参考、决策。

4）拟订谈判方案

在对上述情况进行综合分析的基础上，考虑到该项目可能面临的危险、双方的共同利益、双方的利益冲突，进行进一步拟订合同谈判方案。

（3）合同谈判的策略和技巧

1）掌握谈判议程，合理分配各议题的时间。工程建设这样的大型谈判一定会涉及诸多需要讨论的事项，而各谈判事项的重要性并不相同，谈判各方对同一事项的关注程度也不相同。

2）高起点战略谈判的过程是各方妥协的过程，通过谈判，各方都或多或少会放弃部分利益以求得项目的进展。

3）注意谈判氛围。谈判各方既有利益一致的部分，又有利益冲突的部分。

4）适当的拖延与休会。当谈判遇到障碍，陷入僵局的时候，拖延与休会可以使明智的谈判方有时间冷静思考，在客观分析形势后，提出替代性方案。

5）避实就虚谈判各方都有自己的优势和劣势。

6）分配谈判角色，注意发挥专家的作用。任何一方的谈判团都由众多人士组成，谈判中应利用个人不同的性格特征，各自扮演不同的角色，有积极进攻的角色，也有和颜悦色的角色，这样有软有硬，软硬兼施，可以事半功倍。

14. 模拟签订建筑工程施工承包合同

合同签订审核流程，如图3-1-1所示。

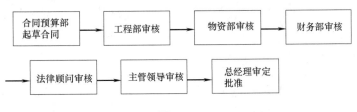

图 3-1-1

实训小结

通过本次实训，使学生了解了工程招投标及合同签订的流程，了解了招投标参与各方在招投标及合同签订过程中的权利、义务以及注意事项，训练学生在实训过程中团队协作能力、个人组织协调能力、个人交流表达能力。通过模拟招投标全过程和角色扮演使学生具备编制招标文件、投标文件的能力及签订工程合同的能力。

实训考评

1. 实训态度和纪律要求

（1）学生要明确实训的目的和意义，重视并积极自觉参加实训；

（2）实训过程需谦虚、谨慎、刻苦、好学、爱护国家财产、遵守学校及施工现场的规章制度；

（3）服从指导教师的安排，同时每个同学必须服从本组组长的安排和指挥；

（4）小组成员应团结一致，互相督促、相互帮助，人人动手，共同完成任务；

（5）遵守学院的各项规章制度，不得迟到、早退、旷课。

2. 评价方式

成绩评定采用百分制，学生自评、小组互评、汇报及答辩、教师评价方式，以过程考核为主。

3. 考核标准

实训任务完成质量；团队协作精神；知识点的掌握。

4. 实训成绩评定依据

实训成绩评定表

表 3-1-2

评价内容	分值	个人评价 （20%）	小组评价 （30%）	教师评价 （50%）	加权平均得分
实训考勤	10				
实训表现	10				
实训成果文件	30				
汇报	20				
答辩	30				
合计					

任务 2 工程量清单与计价实训

实训目标

通过该任务实训，培养学生通过自主查阅使用《建设工程工程量清单计价规范》GB 50500—2013、标准图集、企业定额、费用定额、造价信息等资料来完成工程量清单编制、工程量计算及工程量清单计价的专业能力，培养学生应用理论知识解决实际工程工程量清单计价问题的能力。

实训成果

（1）工程量清单，具体包括封面、编制说明、分部分项工程和单价措施项目清单、总价措施项目清单、其他项目清单（包括汇总表和各项其他项目详细表）、规费、税金项目清单、发包人提供材料和工程设备一览表、承包人提供材料和工程设备一览表、工程量计算表、封底。

(2) 工程量清单投标报价文件，具体包括封面、编制说明、建设项目投标报价汇总表、单项工程投标报价汇总表、单位工程投标报价汇总表、综合单价分析表、分部分项工程量清单和单价措施项目清单与计价表、总价措施项目清单与计价表、其他项目清单与计价表（包括汇总表和各项其他项目详细表）、规费、税金项目清单与计价表、发包人提供材料和工程设备一览表、承包人提供材料和工程设备一览表、封底。

实训内容与指导

1. 工程量清单编制

（1）编制依据

1)《建设工程工程量清单计价规范》GB 50500—2013 及相应工程量清单计量规范；

2) 国家或省级、行业建设主管部门颁发的计价依据和办法；

3) 建设工程设计文件及相关资料；

4) 与建设工程项目有关的标准、规范、技术资料；

5) 拟定的招标文件；

6) 施工现场情况、地勘水文资料、工程特点及常规施工方案；

7) 其他相关资料。

（2）主要内容

1) 编制分部分项工程和单价措施项目清单；

2) 编制总价措施项目清单；

3) 编制其他项目清单（包括汇总表和各项其他项目详细表）；

4) 编制规费、税金项目清单；

5) 编制发包人提供材料和工程设备一览表、承包人提供材料和工程设备一览表；

6) 编制说明、填写封面；

7) 复核、整理、装订成册。

（3）编制方法

1) 分部分项工程量清单

A. 清单格式

见表 3-1-2：分部分项工程及单价措施项目清单与计价表

B. 要点提示

（A）分部分项工程量清单必须载明项目编码、项目名称、项目特征、计量单位和工程量。

（B）分部分项工程量清单必须根据相关工程现行国家计量规范规定的项目编码、项目名称、项目特征、计量单位和工程量计算规则进行编制。

（C）为计取规费等的使用，可在表中增设："定额人工费"。

（D）工程量计算规则应查阅相应专业工程工程量计算规范。

2) 措施项目清单

A. 清单格式

见表 3-1-3：分部分项工程及单价措施项目清单与计价表；表 3-1-5：总价措施项目清单与计价表

B. 要点提示

（A）措施项目清单必须根据相关工程现行国家计量规范的规定编制。

（B）措施项目清单应根据拟建工程的实际列项。

3）其他项目清单

A. 清单格式

见表 3-1-6：其他项目清单与计价汇总表、表 3-1-7：暂列金额明细表、表3-1-8：材料（工程设备）暂估单价及调整表、表 3-1-9：专业工程暂估价及结算价表、表3-1-10：计日工表、表 3-1-11：总承包服务费计价表。

B. 要点提示

（A）其他项目清单应按照下列内容列项：

a. 暂列金额；

b. 暂估价：包括材料暂估单价、工程设备暂估单价、专业工程暂估价；

c. 计日工；

d. 总承包服务费。

（B）暂列金额表由招标人填写，如不能详列，也可只列暂定金额总额。暂列金额应根据工程特点按有关计价规定估算。

（C）材料（工程设备）暂估单价及调整表中由招标人填写"暂估单价"，并在备注栏说明暂估价的材料、工程设备拟用在哪些清单项目上。暂估价中的材料、工程设备暂估单价应根据工程造价信息或参照市场价格估算，列出明细表；专业工程暂估价应分不同专业，按有关计价规定估算，列出明细表。

（D）计日工表中应由招标人列出项目名称、计量单位和暂估数量。

（E）总承包服务费应由招标人列出服务项目及其内容等。

（F）出现以上第（A）条未列的项目，可根据工程实际情况补充。

4）规费和税金项目清单

A. 清单格式

见表 3-1-12：规费、税金项目计价表。

B. 要点提示

（A）规费项目清单应按照下列内容列项：

a. 社会保险费：包括养老保险费、失业保险费、医疗保险费、工伤保险费、生育保险费；

b. 住房公积金；

c. 工程排污费。

出现以上未列的项目，应根据省级政府或省级有关部门的规定列项。

（B）税金项目清单应包括下列内容：

a. 营业税；

b. 城市维护建设税；

c. 教育费附加；

d. 地方教育附加。

出现以上未列的项目，应根据省级政府或省级有关部门的规定列项。

5）发包人提供材料和工程设备一览表、承包人提供材料和工程设备一览表

A. 清单格式

见表 3-1-13：发包人供应材料和工程设备一览表、表 3-1-14：承包人供应材料和工程设备一览表（适用于造价信息差额调整法）、表 3-1-15：承包人供应材料和工程设备一览表（适用于价格指数差额调整法）。

B. 要点提示

（A）发包人提供材料和工程设备一览表此表由招标人填写，供投标人在投标报价、确定总承包服务费时参考。

（B）承包人供应材料和工程设备一览表（适用于造价信息差额调整法）中由招标人填写除"投标单价"栏的内容。

（C）承包人供应材料和工程设备一览表（适用于造价信息差额调整法）中招标人应优先采用工程造价管理机构发布的单价作为基准单价，未发布的，通过市场调查确定其基准单价。

（D）承包人供应材料和工程设备一览表（适用于价格指数差额调整法）中"名称、规格、型号"、"基本价格指数"栏由招标人填写，基本价格指数应首先采用工程造价管理机构发布的价格指数，没有时，可采用发布的价格代替。如人工、机械费也采用本法调整，由招标人在"名称"栏填写。

2. 工程量清单投标报价文件编制

（1）编制依据

1）《建设工程工程量清单计价规范》GB 50500—2013；

2）国家或省级、行业建设主管部门颁发的计价办法；

3）企业定额，国家或省级、行业建设主管部门颁发的计价定额和计价办法；

4）招标文件、招标工程量清单及其补充通知、答疑纪要；

5）建设工程设计文件及相关资料；

6）施工现场情况、工程特点及投标时拟定的施工组织设计或施工方案；

7）与建设项目相关的标准、规范等技术资料；

8）市场价格信息或工程造价管理机构发布的工程造价信息；

9）其他的相关资料。

（2）主要内容

1）编写综合单价分析表；

2）编制分部分项工程量清单和单价措施项目清单与计价表；

3）编制总价措施项目清单与计价表；

4）编制其他项目清单与计价表（包括汇总表和各项其他项目详细表）；

5）编制规费、税金项目清单与计价表；

6）编制发包人提供材料和工程设备一览表、承包人提供材料和工程设备一览表；

7）编制单位工程投标报价汇总表、单项工程投标报价汇总表、建设项目投标报价汇总表；

8）编制说明、填写封面、扉页；

9）复核、整理、装订成册。

（3）编制方法

1）综合单价分析表

A. 计价格式

见表 3-1-3：综合单价分析表。

B. 要点提示

（A）综合单价中应包括招标文件中划分的应由投标人承担的风险范围及其费用，招标文件中没有明确的，应提请招标人明确。

（B）如不使用省级或行业建设主管部门发布的计价依据，可不填写定额编号、名称等。

（C）招标文件提供了暂估单价的材料，按暂估的单价填入表内"暂估单价"栏及"暂估合价"栏。

2）分部分项工程量清单和单价措施项目清单与计价表

A. 计价格式

见表 3-1-3：分部分项工程及单价措施项目清单与计价表。

B. 要点提示

分部分项工程和措施项目中的单价项目，应根据招标文件和招标工程量清单项目中的特征描述确定综合单价计算。

3）总价措施项目清单与计价表

A. 计价格式

见表 3-1-5：总价措施项目清单与计价表

B. 要点提示

（A）措施项目中的总价项目金额应根据招标文件和投标时拟定施工组织设计或施工方案，采用综合单价计价，其中安全文明施工费必须按国家或省级、行业建设主管部门的规定计算，不得作为竞争性费用。

（B）"计算基础"中安全文明施工费可为"定额基价"、"定额人工费"或"定额人工费＋定额机械费"，其他项目可为"定额人工费"或"定额人工费＋定额机械费"。

（C）施工方案计算的措施费，若无"计算基础"和"费率"的数值，也可只填"金额"数值，但应在备注栏说明施工方案出处或计算方法。

4）其他项目清单与计价表（包括汇总表和各项其他项目详细表）

A. 计价格式

见表 3-1-5：其他项目清单与计价汇总表、表 3-1-6：暂列金额明细表、表 3-1-7：材料（工程设备）暂估单价及调整表、表 3-1-8：专业工程暂估价及结算价表、表 3-1-9：计日工表、表 3-1-10：总承包服务费计价表。

B. 要点提示

（A）暂列金额应按招标工程量清单中列出的金额填写。

（B）材料、工程设备暂估价应按招标工程量清单中列出的单价计入综合单价，在其他项目清单与计价汇总表中不汇总。

（C）专业工程暂估价应按招标工程量清单中列出的金额填写。

（D）计日工应按招标工程量清单中列出的项目和数量，自主确定综合单价并计算计日工金额。

（E）总承包服务费应根据招标工程量清单列出的内容和提出的要求自主确定。

5）规费、税金项目清单与计价表

A. 计价格式

见表 3-1-11：规费、税金项目清单与计价表。

B. 要点提示

规费和税金必须按国家或省级、行业建设主管部门的规定计算，不得作为竞争性费用。

6）发包人提供材料和工程设备一览表、承包人提供材料和工程设备一览表

A. 计价格式

见表 3-1-12：发包人供应材料和工程设备一览表、表 3-1-13：承包人供应材料和工程设备一览表（适用于造价信息差额调整法）、表 3-1-14：承包人供应材料和工程设备一览表（适用于价格指数差额调整法）。

B. 要点提示

（A）发包人提供材料和工程设备一览表此表由招标人填写，供投标人在投标报价、确定总承包服务费时参考。

（B）承包人供应材料和工程设备一览表（适用于造价信息差额调整法）中由投标人在投标时自主确定投标单价。

（C）承包人供应材料和工程设备一览表（适用于价格指数差额调整法）中"变值权重"栏由投标人根据该项人工、机械费和材料、工程设备价值在投标总价中所占的比例填写，减去其比例为定值权重。

（D）承包人供应材料和工程设备一览表（适用于价格指数差额调整法）中"现行价格指数"按约定的付款证书相关周期最后一天的前 42 天的各项价格指数填写，该指数应首先采用工程造价管理机构发布的价格指数，没有时，可采用发布的价格代替。

7）单位工程投标报价汇总表、单项工程投标报价汇总表、建设项目投标报价汇总表

A. 计价格式

见表 3-1-16：单位工程投标报价汇总表、表 3-1-17：单项工程投标报价汇总表、表

3-1-18：建设项目投标报价汇总表。

B. 要点提示

（A）投标总价应当与分部分项工程费、措施项目费、其他项目费和规费、税金的合计金额一致。

（B）如无单位工程划分，单项工程也使用单位工程投标报价汇总表汇总。

附表

分部分项工程和单价措施项目清单与计价表　　　表 3-1-3

工程名称：　　　　　标段：　　　　　　　　　　　　　　　　第　页　共　页

序号	项目编码	项目名称	项目特征	计量单位	工程量	金　额（元）		
						综合单价	合　价	其中：暂估价
本页小计								

综合单价分析表　　　表 3-1-4

工程名称：　　　　　标段：　　　　　　　　　　　　　　　第　页　共　页

项目编码		项目名称		计量单位		工程量	

清单综合单价组成明细

定额编号	定额项目名称	定额单位	数量	单　价				合　价			
				人工费	材料费	机械费	管理费	人工费	材料费	机械费	管理费
人工单价			小计								
元/工日			未计价材料费								
清单项目综合单价											

	主要材料名称、规格、型号	单位	数量	单价（元）	合价（元）	暂估单价（元）	暂估合价（元）
材料费明细							
	其他材料费						
	材料费小计						

总价措施项目清单与计价表 表 3-1-5

工程名称：　　　　标段：　　　　　　　　　　　第 页 共 页

序号	项目编码	项目名称	计算基础	费率（%）	金额（元）	调整费率（%）	调整后金额（元）	备注
		安全文明施工费						
		夜间施工费						
		二次搬运费						
		冬雨期施工增加费						
		已完工程及设备保护费						
		……						
		合计						

其他项目清单与计价汇总表 表 3-1-6

工程名称：　　　　标段：　　　　　　　　　　　第 页 共 页

序号	项目名称	计量单位	暂定金额（元）	备注
	合　计			—

暂列金额明细表 表 3-1-7

工程名称：　　　　标段：　　　　　　　　　　　第 页 共 页

序号	项目名称	计量单位	金额（元）	备注
1	暂列金额			
2	暂估价			
2.1	材料（工程设备）暂估价/结算价	—		
2.2	专业工程暂估价/结算价			
3	计日工			
4	总承包服务费			
5	索赔与现场签证	—		
	合　计			

材料（工程设备）暂估单价及调整表 表 3-1-8

工程名称：　　　　标段：　　　　　　　　　　　第 页 共 页

序号	材料（工程设备）名称、规格、型号	计量单位	数量		估价（元）		确认（元）		差额±（元）		备注
			暂估	确认	单价	合价	单价	合价	单价	合价	
	合计										

315

专业工程暂估价及结算价表　　　　　　　　　　表 3-1-9

工程名称：　　　　标段：　　　　　　　　　　　　　第　页　共　页

序号	工程名称	工程内容	暂估金额(元)	结算金额(元)	差额±(元)	备注
合　计						—

计日工表　　　　　　　　　　　　　　　　　表 3-1-10

工程名称：　　　　标段：　　　　　　　　　　　　　第　页　共　页

编号	项目名称	计量单位	暂定数量	实际数量	综合单价(元)	合价(元)	
						暂定	实际
一	人工						
1							
2							
人工小计							
二	材料						
1							
2							
材料小计							
三	施工机械						
1							
2							
施工机械小计							
四、企业管理费和利润							
总　计							

总承包服务费计价表　　　　　　　　　　表 3-1-11

工程名称：　　　　标段：　　　　　　　　　　　　　第　页　共　页

序号	项目名称	项目价值(元)	服务内容	计算基础	费率(%)	金额(元)
1	发包人发包专业工程					
2	发包人提供材料					
合计						

规费、税金项目计价表　　　　　　　　　　表 3-1-12

工程名称：　　　　标段：　　　　　　　　　　　　　第　页　共　页

序号	项目名称	计算基础	计算基数	计算费率(%)	金额(元)
合计					

发包人供应材料和工程设备一览表　　　　　　　　　表 3-1-13

工程名称：　　　　标段：　　　　　　　　　　　　第　页　共　页

序号	材料(设备)名称、规格、型号	单位	数量	单价(元)	交货方式	送达地点	备注

承包人供应材料和工程设备一览表（适用于造价信息差额调整法）　　　表 3-1-14

工程名称：　　　　标段：　　　　　　　　　　　　第　页　共　页

序号	名称、规格、型号	单位	数量	风险系数(%)	基准单价(元)	投标单价(元)	发承包人确认单价(元)	备注

承包人供应材料和工程设备一览表（适用于价格指数差额调整法）　　　表 3-1-15

工程名称：　　　　标段：　　　　　　　　　　　　第　页　共　页

序号	名称、规格、型号	变值权重 B	基本价格指数 F_0	现行价格指数 F_t	备注
	定值权重 A				
	合计				

单位工程投标报价汇总表　　　　　　　　　　　　表 3-1-16

工程名称：　　　　　　　　　　　　　　　　　　第　页　共　页

序号	汇总内容	金额(元)	其中:暂估价(元)
1	分包分项工程		
1.1			
1.2			
1.3			
1.4			
1.5			
2	措施项目		
2.1	其中:安全文明施工费		
3	其他项目		
3.1	其中:暂列金额		
3.2	其中:专业工程暂估价		
3.3	其中:计日工		
3.4	其中:总承包服务费		
4	规费		
5	税金		
	投标报价合计＝1＋2＋3＋4＋5		

单项工程投标报价汇总表　　　　　　　　　　　　　　表 3-1-17

工程名称：　　　　　　　　　　　　　　　　　　　　　第　页　共　页

序号	单项工程名称	金额(元)	其中：(元)		
			暂估价	安全文明施工费	规费
	合计				

建设项目投标报价汇总表　　　　　　　　　　　　　　表 3-1-18

工程名称：　　　　　　　　　　　　　　　　　　　　　第　页　共　页

序号	单项工程名称	金额(元)	其中：(元)		
			暂估价	安全文明施工费	规费
	合计				

实训小结

通过本次任务实训，使学生学会了使用《建设工程工程量清单计价规范》GB 50500—2013、标准图集、企业定额、费用定额、造价信息等资料，如何进行工程量清单的编制、工程量计算及工程量清单计价，培养学生应用理论知识解决实际工程工程量清单计价的能力，训练了学生在实训过程中团队协作能力、个人组织协调能力、个人交流表达能力。

实训考评

同实训项目任务 1。

任务 3　预算软件应用

实训目标

通过该任务实训，使学生熟悉在不同功能模块中预算软件的操作流程，能熟练进行各项具体操作，并能完整准确的生成各种电子表格，培养学生应用预算软件进行电子招投标的能力。

实训成果

1. 电子招标文件；

2. 电子投标书。

实训内容与指导

预算软件模块设置及相互关系，如图 3-1-2 所示：

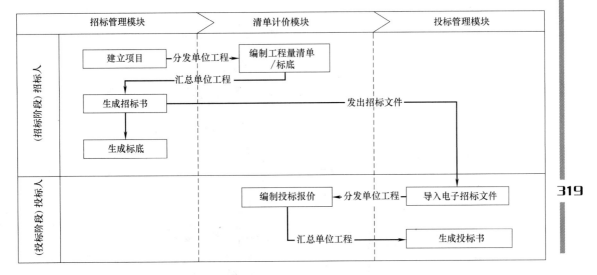

图 3-1-2 预算软件模块设置及相互关系图

1. 算量

算量软件的运行环境，下面是软件对于计算机系统配置的基本需求：

Inter Pentiun 4 2.0G 处理器或更高

Windows XP、Windows Vista、Windows 7

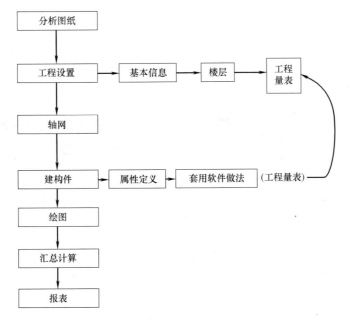

图 3-1-3 软件算量的操作流程表

1GB RAM（推荐使用 2GB）

独立显卡（推荐大于 512M 显存）

不低于 10GB 可用硬盘空间

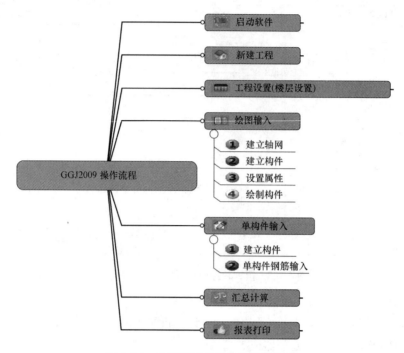

图 3-1-4　钢筋算量软件的操作流程表

配有 32 位彩色或更高级视频卡的彩色显示器

1，024×768 或更高的显示器分辨率

CD-ROM 驱动

（1）软件算量的操作流程，如图 3-1-3 所示。

（2）钢筋算量软件的操作流程如图 3-1-4 所示。

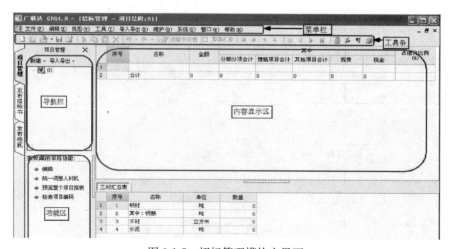

图 3-1-5　招标管理模块主界面

2. 招标

招标管理模块主界面：主要由菜单、工具条、内容显示区、功能区、导航栏几部分组成，如图 3-1-5 所示。

（1）新建招标项目

包括新建招标项目工程，建立项目结构。

新建招标项目工程如图 3-1-6 所示。

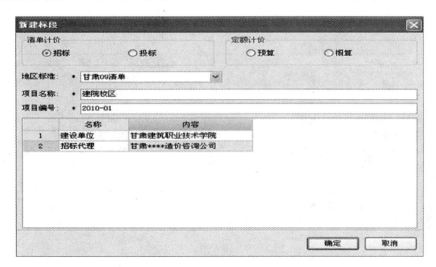

图 3-1-6　新建招标项目工程

建立项目结构如图 3-1-7 所示。

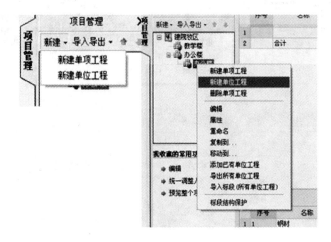

图 3-1-7　建立项目结构

（2）编制单位工程分部分项工程量清单

包括输入清单项，输入清单工程量，编辑清单名称，分部整理。

输入清单项如图 3-1-8 所示。

输入清单工程量如图 3-1-9 所示。

图 3-1-8　输入清单项

	编码	类别	名称	单位	工程量表达式	工程量	单价	合价
			整个项目					
1	010101001001	项	平整场地	m2	4211	4211		
2	010101003001	项	挖基础土方	m3	7176	7176		
3	010302004001	项	填充墙	m3	B+A	1832.16		
4	010306002001	项	砖地沟、明沟	m	2.1*2	4.2		
5	010401003001	项	满堂基础	m3	1958.12	1958.12		
6	010402001001	项	矩形柱	m3	1110.24	1110.24		
7	010403002001	项	矩形梁	m3	1848.64	1848.64		
8	010405001001	项	有梁板	m3	2112.72+22.5+36.93	2172.15		
9	010407002001	项	散水、坡道	m2	415	415		
10	B-1	补项	截水沟盖板	m	35.3	35.3		

图 3-1-9　输入清单工程量

编辑清单名称如图 3-1-10 所示。

图 3-1-10　编辑清单名称

分部整理如图 3-1-11 所示。

（3）编制措施项目清单

编制措施项目清单如图 3-1-12 所示。

（4）编制其他项目清单

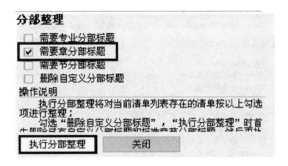

图 3-1-11 分部整理

序号	名称	机械合价	主材合价	设备合价	单价构成文件	不可竞争费	备注
	措施项目	0	0	0			
1	通用项目	0	0	0			
1.1	环境保护			0	[缺省模板 (直接费	☐	
1.2	文明施工			0	[缺省模板 (直接费	☐	
1.3	安全施工			0	[缺省模板 (直接费	☐	
1.4	临时设施			0	[缺省模板 (直接费	☐	
1.5	夜间施工			0	[缺省模板 (直接费	☐	
1.6	二次搬运			0	[缺省模板 (直接费	☐	
1.7	大型机械设备进出场及安拆			0	建筑工程	☐	
1.8	混凝土、钢筋混凝土模板及支架			0	建筑工程	☐	
1.9	脚手架			0	建筑工程	☐	
1.10	已完工程及设备保护			0	建筑工程	☐	
1.11	施工排水、降水			0	建筑工程	☐	
1.12	高层建筑超高费	0	0	0	[缺省模板 (直接费	☐	
1.13	工程水电费	0	0	0	[缺省模板 (直接费	☐	
2	建筑工程	0	0	0			
2.1	垂直运输机械	0	0	0	建筑工程	☐	

图 3-1-12 措施项目清单

编制其他项目清单如图 3-1-13 所示。

	序号	名称	单位	计算基数	费率(%)	金额	费用类别
1	—	其他项目				10000	
2	1	暂列金额		暂列金额		10000	暂列金额
3	2	暂估价		专业工程暂估价		0	暂估价
4	2.1	材料暂估价		ZGJCLKJ		0	材料暂估价
5	2.2	专业工程暂估价		专业工程暂估价		0	专业工程暂估价
6	3	计日工		计日工		0	计日工
7	4	总承包服务费		总承包服务费		0	总承包服务费
8	5	索赔与现场签证		索赔与现场签证		0	索赔与现场签证

图 3-1-13 其他项目清单

（5）编制甲供材料、设备表

（6）查看工程量清单报表

查看工程量清单报表如图 3-1-14 所示。

（7）生成电子标书

包括招标书自检，生成电子招标书，打印报表，刻录及导出电子标书。

3. 投标

投标管理模块主界面：主要由菜单、工具条、内容显示区、功能区、导航栏几部分

图 3-1-14　工程量清单报表

组成。如图 3-1-15 所示。

图 3-1-15　投标管理模块主界面

（1）新建投标项目

新建投标项目如图 3-1-16 所示。

（2）编制单位工程分部分项工程量清单计价

包括套定额子目，输入子目工程量，子目换算，设置单价构成。

套定额子目如图 3-1-17 所示。

输入子目工程量如图 3-1-18 所示。

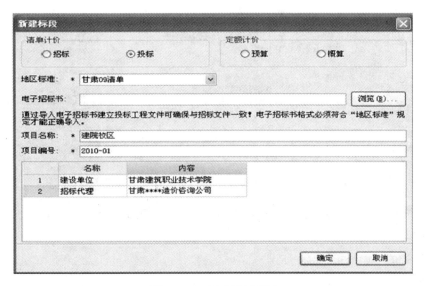

图 3-1-16　新建投标项目

图 3-1-17　套定额子目

编码	类别	名称	项目特征	单位	含量	工程量	单价	合价	综合单价	综合合价
−		整个项目								3303996.1
	项					1			0	0
− 010401003001	项	满堂基础		m3		4211			236.06	994048.66
4-9-2	定	现浇满堂基础有梁式混凝土C25		m3		4211	197.94	833525.34	236.06	994048.66
− 010101003001	项	挖基础土方		m3		7176			17.71	127086.96
1-1	定	人工挖土方 一二类土 深度1.5m以内		m3	1.2820	9200	4.41	40572	9.97	91724
1-98	定	土方运输 运输距离 1000m以内 50m		m3	0.3079	2210	7.09	15668.9	16.01	35382.1
− 010302004001	项	填充墙		m3		1832.16			206.85	378982.3
3-48-3	定	加气混凝土砌块墙　水泥砂浆M7.5		m3		1832.16	166.35	304779.82	206.85	378982.3
− 010306002001	项	砖地沟、明沟		m		4.2			20.15	84.63
3-45-1	定	零星砖砌体 水泥砂浆M5.0		m3	0.08	0.336	180.58	60.67	251.94	84.65
− 010401003002	项	满堂基础		m3		1958.12			246.45	482578.67
4-9-3	定	现浇满堂基础有梁式混凝土C30		m3		1958.12	208.31	407895.98	246.45	482578.67
− 010402001001	项	矩形柱		m3		1110.24			286.43	318006.04
4-12-2	定	现浇矩形柱　混凝土C25		m3		1110.24	219.22	243386.81	286.43	318006.04
− 010403002001	项	矩形梁		m3		1848.64			252.85	467428.62
4-27-3	定	现浇有梁板　混凝土C30		m3		1848.64	210.93	389933.64	252.85	467428.62
− 010405001001	项	有梁板		m3		2172.15			242.45	526637.77
4-27-2	定	现浇有梁板　混凝土C25		m3		2172.15	200.56	435646.4	242.45	526637.77
− 010407002001	项	散水、坡道		m2		415			22.03	9142.45
4-40-1	定	现浇小型构件 混凝土C15		m3	0.06	24.9	273.18	6802.18	367.23	9144.03

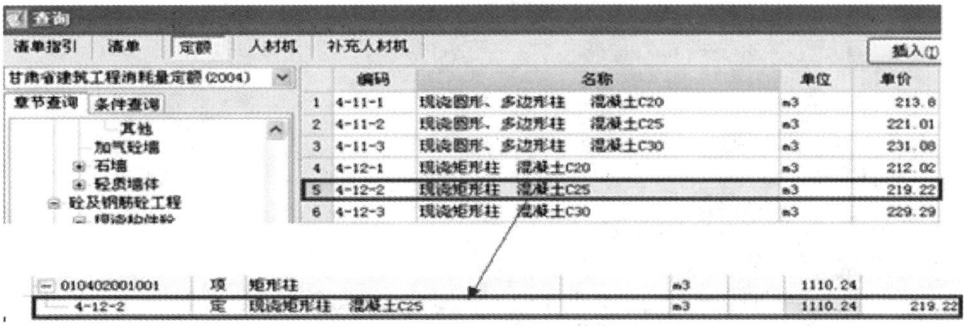

图 3-1-18　输入子目工程量

子目换算如图 3-1-19 所示，

图 3-1-19　子目换算

设置单价构成如图 3-1-20 所示。

图 3-1-20　设置单价构成

（3）编制措施项目清单计价

包括计算公式组价、定额组价、实物量组价三种方式。

计算公式组价如图 3-1-21 所示。

措施项目					
安全文明施工					
安全施工费	项		计算公式组	RGF*1.528+JX	11.7	1
文明施工费	项		计算公式组	RGF*1.528+JX	2.1	1
环境保护费	项		计算公式组	RGF*1.528+JX	1.31	1
临时设施费	项		计算公式组	RGF*1.528+JX	7.05	1
其他措施项目					
夜间施工费	项		计算公式组	RGF*1.528+JX	3.15	1
二次搬运费	项		计算公式组	RGF*1.528+JX	4.15	1
冬雨季施工费	项		计算公式组	RGF*1.528+JX	4.15	1
生产工具用具使用费	项		计算公式组	RGF*1.528+JX	2	1
工程定位复测、工程点交、场地清理费	项		计算公式组	RGF*1.528+JX	0.85	1
已完工程及设备保护	项		计算公式组	RGF*1.528+JX	0.17	1
施工图素增加费	项		计算公式组	RGF*1.528+JX	0	1
缩短工期措施费	项		计算公式组	RGF*1.528+JX	0	1
特殊地区增加费	项		计算公式组	RGF*1.528+JX	0	1
混凝土、钢筋混凝土模板及支架	项		定额组价			1

图 3-1-21　计算公式组价

定额组价如图 3-1-22 所示。

查看单价构成 | 工料机显示 | 标准换算 | 换算信息 | 特征及内容 | 说明信息 | 工程量明细

	序号	费用代号	名称	计算基数	基数说明	费率(%)	单价	合价	费用类别
1	一	A	分项直接工程费	A1 + A2 + A3	人工费+材料费+机械费		50.74	121776	直接费
2	1	A1	人工费	RGF*1.528	人工费*1.528		22.31	53544	人工费
3	2	A2	材料费	A21 + A22	材料直接费+检验试验费		26.95	64680	材料费
4	3	A21	材料直接费	CLF	材料费		26.89	64536	
5	4	A22	检验试验费	CLF	材料费	0.24	0.06	144	检验试验
6	5	A3	机械费	JXF	机械费		1.48	3552	机械费
7	二	B	管理费	A1+A3	人工费+机械费	35.26	8.39	20136	管理费
8	三	C	利润	A1+A3	人工费+机械费	12.55	2.99	7176	利润
9	四	D	风险费用				0	0	风险费
10	五		综合成本合计	A+B+C+D	分项直接工程费+管理费+利润+风险费用		62.12	149088	工程造价

图 3-1-22　定额组价

实物量组价如图 3-1-23 所示。

21	+ 17	大型机械设备进出场及安拆	清单组价
23	18	工程水电费	价
24			
25			

计算公式组价
定额组价
实物量组价
清单组价
子措施组价

查看单价构成 | 工料机显示 | 标准换算 | 换算信息 | 特征及内容 | 说明信息 | 工程量明细

	序号	费用代号	名称	计算基数	基数说明	费率(%)	单价	合价	费用类别
1	3	c	材料	2010	2010	3.5	70.35	70.35	
2	2	b	机械	1000	1000		1000	1000	
3	1	A	合计	B+C	机械+材料		1070.35	1070.35	工程造价

图 3-1-23　实物量组价

(4) 编制其他项目清单计价

(5) 人材机汇总

包括调整人材机价格，设置甲供材料、设备。如图 3-1-24 所示。

编码	类别	名称	规格型号	单位	数量	预算价	市场价	市场价合计	价差	价差合计	是否暂估	供货方式	甲供数量
401035	材	周转木材		m3	0.04	1249	1249	49.96	0	0	□	自行采购	0
504177	材	脚手钢管		kg	8.46	3.1	3.1	26.23	0	0	☑	完全甲供	8.4
507042	材	底座		个	0.06	6	6	0.36	0	0	☑	供	0.03
507108	材	扣件		个	1.2	3.4	3.4	4.08	0	0	□		0
510122	材	镀锌铁丝	8#	kg	1.56	3.55	3.55	5.54	0	0	☑		0
513109	材	工具式金属脚手		kg	2.9	3.4	3.4	9.86	0	0	□	自行采购	0

自行采购
完全甲供
部分甲供
甲定乙供

	编码		名称	规格型号	单位	数量	预算价	市场价	市场价合计	价差	价差合计
1	GR2	人	二类工		工日	156.048	26	26	4057.25	0	0
2	LR	利	利润		元	6427.9	1	1	6427.9	0	0
3	15002	机	对讲机(对话机)		台班	148.6	8	10	1486	2	297.2

图 3-1-24　设置甲供材料、设备

(6) 查看单位工程费用汇总

包括调整计价程序，工程造价调整。如图 3-1-25 所示。

图 3-1-25　计价程序表

（7）查看报表

查看报表如图 3-1-26 所示。

图 3-1-26　查看报表

（8）汇总项目总价

包括查看项目总价，调整项目总价。

（9）生成电子标书

包括符合性检查，投标书自检，生成电子投标书，打印报表，刻录及导出电子标书。

实训小结

通过对图形算量软件，钢筋算量软件，清单计价软件的操作，让学生熟悉了利用软件编制招标文件（工程量清单部分）和投标文件（工程量清单计价部分）的流程和方法。引用真实工程施工图纸配合教学，提高课堂学习的关注度和积极性，课后自主练习强化学生的参与程度，同时巩固了专业知识。

实训考评

同实训项目任务1。

2 组织管理实训

实训项目 1 施工组织设计的编制

项目实训目标

培养学生能够熟练应用项目管理软件、完成实际工程项目施工组织设计的编制能力。

场地环境要求

要有不小于 70m² (适用于 50 人编制的建制班) 的实训室,并有配套的电脑、桌椅、项目管理软件。

实训任务设计

让学生分组完成一个砖混结构或框架结构施工组织设计的编制任务,内容包含工程概况、施工方案、施工进度计划、资源需用量计划、施工平面布置图。

任务 1 工程概况的编写

实训目标

培养学生编制工程概况和进行施工特点分析的能力。

实训成果

利用软件编制的工程概况。

实训内容与指导

(1) 训练内容:建设概况、设计概况、施工条件、工程建设地点特征、施工特点分析。

(2) 训练指导

1) 拟建工程的建设概况内容,主要包括建设单位,工程名称、性质、用途和建设的目的,资金来源及工程造价,开竣工日期,设计单位、施工单位、监理单位,施工图纸情况,施工合同是否签订,上级有关文件或要求,以及组织施工的指导思想等。

2) 拟建工程设计概况的内容。建筑设计概况主要包括拟建工程的建筑面积、平面形状和平面组合情况、层数、层高、总高、总长、总宽等尺寸及室内外装修的情况;结构设计概况主要包括基础的类型,埋置深度,设备基础的形式,主体结构的类型,墙、柱、梁、板的材料及截面尺寸,预制构件的类型及安装位置,楼梯构造及形式等。

3) 施工条件的内容,主要包括"三通一平"的情况,当地的交通运输条件,资源生产及供应情况,施工现场大小及周围环境情况,预制构件生产及供应情况,施工单位机械、设备、劳动力的落实情况,内部承包方式、劳动组织形式及施工管理水平,现场临时设施、供水、供电问题的解决。

4）工程建设地点特征，主要介绍拟建工程的地理位置、地形、地貌、地质、水文地质、气温、冬雨季时间、主导风向、风力和地震烈度等。

5）施工特点分析：主要介绍拟建工程施工特点和施工中关键问题、难点所在，以便突出重点、抓住关键，使施工顺利进行，提高施工单位的经济效益和管理水平。

实训小结

通过本次实训，要求学生掌握工程概况的编制内容和编制方法；在实训过程中培养学生分析问题和解决问题的能力。

实训考评

考核内容：根据图纸，结合实际工程，要求学生编写工程概况，检查是否和实际工程相符。

考核标准：考核成绩按优、良、及格、不及格四个等级评定。

表 3-2-1

331

实训任务	考核标准		
工程概况的编写	优秀	过程评价	出勤率≥90%；以认真踏实的态度进行工作，能组织团队合作完成任务；能提前完成工作任务
		成果评价	能出色地完成自己的工作，工程概况编写重点突出，条理清楚，和实际工程相符，并对本小组其他成员起积极带头作用
	良好	过程评价	90%≥出勤率≥80%；以认真踏实的态度进行工作，积极参与团队合作；按计划进度完成工作任务
		成果评价	能较出色地完成各自工作，编制成果内容完整、质量较好，工程概况编写重点较突出，条理清楚，和实际工程相符
	及格	过程评价	80%≥出勤率≥70%；能认真工作，按要求参加团队合作；较计划进度拖后1～2d
		成果评价	能够完成各自工作，编制成果内容完整、质量一般，工程概况编写和实际工程基本相符
	不及格	过程评价	出勤率<70%；工作不认真，不能完成团队协作；较计划进度拖后2天以上
		成果评价	工作内容不清，工程概况编写重点不突出，条理不清，和实际工程不太相符

任务 2　施工方案的选定

实训目标

通过对此项目的训练，使学生掌握施工技术的理论知识和操作技能。要求学生能够结合实际工程，独立完成施工方案的编制，为从事相应的工作做好准备。

实训成果

施工方案的书面成果。

实训内容与指导

（1）基础工程施工方案

实训内容：基础工程施工顺序的确定；基础工程施工方法及施工机械的选择。

实训指导：

1）了解施工程序，施工起点和施工流向。

2）掌握基础施工段划分的原则，正确划分施工段。

3）掌握基础工程施工顺序，在实际工程中能根据不同基础类型来确定施工顺序。

4）掌握土石方开挖方法、土方施工机械的选择、基坑围护方案、地下水的处理方法及有关配套设备、掌握回填压实的方法。

5）掌握各种类型基础的施工工艺和施工方法。

A. 砖基础：掌握基础弹线的方法、砖基础砌筑方法和要求。

B. 钢筋混凝土基础：掌握基础模板的支设、钢筋的绑扎和连接、混凝土工程施工的过程。

C. 预制桩基础：熟悉预制桩的制作程序和方法；掌握预制桩起吊、运输、堆放的要求；选择起吊、运输的机械；掌握预制桩打设的方法，选择打桩设备。

D. 灌注桩基础：熟悉灌注桩的类型，掌握灌注桩的施工方法和质量要求、安全措施等。

（2）主体工程施工方案

实训内容：主体工程施工顺序的确定；主体工程施工方法及施工机械的选择。

实训要求：

1）了解主体结构工程常用的结构体系。

2）掌握主体施工段划分的原则，正确划分施工段。

3）掌握砖混结构、框架结构等常见结构体系的施工顺序。

4）熟悉测量工作的总要求，掌握工程轴线、标高的控制和引测，沉降观测方法和要求。

5）掌握脚手架类型的选择、搭设和拆除。

6）掌握砌筑工程施工方法。

7）掌握钢筋混凝土工程施工方法及施工机械的选择。

8）掌握安装工程施工方法及施工机械的选择。

9）掌握围护工程施工方法及施工机械的选择。

10）掌握垂直运输和水平运输设备的型号和数量的选择。

（3）屋面工程施工方案

实训内容：屋面工程施工顺序的确定；屋面工程施工方法及施工机械的选择。

实训要求：

1）了解屋面防水的类型，掌握不同类型屋面防水的施工顺序。

2）确定屋面材料的运输方式，屋面工程各分项工程的施工操作及质量要求；材料运输及储存方式，各分项工程的操作及质量要求，新材料的特殊工艺及质量要求，确定工艺流程和劳动组织进行流水施工。

（4）装饰工程施工方案

实训内容：装饰工程施工顺序的确定；装饰工程施工方法及施工机械的选择。

实训要求：

1）熟悉内外装饰的施工顺序及施工流向。

2）掌握外装饰、天棚、内墙、楼地面的施工方法和施工机械的选择。

实训小结

通过本次实训，要求学生了解施工程序，熟悉施工部署和施工顺序，掌握施工方法和施工机械的选择；在实训过程中培养学生结合实际工程项目编制各分部分项工程施工方案的能力，并能够应用于实际工程。

实训考评

（1）考核内容

1）根据图纸，结合实际工程，要求编制基础工程的施工方案，检查学生基础施工段划分是否正确合理；基础工程施工顺序；土石方工程的施工方法，各种类型基础的施工工艺和施工方法。

2）根据图纸，结合实际工程，要求编制主体工程的施工方案，检查学生主体施工段划分是否正确合理；主体工程的施工顺序；测量工程轴线、标高的控制和引测，沉降观测方法和要求；脚手架类型的选择、搭设和拆除；各工种工程的施工方法和施工机械的选择，垂直运输和水平运输设备的型号和数量的选择。

3）根据图纸，结合实际工程，要求编制屋面防水工程的施工方案，检查学生屋面防水的施工顺序；屋面材料的运输方式，屋面工程各分项工程的施工操作及质量要求；新材料的特殊工艺及质量要求。

4）根据图纸，结合实际工程，要求编制装饰工程的施工方案，检查学生内外装饰的施工顺序及施工流向；外装饰、天棚、内墙、楼地面的施工方法和施工机械的选择。

5）结合实际工程，要求按编制的施工方案，进行施工现场的操作，检查学生对自己所编制的施工方案的理解应用及实际操作能力。

（2）考核标准

考核成绩按优、良、及格、不及格四个等级评定（表 3-2-2）。

表 3-2-2

实训任务			考 核 标 准
施工方案编制能力	优秀	过程评价	出勤率≥90％；以认真踏实的态度进行工作，能组织团队合作完成任务；能提前完成工作任务
		成果评价	能出色地完成自己的工作，并对本小组其他成员起积极带头作用。编制成果内容完整、严谨，施工程序、施工顺序、施工方法和施工机械的选择合理，编制的质量能运用于实际工程
	良好	过程评价	90％≥出勤率≥80％；以认真踏实的态度进行工作，积极参与团队合作；按计划进度完成工作任务
		成果评价	能较出色地完成各自工作，编制成果内容完整、质量较好。施工程序、施工顺序、施工方法和施工机械的选择较合理，编制的质量经过进一步改进能运用于实际工程

续表

实训任务	考核标准		
施工方案编制能力	及格	过程评价	80%≥出勤率≥70%;能认真工作,按要求参加团队合作;较计划进度拖后 1~2 天
		成果评价	能够完成各自工作,编制成果内容完整、质量一般,较为粗略,少数内容不合理
	不及格	过程评价	出勤率<70%;工作不认真,不能完成团队协作;较计划进度拖后 2 天以上
		成果评价	施工方法和施工机械的选择不合理,没结合实际工程,运用能力欠缺,有明显错误

任务 3 施工进度计划的编制

实训目的

通过对此项目的训练,使学生基本掌握编制进度计划的方法,具备进度计划编制的职业能力,为从事相应工作做好准备。

实训成果

施工进度计划:横道进度计划和时标网络计划。

实训内容与指导

实训内容:单位工程进度计划的编制。

实训要求:

(1) 掌握单位工程进度计划的编制步骤。

(2) 掌握横道图法编制单位工程的进度计划的方法。

(3) 掌握网络图法编制单位工程的进度计划的方法。

(4) 掌握实际单位工程施工进度计划的编制。

实训小结

通过本次实训,要求学生掌握施工段和施工过程的划分、工程量及施工持续时间的计算过程和方法;在实训过程中培养学生结合实际工程项目编制施工进度计划的能力,并能够应用于实际工程。

实训考评

(1) 考核内容

1) 根据图纸,结合实际工程,要求学生划分施工过程,检查学生划分基础工程、主体工程、屋面防水工程、装饰工程四个分部施工过程的情况。

2) 根据图纸,结合实际工程,要求学生计算工程量,检查学生按划分的施工过程计算工程量的情况。

3) 根据划分的施工过程,要求学生查时间定额或产量定额,检查学生计算劳动量和机械台班量的情况。

4) 结合实际工程,根据确定施工时间确定的方法,要求学生计算施工过程的持续时间,检查学生施工过程的持续时间的计算结果。

334

5）结合实际工程，要求学生编制各分部工程施工进度计划的初步方案，检查各分部工程施工进度计划的初步方案的合理性。

6）结合实际工程，根据工程合同，把各分部工程施工进度计划的连接起来，编制单位工程的进度计划。

7）根据与业主和有关部门的要求、合同规定及施工条件等，要求学生检查初步进度计划，然后再进行调整，直至满足要求，正式形成施工进度计划。检查正式施工进度计划各施工过程之间的施工顺序是否合理、工期是否满足要求、劳动力等资源消耗是否均衡。

8）根据实际工程，要求学生编制一份完整的单位工程进度计划，检查学生对划分施工过程、计量工程量、套定额、施工时间的确定、施工进度计划的编制的掌握情况。

（2）考核标准

考核成绩按优、良、及格、不及格四个等级评定（表3-2-3）。

表3-2-3

实训任务	考 核 标 准		
施工进度计划的编制	优秀	过程评价	出勤率≥90%；以认真踏实的态度进行工作，能与他人进行较好的沟通、协作，组织团队合作完成任务；能提前完成工作任务
		成果评价	能出色地完成工作。施工过程划分合理，工程量、施工过程的持续时间计算正确。进度计划编制正确，工期满足要求，资源均衡合理
	良好	过程评价	90%≥出勤率≥80%；以认真踏实的态度进行工作，积极参与团队合作，能按计划进度完成工作任务
		成果评价	能较出色地完成各自工作。施工过程划分合理，工程量、施工过程的持续时间计算较正确，错误率≤10%；进度计划编制正确，工期满足要求，资源均衡合理
	及格	过程评价	80%≥出勤率≥70%；能认真工作，按要求参加团队合作；较计划进度拖后2天以内
		成果评价	能够完成各自工作，编制成果质量一般，施工过程基本合理，工程量、施工过程的持续时间计算的错误率：10%～30%；进度计划编制基本正确工期超过要求一周以内，资源在局部不太均衡
	不及格	过程评价	出勤率＜70%；工作不认真，不能完成团队协作；较计划进度拖后2天以上
		成果评价	工作内容不清，编制成果内容不完整。施工过程不合理，工程量、施工过程的持续时间计算存在大量错误，错误率＞30%；进度计划编制存在大量错误，工期超过要求两周以上，资源不均衡

任务4　资源需用量计划编制

实训目的

通过对此项目的训练，使学生基本掌握资源需用量计划的编制方法，具备资源需用量计划编制的职业能力。

实训成果

劳动力需用量计划、主要物质需用量计划、机械需用量计划。

实训内容与指导

实训内容：劳动力安排计划；主要物质计划；施工机械计划。

实训要求：

(1) 掌握劳动力安排计划的编制，并熟悉各项劳动力管理制度。

(2) 掌握主要物质计划的编制，确定主要材料的进场日期。

(3) 掌握施工机械计划的编制，确定主要施工机械的型号及进场日期。

实训小结

通过本次实训，要求学生掌握劳动力、物质、机械需用量计划的编制方法；在实训过程中培养学生结合实际工程项目编制资源需用量计划的能力，并能够保证资源均衡。

实训考评

(1) 考核内容

根据图纸，结合实际工程，要求学生编制施工准备工作和资源准备需用量计划，检查学生项目组织部的设置是否合理，劳动力、物质、施工机械等资源的安排是否均衡。

(2) 考核标准

考核成绩按优、良、及格、不及格四个等级评定（表 3-2-4）。

表 3-2-4

实训任务			考核标准
资源需用量计划	优秀	过程评价	出勤率≥90%；以认真踏实的态度进行工作，能与他人进行较好的沟通、协作；按计划完成工作进度
		成果评价	能出色地完成工作任务，成果编制的内容完整、严谨。施工准备工作计划全面，劳动力、材料、机械安排合理，编制的成果可指导实际工程施工
	良好	过程评价	90%≥出勤率≥80%；以认真踏实的态度进行工作；按计划完成工作进度
		成果评价	能较出色地完成各自工作，成果编制的内容完整，但不够严谨，劳动力、材料、机械安排较合理，编制的成果进一步改进能运用于实际工程
	及格	过程评价	80%≥出勤率≥70%；能认真工作；成果上交时间拖后 1 天以内
		成果评价	能够完成各自工作，编制成果内容完整、质量一般，较为粗略，施工准备工作内容、时间、人员、机械安排有一定不合理之处
	不及格	过程评价	出勤率＜70%；工作不认真；成果上交时间拖后 1 天以上
		成果评价	工作内容不清，编制成果内容不完整、质量不好，有明显错误处。施工准备工作内容、时间、人员、机械安排不合理

任务 5　施工平面图的设计

实训目的

通过对此项目的训练，使学生基本掌握施工平面图的绘制内容和步骤，掌握绘制施工平面图的职业能力。

实训成果

一张施工平面布置图。

实训内容与指导

实训内容：施工平面图的设计依据；施工平面图的设计步骤及方法；施工平面图的绘制。

实训要求：

（1）熟悉施工平面图的设计依据。

（2）熟悉施工平面图的设计原则。

（3）掌握施工平面图的布置内容。

（4）掌握施工平面图的设计步骤及方法。

（5）能够进行实际工程施工平面图的绘制。

实训小结

通过本次实训，要求学生掌握施工平面图的绘制内容和步骤；在实训过程中培养学生结合实际工程项目进行施工平面布置的能力，并且布置合理，能够应用于实际工程。

实训考核

（1）考核内容

1）要求学生根据实际工程，选择施工平面图绘制的比例。

2）要求学生根据实际工程和施工条件，确定该项目施工平面图的布置内容。

3）要求学生根据实际工程，确定各种临时设施及仓库和堆场的面积。

4）要求学生根据实际工程，按照施工平面图的设计步骤及方法进行施工平面图的绘制。

（2）考核标准

考核成绩按优、良、及格、不及格四个等级评定（表3-2-5）。

表 3-2-5

实训任务	考 核 标 准		
施工平面图的设计	优秀	过程评价	出勤率≥90％；以认真踏实的态度进行工作，能与他人进行较好的沟通、协作；按计划完成工作进度
		成果评价	施工平面图的内容全面和设计方法合理；施工现场供水、供电、道路、临时设施、临时堆场以及施工机械用量的计算正确，施工平面图比例恰当；占地少，二次搬运少；能体现现场文明施工
	良好	过程评价	90％≥出勤率≥80％；以认真踏实的态度进行工作；较计划进度拖后1天以内
		成果评价	能较出色地完成工作，成果编制的内容完整。施工平面图的内容全面和设计方法较合理；施工现场供水、供电、道路、临时设施、临时堆场以及施工机械用量的计算正确，施工平面图比例恰当；占地少，二次搬运少

337

实训任务	考核标准		
施工平面图的设计	及格	过程评价	80%≥出勤率≥70%；能认真工作；较计划进度拖后 2 天以内
		成果评价	能够完成各自工作，编制成果内容完整、质量一般，较为粗略。施工平面图的内容全面和设计方法基本合理；施工现场供水、供电、道路、临时设施、临时堆场以及施工机械用量的计算存在错误；二次搬运较多
	不及格	过程评价	出勤率<70%；工作不认真；较计划进度拖后 2 天以上
		成果评价	施工平面图的内容全面和设计方法不合理；施工现场供水、供电、道路、临时设施、临时堆场以及施工机械用量的计算存在大量错误；二次搬运较多；没体现现场文明施工

实训项目 2　施工现场项目管理实训

项目实训目标

综合实训（主体结构施工）是以真实的工程为背景，全真模拟施工过程，学生实训以典型工作任务进行角色扮演（施工员、资料员、安全员等），提升岗位服务能力，达到职业人综合能力标准。

场地环境要求

（1）实训基地内，场地尺寸 18m×18m；

（2）场地平整且硬化；

（3）项目部：有职场氛围，有良好工作环境，如"五牌二图"、规章制度、工作职责等。

实训任务设计

让学生分组分岗位完成一个砖混结构或框架结构主体工程施工任务。

任务 1　施工员实训

实训目标

通过对此项目的训练，使学生基本掌握施工员的工作任务和工作方法，具备施工员岗位的职业能力，为从事相应工作做好准备。

实训成果

图纸会审记录、主体工程施工方案、技术交底记录、施工日志。

实训内容与指导

实训内容：给定学生一套合适的工程项目施工图，要求学生进行图纸会审，编制主体工程施工方案，做好开工准备，进行技术交底，测量放线，精心组织施工管理，完成施工员岗位相应的主要工作任务。

（1）识读施工图，参加图纸会审；

（2）编制主体结构工程施工方案；

（3）编写技术交底记录，准备向作业班组进行技术交底；

（4）参与制定施工进度计划、施工资源需求计划，编制施工作业计划；

（5）复核测量控制点（坐标点，水准点）；

（6）抄平、引测轴线、弹线，陪同监理验线；

（7）现场组织施工；参与各施工过程中的检查验收；

（8）填写施工日志；

（9）协助安全员进行安检，协助资料员编制资料。

实训要求：

（1）熟悉图纸会审的程序和内容，掌握图纸会审记录的填写内容。

（2）掌握主体工程施工方案的编制方法。

（3）掌握技术交底的内容和填写方法。

（4）掌握测量放线的方法。

（5）掌握现场组织施工的方法和相应施工规范要求，质量验收标准。

（6）掌握施工日志的填写内容和方法。

实训小结

要求学生掌握图纸会审、技术交底、测量放线、现场施工组织的方法；在实训过程中，通过完成施工员岗位相应的主要工作任务，培养学生现场组织施工的能力。

实训考评

（1）考核内容

1）根据图纸，结合实际工程，要求学生熟悉图纸，并进行图纸会审，检查图纸会审记录。

2）根据图纸，结合实际工程，要求学生编制主体工程施工方案，检查方案是否合理。

3）要求学生进行技术交底，检查技术交底文件。

4）要求学生进行测量定位放线，检查测量放线的情况。

5）结合实际工程，按照进度要求组织施工，检查施工管理情况。

6）结合实际工程，根据现场施工情况填写施工日志。

（2）考核标准

考核成绩按优、良、及格、不及格四个等级评定。

表 3-2-6

实训任务	考 核 标 准		
施工员实训	优秀	过程评价	出勤率≥90％；以认真踏实的态度进行工作，能与他人进行较好的沟通、协作，组织团队合作完成任务；能提前完成工作任务
		成果评价	熟练进行图纸会审，主体工程施工方案合理，能全面进行技术交底，测量放线，精心组织施工管理，出色完成施工员岗位相应的主要工作任务
	良好	过程评价	90％≥出勤率≥80％；以认真踏实的态度进行工作，积极参与团队合作，能按计划进度完成工作任务
		成果评价	可进行图纸会审，主体工程施工方案合理，能全面进行技术交底，测量放线，精心组织施工管理，较好地完成施工员岗位相应的主要工作任务

续表

实训任务	考核标准		
施工员实训	及格	过程评价	80%≥出勤率≥70%；能认真工作，按要求参加团队合作；较计划进度拖后 2 天以内
		成果评价	基本可进行图纸会审，主体工程施工方案基本合理，有少量错误，可进行技术交底，测量放线，基本可完成施工员岗位相应的主要工作任务
	不及格	过程评价	出勤率＜70%；工作不认真，不能完成团队协作；较计划进度拖后 2 天以上
		成果评价	不能熟悉图纸，主体工程施工方案有大量错误，技术交底不全，测量放线，不能完成施工员岗位相应的主要工作任务

任务 2　质量员实训

实训目的

通过对此项目的训练，使学生基本掌握质量员的工作任务和工作方法，具备质量员岗位的职业能力，为从事相应工作做好准备。

实训成果

图纸会审记录、质量计划、质量验收记录。

实训内容与指导

实训内容：给定学生一套合适的工程项目施工图，要求学生进行图纸会审，编制质量计划，参加进场材料验收，确定质量控制点，监督施工过程中自检、互检、交接检制度的执行情况，按建筑工程质量验收规范参与对验收批、分项工程、分部工程、单位工程验收，办理验收手续，填验收记录，完成质量员岗位相应的主要工作任务。

（1）熟悉施工图，参与施工图的会审。

（2）编制质量计划，使整个工程项目保质保量完成。

（3）参与施工方案的会审、设计交底及技术交底。

（4）复核工程原始基准点、基准线、相对高程、施工测量放线网并报监理工程师审核确认。

（5）参加进场材料、设备、半成品的检验，仔细核对品种、规格、型号、性能等。

（6）确定工程质量控制点，负责在该点到来之前通知监理工程师到现场监督检查。

（7）监督施工过程中自检、互检、交接检制度的执行情况。

（8）按建筑工程质量验收规范参与对验收批、分项工程、分部工程、单位工程验收，办理验收手续，填验收记录。

（9）协助内业技术员整理有关的工程项目质量技术文件并按规范编目建档。

实训要求：

（1）熟悉图纸会审的程序和内容，掌握图纸会审记录的填写内容。

（2）掌握质量计划的编制内容和方法。

（3）掌握施工方法、工艺流程、质量标准、检验手段和关键部位的质量要求；掌握新工艺、新材料、新结构的特殊质量要求。

（4）掌握测量放线的方法。

（5）掌握质量验收方法和质量验收记录的填写。

实训小结

要求学生掌握图纸会审、编制质量计划，参加进场材料验收，确定质量控制点，监督施工过程中自检、互检、交接检制度的执行情况，按建筑工程质量验收规范参与对验收批、分项工程、分部工程、单位工程验收，办理验收手续，填验收记录；在实训过程中，通过完成质量员岗位相应的主要工作任务，培养学生现场质量控制的能力。

实训考评

（1）考核内容

1）根据图纸，结合实际工程，要求学生熟悉图纸，并进行图纸会审，检查图纸会审记录。

2）结合实际工程，要求学生编制质量计划，检查计划是否合理。

3）要求学生进行进场材料的检查，并有相应的记录文件。

4）要求学生按建筑工程质量验收规范参与对验收批、分项工程、分部工程、单位工程验收，办理验收手续，填验收记录。

（2）考核标准

考核成绩按优、良、及格、不及格四个等级评定（表 3-2-7）。

表 3-2-7

实训任务	考 核 标 准		
质量员实训	优秀	过程评价	出勤率≥90％；以认真踏实的态度进行工作，能与他人进行较好的沟通、协作，组织团队合作完成任务；能提前完成工作任务
		成果评价	熟练进行图纸会审，质量计划编制合理，能全面进行质量检查与验收工作，出色完成质量员岗位相应的主要工作任务
	良好	过程评价	90％≥出勤率≥80％；以认真踏实的态度进行工作，积极参与团队合作；能按计划进度完成工作任务
		成果评价	可进行图纸会审，质量计划编制合理，能全面进行质量检查与验收工作，能较好完成质量员岗位相应的主要工作任务
	及格	过程评价	80％≥出勤率≥70％；能认真工作，按要求参加团队合作；较计划进度拖后 2 天以内
		成果评价	基本可进行图纸会审，质量计划编制有少量错误，能进行质量检查与验收工作，基本可完成质量员岗位相应的主要工作任务
	不及格	过程评价	出勤率<70％；工作不认真，不能完成团队协作；较计划进度拖后 2 天以上
		成果评价	不能熟悉图纸，质量计划编制有大量错误，不会进行质量检查与验收工作，不能完成质量员岗位相应的主要工作任务

任务 3　安全员实训

实训目的

通过对此项目的训练，使学生基本掌握安全员的工作任务和工作方法，具备安全员岗位的职业能力，为从事相应工作做好准备。

实训成果

安全管理的实施方案、安全教育记录、安全技术交底记录。

实训内容与指导

实训内容：给定学生一套合适的工程项目施工图，要求学生进行识读图纸，编制主体工程安全管理实施方案，做好安全教育，进行安全交底，施工过程中的进行安全控制、安全检查等，完成安全员岗位相应的主要工作任务。

（1）识读施工图，认清可能的危险源；协助制定安全生产管理制度；

（2）编制安全管理的实施方案；

（3）对作业人员进行安全教育培训工作；

（4）检查材料堆放安全情况；

（5）向作业班组进行安全技术交底，安全责任到人；

（6）施工过程中的进行安全控制、安全检查等；

（7）协助资料员整理安全资料。

实训要求：

（1）掌握施工图识读的方法和要求。

（2）熟悉危险源的识别，熟悉安全生产管理制度。

（3）掌握安全管理的实施方案编制的内容和方法。

（4）掌握安全技术技术交底的程序和交底记录的填写要求。

（5）掌握现场安全控制、安全检查的内容和方法。

实训小结

要求学生掌握施工图的识读、危险源的识别、主体工程安全管理实施方案的编制方法、安全教育和安全交底的内容，施工过程中的进行安全控制、安全检查等；在实训过程中，通过完成安全员岗位相应的主要工作任务，培养学生现场进行安全管理的能力。

实训考评

（1）考核内容

1）根据图纸，结合实际工程，要求学生熟练识读图纸，检查图纸识读情况。

2）根据图纸，结合实际工程，要求学生编制主体工程安全管理的实施方案，检查方案是否合理。

3）要求学生进行安全技术交底，检查安全技术交底记录。

4）要求学生进行测量定位放线，检查测量放线的情况。

5）结合实际工程，按照要求进行现场的安全控制和安全检查。

（2）考核标准

考核成绩按优、良、及格、不及格四个等级评定（表 3-2-8）。

表 3-2-8

实训任务	考 核 标 准		
安全员实训	优秀	过程评价	出勤率≥90％；以认真踏实的态度进行工作，能与他人进行较好的沟通、协作，组织团队合作完成任务；能提前完成工作任务
		成果评价	熟练识读图纸，主体工程安全管理实施方案合理，能全面进行安全教育和安全技术交底，能进行现场的安全控制和安全检查，出色完成安全员岗位相应的主要工作任务
	良好	过程评价	90％≥出勤率≥80％；以认真踏实的态度进行工作，积极参与团队合作；能按计划进度完成工作任务
		成果评价	能较熟练识读图纸，主体工程安全管理实施方案合理，能全面进行安全教育和安全技术交底，能进行现场的安全控制和安全检查，较好完成安全员岗位相应的主要工作任务
	及格	过程评价	80％≥出勤率≥70％；能认真工作，按要求参加团队合作；较计划进度拖后 2 天以内
		成果评价	基本能读懂图纸，主体工程安全管理实施方案有少处漏洞，基本能进行安全教育和安全技术交底，可以完成现场的安全控制和安全检查，基本能完成安全员岗位相应的主要工作任务
	不及格	过程评价	出勤率＜70％；工作不认真，不能完成团队协作；较计划进度拖后 2 天以上
		成果评价	图纸识读困难，主体工程安全管理实施方案不合理，有大量漏洞，安全教育和安全技术交底不满足要求，不能进行现场的安全控制和安全检查，完成不了安全员岗位相应的主要工作任务

任务 4 资料员实训

实训目的

通过对此项目的训练，使学生基本掌握资料员的工作任务和工作方法，具备资料员岗位的职业能力，为从事相应工作做好准备。

实训成果

图纸会审记录、技术交底记录、施工日志。

实训内容与指导

实训内容：给定学生一套合适的工程项目施工图，要求学生熟读图纸并进行图纸会审，编制主体工程施工方案，做好开工准备，进行技术交底，测量放线，精心组织施工管理，完成施工员岗位相应的主要工作任务。

（1）识读施工图，参加图纸会审，整理图纸会审记录、设计交底记录、设计变更洽商记录；

（2）及时、准确的提供资料，分类管理资料；

（3）利用计算机编制资料；

（4）材料准备阶段，对材料质量保证资料、材质证明、合格证，复验报告分类管理；

（5）机械准备阶段，收集经纬仪、全站仪、水准仪、磅秤计量资料，分类管理；

（6）施工阶段，对各类工程技术、安全文件分类存放。

实训要求：

（1）熟悉图纸会审的程序和内容，掌握图纸会审记录的填写内容。

（2）掌握资料收集分类管理的方法。

（3）掌握计算机编制资料的方法。

实训小结

要求学生掌握图纸会审、资料收集分类管理的方法；在实训过程中，通过完成资料员岗位相应的主要工作任务，培养学生现场资料管理的能力。

实训考评

（1）考核内容

1）根据图纸，结合实际工程，要求学生熟悉图纸，并进行图纸会审，检查图纸会审记录。

2）根据图纸，结合实际工程，要求学生收集整理各环节的资料，并分类存放。

（2）考核标准

考核成绩按优、良、及格、不及格四个等级评定（表 3-2-9）。

表 3-2-9

实训任务			考　核　标　准
资料员实训	优秀	过程评价	出勤率≥90%；以认真踏实的态度进行工作，能与他人进行较好的沟通、协作，组织团队合作完成任务；能提前完成工作任务
		成果评价	熟练进行图纸会审，能全面进行各环节的资料收集与整理工作，出色完成资料员岗位相应的主要工作任务
	良好	过程评价	90%≥出勤率≥80%；以认真踏实的态度进行工作，积极参与团队合作；能按计划进度完成工作任务
		成果评价	可进行图纸会审，能全面进行各环节的资料收集与整理工作，较好地完成资料员岗位相应的主要工作任务
	及格	过程评价	80%≥出勤率≥70%；能认真工作，按要求参加团队合作；较计划进度拖后 2 天以内
		成果评价	基本可进行图纸会审，资料的收集和整理工作有少量缺项，基本可完成资料员岗位相应的主要工作任务
	不及格	过程评价	出勤率＜70%；工作不认真，不能完成团队协作；较计划进度拖后 2 天以上
		成果评价	不能熟悉图纸，资料的收集和整理工作有大量缺项，不能完成资料员岗位相应的主要工作任务